쉽게 배우는

현대대수학

최은미 지음

KYOWOO

머리말

수학에서 대수학(Algebra, 代數)은 숫자 대신에 문자나 식을 사용하여 수학의 법칙을 설명하는 영역으로서, 방정식의 근을 찾는 일은 대수학에서 다루는 가장 큰 문제 중의 하나입니다. 일차방정식으로부터 사차방정식까지의 근을 발견하는 오랜 시간이 흐른 후에, 5차 이상의 방정식의 근을 찾는 문제의 연구가 오늘날 현대대수학(추상대수, Abstract Algebra)의 시작이 되었습니다. 대학교 3학년, 4학년 과정에서 배우는 현대대수학은, 집합에 적당한 연산을 정의하여 구성된 군, 환, 체와 같은 대수적 구조를 배우며, 전통적으로 갈루아이론을 다루는 내용으로 마무리를 하게 됩니다.

저자는 오래 전에 현대대수 교재(교우사)를 공저자로 집필을 했습니다. 당시 현대대수학은, 3, 4학년 학생들에게 주로 세 학기에 걸쳐 강의하고 있었습니다. 우리나라 대학의 환경은 시시각각으로 변화하여, 현대대수 강의가 두 학기로 줄어들었으며 전공필수과목에서 선택과목으로 변화되었습니다. 또한 전통적으로 많은 이론과 엄밀한 증명을 요구하던 내용에서, 직관적인 사고와 추론을 기르는 강의로 바꾸어야 한다는 당위성도 생겨났습니다. 학생들은 여전히 강의를 힘들어하는 상황에서, 현대대수학의 내용이 변한 것은 아니지만 학생들 눈높이에 맞춘 변화된 교재가 필요성이 점점 커졌습니다.

이 교재에서는 무엇보다 학생들의 눈높이를 고려했습니다. 학생들이 스스로 해결할 수 있는 수준의 예제는 교재에 빈 여백을 주어 자신의 아이디어를 쓸 수 있도록 했습니다. 연습문제도 학생들이 해답을 보지 않고 스스로 해결할 수 있으면 좋겠지만, 사실상 쉽지 않은 일이기 때문에 연습문제 후에 곧장 해답을 넣어서 손쉽게 확인해 볼 수 있도록 했습니다.

이 교재는 3학년 한 학기, 혹은 두 학기에 충분히 소화할 수 있는 분량으로 구성했습니다. 증명이 길거나 어려운 내용은 다른 참고문헌을 소개했습니다. 내용의 분량을 줄이는 과정에서 갈루아이론은 넣지 않았는데, 환과 체를 배운 후에 갈루아이론이 필요한 경우에는 예전에 집필한 현대대수 I, II (교우사)를 참고하길 바랍니다.

부족함이 많은 책을 출판하면서 부끄럽기도 하지만 오류와 허점은 점차 수정 보완해 나가도록 하겠습니다.

2018년 2월

저자 최은미

Contents

쉽게 배우는 현대대수학

I 군 론

II 환 론

III 체 론

I 군론

I 군 론

Modern Algebra

1 군

어떤 조건을 갖는 원소들의 모임을 집합이라 부른다. 그러므로 집합은 단순히 원소들의 모임일 뿐이며 그 안에서 연산이 고려되지는 않는다. 이제 연산이 정의된 집합을 생각함으로써 수학적 구조를 갖는 대상물을 만들게 된다.

정의 어떤 집합 G가 이항연산 · 에 대하여 다음 네 가지 조건을 만족할 때, 이 집합을(연산 · 에 대한) **군**(group)이라고 한다. 기호 $(G, \cdot)$로 나타내고, 간단히 G로 쓰기도 한다.

(1) **닫혀** 있다: 임의의 원소 $a, b \in G$에 대하여 $a \cdot b \in G$이다.
(2) **결합법칙**이 성립: 임의의 원소 $a, b, c \in G$에 대하여 $(a \cdot b) \cdot c = a \cdot (b \cdot c)$이다.
(3) **항등원**이 존재: 임의의 $a \in G$에 대하여 $a \cdot e = e \cdot a = a$인 원소 $e \in G$가 있다.
(4) **역원**이 존재: 임의의 $a \in G$에 대하여 $a \cdot b = b \cdot a = e$인 원소 $b \in G$가 있다.

위의 조건에서 항등원 e는 유일하게 존재하며, 또한 원소 a에 대한 역원은 유일하게 존재함을 증명할 수 있다.

정리 1.1.1 군 G의 항등원은 유일하게 존재한다.

증명 e와 e'이 모두 항등원이라고 하자. e'이 항등원이므로, e와 e'을 연산하면 e, 즉

$$e' \cdot e = e \cdot e' = e$$

이 된다.

한편 e 역시 항등원이므로 e와 e'을 연산하면 e', 즉 $e' \cdot e = e'$이다. 따라서 $e = e'$이 되어 항등원은 유일하다. ∎

또한 조건 (4)를 만족하는 b는 유일한데 이것은 결합법칙으로부터 볼 수 있다.

정리 1.1.2 군 G의 임의의 원소 a의 역원은 유일하게 존재한다.

증명 b와 b'이 a의 역원이면, $a \cdot b = b \cdot a = e$이며 $a \cdot b' = b' \cdot a = e$이다. 결합법칙에 의해

$$\begin{aligned} b' &= e \cdot b' \\ &= (b \cdot a) \cdot b' \\ &= b \cdot (a \cdot b') \\ &= b \cdot e \\ &= b \end{aligned}$$

가 되어, 역원이 유일하게 존재함을 알 수 있다. ▮

이 유일한 b를 a의 역원 a^{-1}로 나타낸다.

조건 (3)과 (4)는 항등원 e가 $a \cdot e = e \cdot a$을 만족하며, 또한 역원에 대하여 $a \cdot a^{-1} = a^{-1} \cdot a$가 성립한다는 뜻이지, 이항연산이 교환법칙을 만족한다는 말은 아니다.

예제 1.1.1 실수의 집합 $\mathbb{R}$은 덧셈연산 $+$에 대하여 군이 됨을 보여라.

풀이 (1) 실수의 집합은 덧셈에서 닫혀 있다. 즉, 두 실수의 합은 실수이다.

(2) 덧셈에 대한 결합법칙이 성립한다. 예를 들어, $(3+5)+(-2) = 3+(5+(-2))$이다.

(3) 덧셈연산에 대한 항등원은 0이다. 실제로 $5+0=0+5=5$이며, 마찬가지로 임의의 실수 a에 대해 $a+0=0+a=a$이다.

(4) 덧셈연산에서 어떤 실수 a의 역원은 부호를 바꾼 $-a$이다.

그러므로 $(\mathbb{R}, +)$는 군이다.

이제 군이 되지 않는 경우와 비교하면서 군을 알아보자.

예제 1.1.2 정수의 집합, 유리수의 집합, 복소수의 집합은 모두 덧셈연산에 대하여 군이다. 그러나 자연수의 집합은 덧셈에 대해 군이 아니다. 그 이유를 말해보자.

풀이 덧셈의 항등원이 없기 때문이다.

예제 1.1.3 0보다 크거나 같은 정수의 집합은 덧셈에 대하여 군이 아니다.

풀이 항등원은 있지만, 덧셈에 대한 역원이 없기 때문이다.

예제 1.1.4 0을 제외한 실수의 집합을 $\mathbb{R}^* = \mathbb{R} - \{0\}$라 하면 곱셈 · 에 대하여 $(\mathbb{R}^*, \cdot)$는 군이 됨을 보여라.

풀이 0이 아닌 두 실수를 곱하면 0이 아닌 실수가 되므로, 곱셈연산에 대해 $\mathbb{R}^*$는 닫혀 있다. 곱셈은 결합법칙을 만족하며, 곱셈의 항등원은 1이다. 또한 $a \in \mathbb{R}^*$이면 $a \neq 0$이므로 $\frac{1}{a} \in \mathbb{R}^*$이 존재하여 $a \cdot \frac{1}{a} = \frac{1}{a} \cdot a = 1$이므로, $\frac{1}{a}$는 a의 역원이다. 따라서 $\mathbb{R}^*$은 곱셈연산에서 군이다.

예제 1.1.5 $\mathbb{R}^*$는 덧셈 +에 대해서는 군이 되는지 알아보아라.

풀이 -2와 $2 \in R^*$인데, $-2+2=0 \notin \mathbb{R}^*$이므로 덧셈연산이 닫혀 있지 않다. 또한 덧셈의 항등원도 존재하지 않으므로, 군이 되지 못한다.

예제 1.1.6 0이 아닌 유리수의 집합 $\mathbb{Q}^*$, 0이 아닌 복소수의 집합 $\mathbb{C}^*$는 모두 곱셈에 대해 군이다. 그러나 0이 아닌 정수의 집합 $\mathbb{Z}^*$는 곱셈에 대해 군이 아니다.

풀이 예를 들어, $3 \in \mathbb{Z}^*$인데, $3 \cdot x = 1$이 되는 x는 정수의 집합에 속하지 않는다.

예제 1.1.7 군의 조건에는 교환법칙에 대한 언급이 없으므로, 교환법칙을 만족 할 필요는 없다. 집합 X 위에서 정의된 일대일 대응함수들의 집합을 $S_X = \{f : X \to X \mid f :$ 일대일 대응$\}$라고 하자. S_X 위에 합성연산 ∘ 를 정의하면 $(S_X, \circ)$는 군이 되는지 확인하여라.

풀이 (1) 함수의 합성이 잘 정의되며, 연산이 닫혀있음을 쉽게 알 수 있다.

(2) 함수의 합성은 결합법칙을 만족한다. 실제로 $f, g, h \in S_X$ 일 때, 임의의 원소 x 에 대해

$$((f \circ g) \circ h)(x) = (f \circ g)(h(x)) = f(g(h(x)))$$

이며

$$(f \circ (g \circ h))(x) = f((g \circ h)(x)) = f(g(h(x)))$$

가 성립한다.

(3) $Id_X(x) = x$ 로 정의한 항등함수 $Id \in S_X$ 가 합성연산에 대한 항등원이다.

(4) $f \in S_X$ 라고 하면 f 는 일대일 대응함수이므로, f 는 역함수를 갖는다. 이 역함수가 실제로도 합성에 대한 역원인데, 역함수를 f^{-1} 로 쓴다.

그러나 두 함수의 합성연산은 일반적으로 교환법칙을 만족하지 않는다.

예제 1.1.8 실수의 집합 $\mathbb{R}$ 의 원소를 성분으로 하는 2×2 행렬 중에서 행렬식이 0 이 아닌 것들의 집합 $M_2(\mathbb{R})$ 은 행렬의 곱셈연산에 대해 군이 됨을 보여라.

풀이

예제 1.1.9 어떤 소수(prime) p 에 대하여 집합 $\mathbb{Z}_p = \{\overline{0}, \overline{1}, \overline{2}, \overline{3}, \ldots, \overline{p-1}\}$ 는 법 p 에 대한 잉여의 집합이라고 하자. 보통의 덧셈연산 $+$ 아래서 $(\mathbb{Z}_p, +)$ 는 군이다.

풀이

이러한 군 $\mathbb{Z}_p$ 를 **법 p 에 대한 정수군**이라고 부른다.

예제 1.1.10 집합 $\mathbb{Z}_p^* = \mathbb{Z}_p - \{0\}$ 라고 하자. 그러면 보통의 곱셈연산 $\cdot$ 아래서 $(\mathbb{Z}_p^*, \cdot)$ 는 군이다. $p = 5$ 로 하여 확인하여라. 또한 임의의 소수 p 에 대하여 확인하여라.

풀이 $p = 5$ 이면 집합 $\mathbb{Z}_5^* = \{\overline{1}, \overline{2}, \overline{3}, \overline{4}\}$ 이며, 이 집합에서 $\overline{2} \cdot \overline{3} = \overline{1} \in \mathbb{Z}_5^*$ 이다.

(1) 두 수를 곱하여 p로 나눈 나머지는 $\mathbb{Z}_p^*$에 포함되므로, 곱셈연산에서 닫혀 있다.

(2) $a, b, c \in \mathbb{Z}_p^*$ 일 때, $\{(ab)c\}$와 $\{a(bc)\}$는 정수의 곱 abc를 p로 나눈 나머지이므로 $\{(ab)c\} = \{a(bc)\}$이 되어 결합법칙이 성립한다.

(3) $\overline{1}$은 곱셈연산에 대한 항등원이다.

(4) 유클리드 호제법에 의해 $\overline{a} \in \mathbb{Z}_p^*$에 대해 $a \cdot b = b \cdot a = 1$인 정수 b가 존재한다. 그러므로 $\overline{b} \in \mathbb{Z}_p^*$이며 $\overline{a}$의 역원이다.

정리 1.1.3 모든 원소 $a, b \in G$에 대해 $(ab)^{-1} = b^{-1}a^{-1}$이 성립한다.

증명 ab와 $b^{-1}a^{-1}$을 연산하여 항등원이 되는 것을 보이면, ab와 $b^{-1}a^{-1}$는 서로 역원의 관계, 즉 $(ab)^{-1} = b^{-1}a^{-1}$이 된다. 실제로 결합법칙을 사용하면

$$ab \cdot b^{-1}a^{-1} = a(b \cdot b^{-1})a^{-1} = aea^{-1} = e$$

임을 쉽게 알 수 있다. ▮

예제 1.1.11 위의 정리를 일반화하여 $(a_1a_2 \cdots a_n)^{-1}$에 대해 말하여라.

풀이

군의 역사

군은 수학의 여러 분야를 하나로 통합하는 중요한 개념의 하나인데, 군의 정의가 완성되기까지는 상당히 오랜 시간이 걸렸다. 군의 개념과 그 이름은 프랑스의 갈루아(E. Galois)가 쓴 편지에 처음 나오는 것으로 알려져 있다(1831년). 갈루아와 같은 시대를 살았던 노르웨이의 아벨(N. Abel)은 군론의 발전에 크게 기여하였으며 가우스(C.F. Gauss), 코시(A. Cauchy), 야코비(C. Jacobi) 등 많은 수학자들이 군론을 연구했다.

2 부분군

부분군(subgroup)이란 용어로부터 쉽게 알 수 있듯이, 군(group)의 부분이 되는 군을 말한다. 다시 말하면 G가 군일 때 G의 부분군이라는 것은, G의 부분집합이어야 하며 동시에 G와 동일한 연산아래서 군의 구조를 갖는 것이다.

정의 G는 연산 $\cdot$를 갖는 군이라고 하자. 어떤 부분집합 $H \subseteq G$가 연산 $\cdot$에서 다음의 네 가지 성질을 만족할 때 H는 G의 **부분군**이라고 부른다.

(1) H는 연산 $\cdot$에 의해 닫혀있다. (임의의 h_1, $h_2 \in H$에 대해 $h_1 \cdot h_2 \in H$이다.)

(2) H에서 결합법칙 (임의의 h_1, h_2, $h_3 \in H$에 대해 $(h_1 \cdot h_2) \cdot h_3 = h_1 \cdot (h_2 \cdot h_3)$이다.

(3) H에서 항등원 (항등원 $e \in H$이다.)

(4) H에서 역원 (임의의 $h \in H$에 대해 $h^{-1} \in H$이다.)

이 때, 기호 $H \leq G$로 부분군을 표시한다.

예제 1.2.1 덧셈연산을 갖는 정수군 $(\mathbb{Z}, +)$에서 짝수들의 집합 $(E, +)$는 $\mathbb{Z}$의 부분군이 됨을 확인하어라. 또한 홀수들의 집합 $(O, +)$은 $\mathbb{Z}$의 부분군이 되는지 말하여라.

풀이

군 $(G, \cdot)$에는 하나의 연산 $\cdot$이 정의되어 있어서 임의의 원소 $a, b \in G$에 대해 $a \cdot b$와 같은 원소를 만든다. 그런데 연산이 단 하나 정의되어 있으므로, 만일 연산기호를 생략하고 ab로 표시하더라도 그 사이에 연산 $\cdot$이 생략되어 있음을 알 수 있다. 그러므로 특별히 혼동되지 않는다면, 연산기호를 생략하고 간단히 쓰는 것이 좋을 때가 많다.

또한 원소 a를 n번 거듭 연산을 하는 경우에 기호

$$a \cdot a \cdots a = aa \cdots a = a^n$$

로 표시한다. 그러므로 만일 군 G의 연산이 덧셈$+$ 일 때는 a를 n번 거듭 연산을 하면

$$a+\cdots+a=na$$

이다.

부분군 판정법

군 G와 부분집합 $H\subseteq G$가 있을 때, H가 G의 부분군인지 판정하는 효과적인 방법을 알아보자.

정리 1.2.1 공집합이 아닌 부분집합 $H\subseteq G$라고 할 때, 다음은 서로 동치이다.
(1) H는 G의 부분군이다.
(2) H는 '닫혀있다'와 '역원이 있다'는 두 가지 성질을 만족한다.
(3) 임의의 $a, b\in H$에 대해, $ab^{-1}\in H$이다.

증명 만일 H가 G의 부분군이면 군의 네 가지 성질을 모두 만족하므로 (1) ⇒ (2) ⇒ (3)이 성립하는 것은 당연하다.

(2)를 가정하자. H가 부분군임을 보이려면 H에서의 결합법칙이 성립하고 항등원이 존재하는 것을 확인해야 한다. 그런데 H에 속하는 임의의 세 원소를 택하면 그것들이 모두 군 G에 속해 있으므로 결합법칙은 당연히 성립한다. H에 속하는 임의의 원소 x를 생각해보자. 가정에 의해 H는 역원을 갖고 있으므로 $x^{-1}\in H$이다. 또한 H는 '닫혀있다'는 성질도 갖고 있으므로, $xx^{-1}\in H$이다. 그런데

$$xx^{-1}=e$$

이므로 $e\in H$이다. 따라서 (2) ⇒ (1)이다.

(3)을 가정하자. 어떤 원소 $x\in H$라고 하자. 만일 $a=b=x$이면, 그러면 가정에 의해 $xx^{-1}=e\in H$이다. 한편 $x^{-1}=ex^{-1}$인데, $e, x\in H$이므로 가정에 의해 $x^{-1}=ex^{-1}\in H$가 된다. $b\in H$로부터 $b^{-1}\in H$를 보았다. 그러므로

$$ab=a(b^{-1})^{-1}\in H$$

가 되어 H는 닫혀있음을 알 수 있다. 따라서 H는 G이 부분군이다. ∎

부분군의 성질

H와 K는 군 G의 부분군이라고 하자. 교집합 $H \cap K$은 G의 부분군이 되는지 알아보자. 또한 합집합 $H \cup K$은 G의 부분군이 되는지를 알아보자.

정리 1.2.2 부분군들의 교집합은 부분군이다.

증명 부분군 $H, K < G$ 일 때, 임의의 원소 $a, b \in H \cap K$라고 하자. 그러면 $a \in H$ 이고 $b \in H$이므로 $ab \in H$이다. 또한 $a \in K$이고 $b \in K$이므로 $ab \in K$이다. 즉, $ab \in H \cap K$이다.

한편 $a, b \in H \cap K$으로부터 $a, b \in H$인데, H가 부분군이라는 성질로부터 $ab^{-1} \in H$이다. 마찬가지로 $ab^{-1} \in K$가 되어, $ab^{-1} \in H \cap K$이다. 따라서 $H \cap K < G$이다. ∎

그런데 합집합 $H \cup K$은 G의 부분군이 될 필요가 없다. 그 예제는 3장에서 알아보자.

3 유한군과 연산표

유한개의 원소를 포함하는 군을 **유한군**(finite group)이라고 한다. 유한군이 아닌 군을 **무한군**(infinite group)이라고 부른다.

정의 군에 속한 원소의 개수를 **군의 위수**라고 말한다. 만일 군 G가 n개의 원소를 갖는다면, G는 위수 n인 유한군이며, 기호 $|G|=n$로 쓴다. 한편 G가 무한히 많은 원소를 포함하는 군이라면 G의 위수는 무한(infinite)이며 기호 $|G|=\infty$로 쓴다.

예제 1.3.1 모든 정수들을 포함하는 정수의 집합 $\mathbb{Z}=\{\cdots,-2,-1,0,1,2,\cdots\}$는 덧셈연산 아래서 군이 되는데, 정수가 무한히 많으므로 $\mathbb{Z}$는 무한군이 된다. 이와 같이 $(\mathbb{Z},+)$, $(\mathbb{Q},\cdot)$ 등과 같이 수 체계로 만들어지는 군은 모두 무한군이다.

예제 1.3.2 덧셈연산이 정의된 집합 $\mathbb{Z}_5=\{\overline{0},\overline{1},\overline{2},\overline{3},\overline{4}\}$은 법 5에 관한 정수군이므로 위수 5인 유한군이다.

유한군 G의 구조는 군의 위수로부터 어느 정도 알아낼 수 있다. 특히 위수가 $2, 3, \cdots$ 처럼 작은 경우에는 유한군 G가 쉽게 발견된다.

$|G|=1$일 때:

만일 군의 위수가 1이면, 군 G는 항상 항등원 e를 포함해야 하므로 G는 항등원만을 갖는 항등원 군 $G=\{e\}$이다. 이와 같은 군을 **자명한 군**(trivial group)이라고 부른다.

$|G|=2$일 때:

G는 항등원 e와 항등원과는 다른 원소 $a(e\neq a)$를 포함한다. G는 닫혀있어서 $a^2\in G$이어야 하므로 $a^2=a$ 또는 $a^2=e$의 두 가지 가능성이 있다. 만일 $a^2=a$이면 양변에 a^{-1}을 연산하면 $a=e$가 되는데, 이것은 $e\neq a$에 모순이다. 그러므로 $a^2=e$

일 수 밖에 없다. 이 경우에는 $a^3 = a^2a = ea = a$이며, 마찬가지로 $a^4 = e$가 되어서 G가 닫혀있다는 점을 충분히 만족한다. 그러면 a의 역원은 무엇일까? $e = a^2 = a \cdot a$로부터 $a^{-1} = a$가 되어 역원이 존재함도 알 수 있다. 그러므로 $|G| = 2$인 군은 $G = \{e, a\}$이며 관계식 $a^2 = e$를 만족한다.

$|G| = 3$일 때:

위수 3인 군은 항등원 e이 아닌 두 개의 원소 a와 b를 가지므로 $G = \{e, a, b\}$ $(e \neq a \neq b)$가 된다. $|G| = 2$인 경우처럼, 제일 먼저 결정해야 하는 것은 a^2인데, 원소의 개수가 많아질수록 a^2의 가능성을 세는 것이 점점 복잡해진다. 이런 경우에 군의 **연산표**를 사용하면 쉽게 할 수 있다.

유한군의 연산표

군의 위수가 n인 유한군의 **연산표**란 가로와 세로에 각각 군의 원소 n개를 나열한 후, 연산에 따라 나오는 값들로 채운 정사각형 모향의 표를 말한다. 군의 정의에 의해 연산표의 각 행과 각 열에는 중복되는 원소가 나올 수 없는데, 소거법 때문이다. 또한 연산표가 결합법칙을 잘 만족하는지 확인해야 한다.

연산표를 사용하여 군을 만들자.

$|G| = 2$ 일 때: 군 $G = \{e, a\}(e \neq a)$에서

	e	a
e	e	a
a	a	○

인데, 각 행과 각 열에는 서로 다른 원소들이 있어야 하므로 $a^2 = ○ = e$가 된다. 그러므로 $G = \{e, a\}$이며 연산규칙 $a^2 = e$를 갖는다.

$|G| = 3$일 때: 군 $G = \{e, a, b\}(e \neq a \neq b)$을 구성하기 위해 연산표를 만들면

	e	a	b
e	e	a	b
a	a	○	
b	b		

이다. G가 닫혀있어야 하므로 $a^2=$○은 e, a 또는 b의 세 경우 중 어느 하나이다. 만일 $a^2=a$이면 $a=e$이므로 모순이다. 또한 $a^2=e$이면 각 행과 각 열에는 서로 중복되는 원소가 나오지 않도록 배치하면 $ab=b$가 되어야 하는데, 이것은 $a=e$라는 모순을 만든다. 그러므로 $a^2=b$이어야 하는데, 그러면 $ba=e$이며 $b^2=a$가 된다. 이제 $a^3=a^2a=ba=e$임을 알 수 있다. 그러므로 $a^4=a$도 쉽게 알 수 있다.

	e	a	b
e	e	a	b
a	a	b	e
b	b	e	a

따라서 연산표를 완성시키면서 $G=\{e,\ a,\ b\}=\{e,\ a,\ a^2\}$이며, 연산규칙 $a^3=e$를 갖는다.

$|G|=4$ 일 때:

$G=\{e,\ a,\ b,\ c\}$ $(e\neq a\neq b\neq c)$ 일 때, 연산표를 만들자.

	e	a	b	c
e	e	a	b	c
a	a	○		
b				
c				

a^2을 결정해야 하는데, $a^2=e,\ a,\ b,\ c$의 네 가지 가능성이 있다. 만일 $a^2=a$이면 $a=e$가 되어 모순이다. 만일 $a^2=e$라고 하자. 그러면 2열에서 $ba=b$ 또는 $ba=c$이어야 하는데, $ba=b$는 $a=e$라는 모순이 되므로 $ba=c$ 일 수 밖에 없다. 그러면 자연스럽게 $ca=b$가 된다. 마찬가지 방법으로 나머지 빈 칸을 다 채우면

	e	a	b	c
e	e	a	b	c
a	a	e	c	b
b	b	c	a	e
c	c	b	e	a

가 된다. 따라서 연산표로부터 $b^2=a$, $b^3=b^2b=ab=c$, $b^4=b^2b^2=a^2=e$ 이므로 $G=\{e, a, b, c\}=\{e, b, b^2, b^3\}$ 이며, $b^4=e$ 인 연산규칙을 갖는다.

예제 1.3.3 위와 유사한 방법으로 $a^2=b$와 $a^2=c$인 경우에 연산표를 만들고, 연산법칙을 말하여라.

풀이

	e	a	b	c
e	e	a	b	c
a	a	b		
b	b			
c	c			

이러한 군을 **클라인 4-군**(Klein 4-군)이라고 부르며, 보통 K_4로 나타낸다. 유명한 수학자이며 수학교육학자인 클라인(F. Klein)의 이름을 딴 것이다.

예제 1.3.4 위수 4인 클라인 4-군 $G=\{e, a, b, ab\}$ 의 연산규칙을 말하여라.

풀이 $a^2=b^2=(ab)^2=e$ 이며 $ab=ba$ 이다.

예제 1.3.5 클라인 4-군 $G=\{e,\ x,\ y,\ xy\}$에서 부분집합 $H=\{e,\ x\}$와 $K=\{e,\ y\}$라고 하자.

(1) H와 K는 모두 G의 부분군임을 보여라.

(2) $H\cup K$은 G의 부분군인가?

풀이

예제 1.3.6 집합 $G=\{e,\ x,\ x^2,\ y,\ xy,\ x^2y\}$이며 $x^3=e$, $yx=x^2y$인 연산규칙을 가정하자.

(1) G는 위수 6인 군임을 말하여라.

풀이

이와 같은 군을 **대칭군**이라 부르며, 10장에서 다시 배운다.

(2) $H=\{e,\ x,\ x^2,\ z\}$는 G의 부분군이 되는지 말하여라.

풀이 원소 $z\in H$는 G에 속하지 않는 원소이므로 H는 G의 부분집합이 아니다. 따라서 부분군이 이니디.

(3) 그러면 $K=\{e,\ x,\ y\}$는 G의 부분군인가? $L=\{e,\ x,\ y,\ xy\}$는 G의 부분군인가?

풀이 K는 G의 부분집합이기는 하지만, K는 닫혀있지 못하므로 K는 군이 될 수는 없다. 그러므로 G의 부분군이 아니다. 그러나 L은 G의 부분군이 됨을 확인할 수 있다.

4 가환군

군 $(G, \cdot)$는 연산 $\cdot$ 에 대해 교환법칙이 정의되어 있지 않다. 그런데 특별히 교환법칙이 성립하는 군을 **가환군**(commutative group) 또는 **아벨군**(abelian group)이라고 한다. 여기서 아벨은 노르웨이의 수학자 아벨(N. Abel)의 이름을 딴 것인데, 추상대수학에서 남긴 아벨의 뛰어난 업적들을 기리기 위하여 조르당(C. Jordan)이 붙였다고 한다. 한편 연산에 대하여 교환법칙이 성립하지 않는 군을 **비가환군**(noncommutative group, **비아벨군**)이라고 한다.

정의 군$(G, \cdot)$의 연산 $\cdot$ 이 교환법칙을 만족할 때, G를 **가환군** 또는 **아벨군**이라고 한다. 다시 말해서 군의 네 가지 성질과 더불어 교환법칙, 즉

$$\text{임의의 } a,\ b \in G \text{에 대하여, } ab = ba$$

을 만족하는 군이다.

다음은 가환군의 예제들이다.

(1) 정수의 집합 $\mathbb{Z}$는 덧셈연산 아래서 가환군이다. 마찬가지로 유리수의 집합 $\mathbb{Q}$, 실수의 집합 $\mathbb{R}$, 복소수의 집합 $\mathbb{C}$도 모두 덧셈연산에 대해 가환군이다.

(2) 0을 제외한 유리수의 집합 $\mathbb{Q}^* = \mathbb{Q} - \{0\}$은 곱셈연산에 대해 가환군이다. 마찬가지로 $\mathbb{R}^* = \mathbb{R} - \{0\}$, $\mathbb{C}^* = \mathbb{C} - \{0\}$도 곱셈연산에 대해 가환군이다. 이와 같이 수 체계로 만들어진 군은 모두 가환군이다.

(3) 집합 $\{1, -1, i, -i\}$(단, i : 허수)은 곱셈연산 아래서 가환군이다.

예제 1.4.1 클라인 4-군이 가환군인지 알아보아라.

풀이

정리 1.4.1 군 G의 임의의 원소 $x \in G$에 대해 $x^2 = e$이면 G는 가환군이다.

증명 임의의 두 원소 $x, y \in G$라고 하자. 그러면 $xy \in G$이며 $x^2 = y^2 = (xy)^2 = e$이다. 그러므로 $x = x^{-1}$, $y = y^{-1}$이며 또한

$$xy = (xy)^{-1} = y^{-1}x^{-1} = yx$$

이므로 G는 가환군이다. ▮

비가환군의 예제를 알아보자.

(1) $n \geq 2$일 때, $n \times n$ 가역 행렬들의 집합을 $M_n(\mathbb{R})$이라고 하자. 행렬 곱셈연산에 대해 $M_n(\mathbb{R})$은 군이다. 그러나 행렬들의 곱셈은 교환법칙을 만족하지 않으므로 $M_n(\mathbb{R})$는 비가환군이 된다.

(2) 사원수의 기저 $1, i, j, k$를 서로 곱하면 $\{1, -1, i, -i, j, -j, k, -k\}$와 같이 8개의 다른 원소들의 집합을 얻는다. 이 집합은 곱셈에 관하여 유한군이 되며 **사원수 군**(quaternion group)이라고 부른다. 그러나 사원수 군은 곱셈에 관하여 교환법칙이 성립하지 않기 때문에 비가환군이다.

비가환군의 다른 예제는 대칭군에서 많이 볼 수 있는데, 10장에서 배운다.

정리 1.4.2 가환군의 부분군은 가환군이다.

증명 G는 가환군이며 $H < G$라고 하자. 임의의 두 원소 $h_1, h_2 \in H$라고 하자. $H < G$이므로 h_1과 h_2를 G의 원소로 생각할 수 있으며, 또한 G가 가환군이므로 교환법칙 $h_1h_2 = h_2h_1$을 만족한다. 따라서 H는 가환군이다. ▮

5 순환군과 원소의 위수

군에 포함된 모든 원소가 단 하나의 원소의 거듭 연산의 형태로 표현될 때, 그 군을 **순환군**(cyclic group)이라고 부른다. 여러 종류의 군들 중에서 상당히 간단한 구조를 갖는 군이다.

우선 군론에서 중요한 개념인 **위수**(order)를 알아보자.

위수(order)란 크게 두 가지 의미를 가져서, 하나는 **군의 위수**이며 또 하나는 **원소의 위수**이다. 3장에서 배운 것처럼 군의 위수는 군에 속한 원소의 개수를 말한다. 군 G가 n개의 원소를 갖는 유한군이면 군의 위수는 n이며 $|G|=n$으로 나타낸다. 만일 무한군이면 군의 위수가 무한이며 $|G|=\infty$ 로 표시한다.

한편 위수가 말하는 또 다른 개념으로서, 군 G의 **원소의 위수**는 다음과 같이 정의된다.

정의 어떤 원소 $g \in G$의 **위수**란 g를 여러 번 거듭 연산하여 항등원이 되는 최소의 양의 지수를 말한다.

다시 말해서 만일 $g,\ g^2,\ g^3,\ g^4,\ \cdots,$ 으로 거듭 연산을 해 갈 때

$$g^m = e\ (\text{항등원})\text{이 되는 최소의 양의 정수 } m$$

이 g의 위수이며, 이 때 기호 $|g|=m$ 또는 $o(g)=m$로 나타낸다. 여기서 'o'는 위수(order)의 첫 글자를 따 온 것이다. 그런데 만일 g를 아무리 거듭 연산해도 항등원이 되지 않는다면 원소 g의 위수는 무한 ∞이라고 한다. 이러한 경우에 $|g|=\infty$ 또는 $o(g)=\infty$ 로 표시한다.

예제 1.5.1 클라인 4-군 $G=\{e,\ x,\ y,\ xy\}$에서 군의 위수와 원소의 위수를 알아보자.

풀이 군 G에는 네 개의 원소가 있으므로 G의 위수는 4이며, 기호 $|G|=4$로 나타낸다. 한편 G의 원소 x의 위수는 x를 여러 번 거듭 연산을 해 보아야 되는데 이 경우는 $x^2=e$이므로 x의 위수는 2, 즉 $o(x)=2$이다.

참고로, 클라인 4-군의 원소 x는 $x^4 = e$이기도 하다. 그러나 x는 이미 $x^2 = e$이 되므로, 위수의 정의로부터 $o(x) = 2$이다.

예제 1.5.2 위의 예제에서 y의 위수와 xy의 위수를 말하여라.

풀이 클라인 4-군의 연산에 의해 $y^2 = e$이며 $(xy)^2 = e$이므로 $o(x) = o(xy) = 2$이다.

정의 어떤 원소 $x \in G$가 존재하여 G의 모든 원소가 $x^i (i \in \mathbb{Z})$의 형태로 표현될 때 G를 **순환군**이라고 부른다. 이 때 $G = \langle x \rangle$로 표시하며, x를 순환군 G의 **생성원**(generator)이라고 부른다. 따라서 순환군 $G = \langle x \rangle$의 임의의 원소 g는 $g = x^i (i \in \mathbb{Z})$의 형태이다.

'순환'이라는 이름처럼, 하나의 원소 x를 빙빙 돌리면서 군의 모든 원소가 만들어지는 군이 순환군이다.

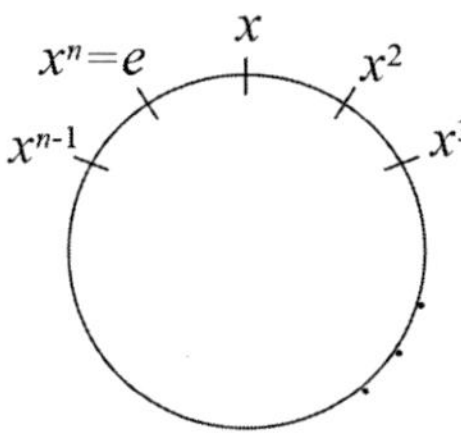

예제 1.5.3 정수의 집합 $\mathbb{Z}$는 덧셈연산에서 군이 된다. $\mathbb{Z}$에 속하는 원소 1을 생각해보자. 1을 계속 반복적으로 연산을 하면

$$1,\ 1+1=2,\ 1+1+1=3,\ 1+1+1+1=4,\ \cdots$$

이 되어 모든 정수가 만들어진다. 그러므로 $(\mathbb{Z}, +)$는 순환군이며, 원소 1이 생성원이므로 $(\mathbb{Z}, +) = \langle 1 \rangle$로 표현된다.

순환군의 성질

정리 1.5.1 순환군의 부분군은 순환군이다.

증명 순환군 $G=\langle x \rangle$이고 부분군 $H<G$라고 하자. 순환군의 정의에 의해 $G=\{x, x^2, x^3, \cdots\}$이므로 G의 부분인 H의 모든 원소들도 x의 어떤 거듭 연산 형태로서

$$H=\{x^i, x^j, \cdots, x^k, \cdots\}$$

꼴이 된다. H가 순환군임을 보이려면, H의 모든 원소를 표현할 수 있는 원소, 즉 생성원을 찾으면 된다. $h^i \in H$인 정수 i 중에서 가장 작은 양이 정수를 n이라 하자. 그리고 h^n에 의해 생성되는 부분군 $\langle h^n \rangle$를 생각해 보자.

$h^n \in H$이므로 $\langle h^n \rangle \subseteq H$이다. 한편 임의의 원소 $a \in H$를 생각하자. 그러면 $a=h^t \in H$의 형태이다. h^n에서 n은 최소의 양의 정수이므로 $n \le t$이다. 나눗셈 정리에 의해 $t=qn+r$인 정수 q와 r이 존재하며, 이 때 $0 \le r < n$이다. $r=t-qn$으로부터

$$\begin{aligned} h^r &= h^{t-qn} \\ &= h^t h^{-qn} = h^t (h^n)^{-q} \end{aligned}$$

이다. 그런데 $h^t \in H$이며 또한 $h^n \in H$이므로

$$h^t (h^n)^{-q} = h^r \in H$$

이다. 만일 $0<r$이라고 하자. 그러면 $r<n$이므로 n은 h^n이 H에 속하는 최소의 양의 정수라는 점에 모순이 된다. 따라서 $r=0$ 일 수 밖에 없다. 그러면 $t=qn$이므로

$$a=h^t=h^{qn}=(h^n)^q$$

가 되어, a는 h^n의 거듭 연산의 형태라는 말이 된다. 따라서 $H \subseteq \langle h^n \rangle$이다. 그러므로 $\langle h^n \rangle = H$이 되어 H는 순환군이다. ▮

순환군과 가환군은 상당히 밀접한 관계를 갖고 있다.

정리 1.5.2 모든 순환군은 가환군이다.

증명 G는 순환군이라 하자. G가 가환군이 되는지 알아보려면 임의의 원소 $a,\ b \in G$에 대해 $ab = ba$임을 확인하면 된다. 그런데 G가 순환군이므로 $G = \langle x \rangle$로 표시하면, $a = x^i$, $b = x^j$ $(i,\ j \in \mathbb{Z})$로 표현된다. 그러므로

$$ab = x^i x^j = x^{i+j} = x^{j+i} = x^j x^i = ba$$

가 되어 G는 가환군이다. ∎

예제 1.5.4 가환군이면 순환군이 되는지 알아보자. 클라인 4-군을 생각해보자.

풀이 클라인 4-군은 $G = \{e,\ a,\ b,\ ab\}$이며 $a^2 = b^2 = e$인 가환군이이다. 그러나 원소 네 개 중 어느 하나에 의해서 G의 나머지 모든 원소가 표현되지 않으므로, G는 순환군이 아니다.

가환군이 순환군이 되는 것은 아니지만, 모든 유한 가환군은 순환군들의 적당한 형태로 표현된다.

정리 1.5.3 모든 유한 가환군은 순환군들의 직적으로 표현된다.

이 내용은 16장 직적(direct product)에서 배운다.

군의 위수와 원소의 위수

군 G에 속하는 원소 a와 b의 위수를 알고 있다고 하자. a^2, a^3, a^4, … 처럼 a의 거듭 연산인 a^k의 위수를 알 수 있는가? 또는 ab의 위수를 알 수 있는가?

정리 1.5.4 G는 군, $a,\ b \in G$이다. 최대공약수(gcd)와 최소공배수(lcm)일 때 다음이 성립한다.

(1) $o(a^t) = \dfrac{o(a)}{\gcd(o(a),\ t)}$ (임의의 $t \in \mathbb{Z}$)이다.

(2) G가 가환군이면 $o(ab) = \mathrm{lcm}(o(a),\ o(b)) = \dfrac{o(a)o(b)}{\gcd(o(a),\ o(b))}$이다.

증명 정수론 교재를 참고하여 증명해 보자.

정리 1.5.5 $a \in G$일 때, a의 위수와 역원 a^{-1}의 위수는 서로 같다.
즉, $o(a) = o(a^{-1})$

증명 정리 1.5.4에서 특별히 $t = -1$인 경우를 생각해보자. 그러면 항상 $\gcd(o(a), -1) = 1$이므로

$$o(a^{-1}) = \frac{o(a)}{\gcd(o(a), -1)} = o(a)$$

이 된다. ∎

군의 위수와 원소의 위수가 서로 다르게 정의되기는 했지만, 두 개념사이에 상관관계가 있으며, 특별히 순환군에서는 다음과 같은 정리가 있다.

정리 1.5.6 순환군의 위수는 생성원의 위수와 같다.

증명 순환군 $G = \langle x \rangle$이며 생성원 x의 위수를 $o(x) = n$라고 하자. 그러면 $x^n = e$이며

$$\langle x \rangle = \{x,\ x^2,\ x^3,\ \cdots,\ x^{n-1},\ x^n = e\}$$

가 된다. 만일 $x^i = x^j (1 \le i,\ j \le n)$이면

$$x^{i-j} = x^i x^{-j} = e$$

가 되어 x를 $i-j$번 거듭 연산하면 항등원이 된다. 그런데 $i-j < n$이므로 $o(x) = n$에 모순이다. 따라서 모든 $1 \le i,\ j \le n$에 대해 $x^i \ne x^j$이다. 그러므로

$$G = \langle x \rangle = \{x,\ x^2,\ x^3,\ \cdots,\ x^{n-1},\ x^n = e\}$$

에는 정확히 n개의 서로 다른 원소가 존재하므로 $|G| = n$이다.

한편 만일 G가 무한군이면 G의 위수나 생성원 x의 위수가 무한 ∞으로 서로 같다. ∎

정리 1.5.7 (군의 위수와 원소의 위수에 관한 정리)
원소의 위수는 군의 위수를 나눈다.

이 정리는 잘 알려진 **라그랑주**(Lagrange) 정리이며, 7장에서 자세히 다룬다.

그러므로 만일 군 G의 위수가 4이면 G의 모든 원소들의 위수는 4의 약수인 1, 2 또는 4 중에서 값을 갖는다. 실제로 클라인 4-군을 생각해보자.

예제 1.5.5 클라인 4-군에서, 원소의 위수가 군의 위수의 약수인지 확인하여라.

풀이

정리 1.5.8 $g \in G$이며 $o(g)=n$라고 하자. $g^k=e$일 필요충분조건은 $n \mid k$이다.

증명 만일 $n \mid k$라고 하자. 그러면 $nt=k(t \in \mathbb{Z})$이므로

$$g^k = g^{nt} = (g^n)^t = e^t = e$$

이다. 반대로 $g^k=e$라고 하자. k를 n으로 나누면 $k=nq+r$인 $q,\ r \in \mathbb{Z}$, $0 \le r < n$가 존재한다. 그러면

$$e = g^k = (g^n)^q g^r = g^r$$

이다. 만일 $r \ne 0$, 즉 $0<r<n$이면 n이 g의 위수라는 점에 모순이다. 따라서 $r=0$, 즉 $k=nq$가 되어 $n \mid k$이다. ∎

정리 1.5.9 $g \in G$이며 $o(g)=n$라고 하자. 다음이 성립한다.

(1) $k \mid n$이면 $o(g^k)=\dfrac{n}{k}$이다.

(2) $\gcd(n,\ k)=1$이면 $o(g^k)=n$이다.

(3) 임의의 $k \in \mathbb{Z}$에 대해 $o(g^k)=\dfrac{n}{\gcd(n,\ k)}$이다.

증명 (1)과 (2)는 (3)의 특별한 경우이므로, (3)만 보이자. $o(g^k)=t$, $\gcd(k,\ n)=d$라고 기호를 만들면 $t=\dfrac{n}{d}$를 보이면 된다. $\gcd(k,\ n)=d$로부터 $k=dk'$, $n=dn'$

이며 $\gcd(k', n')=1$인 정수 k', n'이 존재한다.

$$(g^k)^t = e$$

이므로, 정리 1.5.8에 의해 $o(g)=n \mid kt$이다. $kt=nm\ (m\in\mathbb{Z})$라고 하자. 그러면 $(dk')t=(dn')m$이므로

$$k't = n'm$$

이다. 따라서 $n' \mid k't$인데, $\gcd(n', k')=1$이므로 $n' \mid t$이다.

한편

$$\begin{aligned}(g^k)^{n'} &= g^{kn'} = g^{k\cdot\frac{n}{d}}\\ &= g^{\frac{k}{d}\cdot n} = g^{k'\cdot n}\\ &= (g^n)^{k'} = e\end{aligned}$$

이므로 $o(g^k)=t \mid n'$이다. 그러므로 $t=n'=\dfrac{n}{d}$가 되어 증명이 끝난다. ▮

예제 1.5.6 군 $(\mathbb{Z}_{12}, +)$의 모든 원소들의 위수를 찾아라.

풀이

예제 1.5.7 군 $(\mathbb{Z}_7^*, \cdot\,)$의 모든 원소들의 위수를 찾아라.

풀이

확인문제

1. 사실이면 증명하고, 아니면 반례를 들어라.

(1) 모든 순환군은 가환군이다.

(2) 모든 가환군은 순환군이다.

2. 군 G와 두 개의 부분군 $H,\ K < G$라고 하자. 사실이면 증명하고, 아니면 반례를 들어라.

(1) $H \cup K$는 G의 부분군이다.

(2) $H \cap K$는 G의 부분군이다.

3. $(\mathbb{Z}_{14},\ +)$를 생각해보자.

(1) $(\mathbb{Z}_{14},\ +)$는 군이 됨을 보여라.

(2) 군 $(\mathbb{Z}_{14},\ +)$의 '모든' 생성원을 찾아라.

(3) 군 $(\mathbb{Z}_{14},\ +)$에 속하는 '모든' 원소의 위수를 찾아라.

4. 클라인 4-군 K_4에 대해 물음에 답하여라.

(1) K_4의 모든 원소를 써라.

(2) K_4의 위수는 얼마인가

(3) K_4의 각각 원소의 위수를 써라

(4) K_4의 모든 부분군을 찾아라.

5. 주어진 군이 순환군이면 생성원을 찾고, 아니면 이유를 설명하여라.

(1) $(\mathbb{Z}_8^*,\ \cdot\ )$

(2) $(\mathbb{Z}_{11}^*,\ \cdot\ )$

(3) K_4

6. 위수와 관련하여 물음에 답하여라.

(1) 군 $(\mathbb{Z}_{64428}, +)$의 원소 52156의 위수를 계산하여라.

(2) $g \in G$ 일 때 $o(g^k) = \dfrac{o(g)}{\gcd(o(g),\ k)}$ 임을 증명하여라.

7. 군 G일 때, 증명하여라.

(1) $a,\ b \in G$ 일 때, $(ab)^{-1} = b^{-1}a^{-1}$ 이다.

(2) G의 모든 원소 x가 $x^2 = e$이면 G는 가환군이다.

8. 증명하여라.

(1) 가환군의 부분군은 가환군이다.

(2) 순환군의 부분군은 순환군이다.

(3) 순환군 $G = \langle x \rangle$의 위수는 생성원 x의 위수와 같다.

9. 물음에 답하여라.

(1) $(\mathbb{Z}_{30}, +)$에서 위수가 6인 원소를 모두 구하여라.

(2) $(\mathbb{Z}_{45}, +)$에서 위수가 15인 원소를 모두 구하여라.

(3) $(\mathbb{Z}_{10}, +)$에서 위수가 3인 원소를 모두 구하여라.

10. 물음에 답하여라.

(1) 군 $(\mathbb{Z}_{101}, +)$의 생성원은 모두 몇 개인가.

(2) 군 $(\mathbb{Z}_{42}, +)$의 원소 $\overline{30}$, $\overline{12}$, $\overline{5}$의 위수를 각각 구하여라.

11. 군 G이며 $g \in G$, $o(g) = 18$일 때, 다음을 구하여라.

(1) g^{12}의 위수

(2) g^5의 위수

(3) g^4의 위수

연습문제

1. 집합 $G=\{f,\ g,\ h\}$ 일 때, G 위에서 연산 $\circ$ 을 다음과 같이 정의하자.

$\circ$	f	g	h
f	g	h	f
g	h	f	g
h	f	g	h

이 연산이 결합법칙을 만족한다고 할 때, 옳은 것을 모두 찾아라.

(1) $(G,\ \circ)$는 군이 된다.

(2) $(G,\ \circ)$는 가환군이 된다.

(3) $(G,\ \circ)$는 순환군이 된다.

2. 연산표로부터 $X,\ Y,\ Z$ 중 구조가 같은 것을 찾아라.

X	1	a	b	c
1	1	a	b	c
a	a	c	1	b
b	b	1	c	a
c	c	b	a	1

Y	1	a	b	c
1	1	a	b	c
a	a	1	c	b
b	b	c	1	a
c	c	b	a	1

Z	1	a	b	c
1	1	a	b	c
a	a	1	c	b
b	b	c	a	1
c	c	b	1	a

3. 위수 30인 순환군 G에서, $G=\langle x\rangle$가 되는 원소 x는 모두 몇 개인가?

4. $a,\ b\in G$ 일 때, 옳은 것을 모두 찾아라.

(1) G가 가환군이면 $o(ab)=o(a)o(b)$이다.

(2) $o(a^{-1})=o(a)$이다.

(3) $o(ab)=\dfrac{o(a)o(b)}{\gcd(o(a),\ o(b))}$이다.

(4) 임의의 $a,\ b\in G$ 에 대해 $(ab)^2=(ba)^2$이 성립하면 G는 가환군이다.

5. 옳지 않은 것을 모두 찾아라.

(1) $o(a)=n$ 이고 $a^k=e$ 이면, $n \mid k$ 이다.

(2) $o(a)=n$ 이고 $n=kd$ 이면, $o(a^k)=d$ 이다.

(3) $o(a)=n$ 이면 $\gcd(n,\ k)=\dfrac{n}{o(a^k)}$ 이다.

(4) G 가 순환군이면 G 의 위수는 소수이다.

6. $a \in G$ 의 위수가 12일 때, $a=b^3$ 인 원소 $b \in G$ 의 위수를 찾아라.

해답

1. (1), (2), (3) 풀이: 위 연산표에서 h 는 항등원이며, $f^3=g^3=h$ 이므로, $G \cong \mathbb{Z}_3$ 이다.

2. X, Z 는 같은 구조를 갖는다. 풀이: $X=\langle a \rangle$, $Z=\langle b \rangle$. 그러나 $Y=K_4$ 이다.

3. 8개. $\phi(30)=\phi(2 \cdot 3 \cdot 5)=1 \cdot 2 \cdot 4=8$ (여기서 ϕ 는 오일러 phi-함수이다.)

4. (2) 풀이: (1) $o(ab)$ 는 $o(a)o(b)$ 의 약수이다. (3)은 G 가 가환군일 때 성립한다. (4) $G=D_4$(정이면체군)에서 반례를 볼 수 있다.

5. (4) 풀이: $\mathbb{Z}_{10}$ 은 순환군이지만 위수가 10이다.

6. 36 풀이: $b^{36}=(b^3)^{12}=a^{12}=e$ 이므로 $o(b)=k$ 라고하면 k 의 가능성은 1, 2, 3, 4, 9, 12, 18, 36 중에 있다. 그런데, $a=b^3$ 이므로, $12=o(a)=o(b^3)=\dfrac{o(b)}{\gcd(o(b),\ 3)}$ 이므로, $o(b)=12 \cdot \gcd(o(b),\ 3)$ 이다. 표를 만들면 쉽게 볼 수 있다.

$o(b)$ 의 가능성	1	2	3	4	9	12	18	36
$\gcd(o(b),\ 3)$	1	1	3	1	3	3	3	3
$12 \cdot \gcd(o(b),\ 3)$	12	12	36	12	36	36	36	36

그러므로 $o(b)=12 \cdot \gcd(o(b),\ 3)$ 가 만족되려면 $o(b)=36$ 이다.

6 잉여류

어떤 집합 S에 속하는 원소 a와 b에 적당한 동치관계(equivalence relation)를 정의하여 집합 S를 분할(partition)할 수 있다. 그러면 S의 모든 원소는 단 한 곳의 분할에 단 한번 씩만 속하게 된다. 군 G도 분할하는 방법을 알아보자.

G는 군이고 $H \leq G$라고 하자. 임의의 원소 $a, b \in G$가 있을 때, 만일 $a^{-1}b \in H$일 때 a와 b는 관계한다고 정의하고, 기호 $a \sim_H b$로 쓰자.

정리 1.6.1 $H \leq G$이며 $a, b \in G$라고 하자. $a \sim_H b \Leftrightarrow a^{-1}b \in H$로 정의된 관계는 동치관계이다.

증명 동치관계를 증명하려면,

$$\text{반사}(a \sim_H a),\ \text{대칭}(a \sim_H b \Rightarrow b \sim_H a),$$
$$\text{추이}(a \sim_H b,\ b \sim_H c \Rightarrow a \sim_H c)$$

를 보이면 된다. ▮

예제 1.6.1 위 정리의 증명을 하여라.

풀이

$H \leq G$이며 $a, b \in G$일 때, $a \sim_H b \Leftrightarrow a^{-1}b \in H$로 정의된 동치관계에서 a와 관계하는 원소들의 **동치류** 집합 $\overline{a}$을 만들어 보자.

$$\begin{aligned}\overline{a} &= \{x \in G \mid a \sim_H x\} \\ &= \{x \in G \mid a^{-1}x \in H\} \\ &= \{x \in G \mid x \in aH\} \\ &= \{x \in G \cap aH\} = aH\end{aligned}$$

따라서 a와 관계하는 원소들의 집합은 $aH = \{ah \mid h \in H\}$이다.

정의 $H \leq G$이고 $a \in G$일 때, $aH = \{ah \mid h \in H\}$를 a에 대한 H의 **잉여류(coset)** 라고 부른다. $Ha = \{ha \mid h \in H\}$도 잉여류인데, aH와 Ha를 각각 좌(left)잉여류, 우(right)잉여류로 구별하기도 한다. 그러므로 G가 가환군이면 좌잉여류와 우잉여류는 서로 같다.

이 교재에서는 좌잉여류를 중심으로 기술한다.

예제 1.6.2 클라인 4-군 $G = \{e, x, y, xy\}$이고 부분군 $H = \{e, x\}$라고 하자. $y \in G$에 대한 H의 (좌)잉여류를 알아보자.

풀이 $yH = y\{e, x\} = \{ye, yx\} = \{y, xy\}$이다.

예제 1.6.3 클라인 4-군 $G = \{e, x, y, xy\}$이고 부분군 $H = \{e, x\}$일 때, G의 각각의 원소 e, x, y, xy에 대한 잉여류를 말하여라.

풀이 e에 대한 잉여류 $eH = H$, x에 대한 잉여류 $xH = x\{e, x\} = \{x, x^2\} = \{x, e\} = H$, y에 대한 잉여류 $yH = \{y, xy\}$, 또한

$$xyx = x(yx) = x(xy) = x^2y = y$$

이므로, xy에 대한 잉여류는 $xyH = xy\{e, x\} = \{xy, y\}$이다.

예제 1.6.4 클라인 4-군 $G = \{e, x, y, xy\}$이고 부분군 $K = \{e, y\}$, $L = \{e, xy\}$일 때, G의 각각의 원소 e, x, y, xy에 대한 K의 잉여류, L의 잉여류를 모두 말하여라.

풀이

예제 1.6.5 정수군 $G = (\mathbb{Z}, +)$이며 H는 3의 배수들의 집합이라고 하자. $(H, +)$는 G의 부분군임을 보여라. H의 잉여류들에 대해 말하여라. 모두 몇 개인가?

풀이

위의 예제로부터 잉여류에 대한 다음의 성질을 예측할 수 있다.

정리 1.6.2 G는 군이며 $H \le G$하고 하자. $a, b \in G$의 잉여류 aH와 bH에 대해 다음이 성립한다.
(1) $a \in aH$
(2) $aH = H$일 필요충분조건은 $a \in H$이다.
(3) $aH = Ha \Leftrightarrow H = a^{-1}Ha$이다. 여기서
$a^{-1}Ha = \{a^{-1}ha \mid h \in H\}$이다.

증명 e는 군 G의 항등원이라고 하자.

(1) $a = ae \in aH$이다.

(2) 만일 $aH = H$이면 $a \in aH = H$이다. 반대로 만일 $a \in H$라고 하자. 그러면 aH에 속하는 임의의 원소는 $ah\,(h \in H)$인 형태인데, $a \in H$이므로 $ah \in H$이다. 따라서 $aH \subseteq H$이다. 한편 $a \in H$이면 $a^{-1} \in H$이므로 $a^{-1}H \subseteq H$, 즉 $H \subseteq aH$이다. 따라서 $aH = H$가 성립한다.(다른 증명 방법

$$aH = H \;\Leftrightarrow\; aH = eH \;\Leftrightarrow\; a \sim e \;\Leftrightarrow\; a \in eH = H$$

이다.)

(3) 증명은 다음 예제에서 해 보자. ∎

예제 1.6.6 $aH = Ha \Leftrightarrow H = a^{-1}Ha$를 증명하여라.

풀이

더욱이 aH는 동치관계 $\sim_H$의 동치류이므로 다음의 정리가 성립한다.

정리 1.6.3 (1) 임의의 $a,\ b \in G$에 대해, 만일 $aH \cap bH \neq \varnothing$ 이면 $aH = bH$이다.

(2) $G = \uplus gH$이다. (여기서 $\uplus$는 서로소 합집합을 의미한다.)

(3) G가 유한군이면 $|aH| = |bH|$이다.

증명 (1) $aH \cap bH \neq \varnothing$ 라고 하자. 그러면 $g \in aH$이며 $g \in bH$인 원소 $g \in G$가 존재한다. 관계 $\sim_H$로 표현하면, $g \sim_H a$이며 $g \sim_H b$이다. 동치의 추이관계에 의해 $a \sim_H b$이다. 따라서

$$a \in bH, \text{ 즉 } aH \subseteq bH$$

이다. 마찬가지로

$$b \in aH, \text{ 즉 } bH \subseteq aH$$

이다. 그러므로 $aH = bH$ 이다.

(2) 임의의 $x \in G$는 $x \in xH$이므로 $x \in xH \subseteq \uplus gH$이다. 만일 $x \in \uplus gH$이면 적어도 $x \in yH$인 $y \in G$가 존재한다. $yH \subseteq G$이므로 $x \in G$이다. 따라서 $G = \uplus gH$이다.

(3) G는 유한군일 때, 함수

$$\phi : H \to aH, \ \phi(h) = ah \, (h \in H)$$

라고 정의하자.

(i) $h,\ k \in H$일 때, 만일 $\phi(h) = \phi(k)$이면 $ah = ak$, 즉 $h = k$이므로 ϕ는 단사함수이다.

(ii) 임의의 $u \in aH$라고 하자. 그러면 $u = ah$인 $h \in H$가 존재한다. 따라서 $\phi(h) = ah = u$이므로 ϕ는 전사함수이다. 따라서 ϕ는 일대일대응함수가 되어 $|H| = |aH|$이다.

마찬가지로

$$H \to bH, \ h \mapsto bh$$

도 일대일대응함수이므로 $|H| = |bH|$이다. 따라서 $|aH| = |bH|$이다. ∎

원소 $a,\ b \in G$에 대해, 만일 $a^{-1}b \in H$일 때 a와 b는 관계 $(a \sim_H b)$한다고 정의하여 동치류를 만든 것이 바로 잉여류이다. 두 원소 a와 b에 관계를 정의하는 방법은 여러 종류가 있을 수 있으며, 그 때마다 동치류의 모양도 달라져서 새로운 구조를 만들어 낼 수 있다.

7 라그랑주 정리와 군의 격자

라그랑주 정리는 군의 위수와 부분군의 위수의 관계를 설명하는 것으로서 군 G의 부분군의 위수는 G의 위수를 나눈다는 내용이다. 이것을 발전시켜 군 G에 속하는 원소의 위수는 G의 위수를 나눈다고 말할 수 있다. 이 정리는 라그랑주(J. Lagrange, 1736-1813)로부터 왔는데, 그는 해석학, 정수론, 고전역학 그리고 천체역학은 물론, 물리학의 해석역학에 이르기까지 많은 연구를 했다. 라그랑주는 이 내용을 언급(1771년)만하고 증명은 하지 않았고, 오히려 마래스코티(P. Marescotti, 1768- 1842)가 최초로 증명하였지만(1803년), 여전히 라그랑주 정리라는 이름으로 불린다.

정리 1.7.1 **라그랑주 정리,** Lagrange theorem
G는 유한군이며 $H < G$라고 하자. 그러면 H의 위수는 G의 위수를 나눈다. 즉 $|H| \mid |G|$이다.

증명 G에서 H의 잉여류들 $g_1H,\ g_2H,\ \cdots,\ g_kH$이 모두 k개 존재한다고 하자. 정리 1.6.3(1)에 의해, 모든 잉여류들의 합집합은

$$G = \bigcup_{i=1}^{k} g_iH$$

이다. 또한 만일 $g_iH \cap g_jH \neq \varnothing$ 이면

$$g_iH = g_jH$$

이다. 따라서 G는 g_iH들의 서로소 합집합이다. 정리 1.6.3(2)에 의해 각 잉여류들의 크기가 모두 동일하므로

$$\begin{aligned} |G| &= \left|\bigcup_{i=1}^{k} g_iH\right| \\ &= |g_1H| + |g_2H| + \cdots + |g_kH| \\ &= k\,|g_1H| \end{aligned}$$

이다. 여기서 g_1을 항등원 e로 선택하면

$$|G| = k\,|eH| = k|H|$$

가 되어 $|H|$는 $|G|$를 나눈다. ▮

라그랑주 정리에서 $H < G$일 때 $|H| \mid |G|$, 즉 $|G| = k|H|$인 정수 k가 존재한다. 그런데 증명 과정에서 볼 때, $k = \frac{|G|}{|H|}$는 G에서 H의 잉여류들의 개수임을 알 수 있다.

정의 $H < G$일 때, G에서 H의 잉여류들의 개수를 G에서 H의 지수(index)라 부르며, 기호 $k = [G : H]$로 표시한다. 실제로 $k = [G : H] = \frac{|G|}{|H|}$이다.

정리 1.7.2 유한군 G의 임의의 원소 g의 위수는 G의 위수를 나눈다.
즉 $o(g) \mid |G|$이다.

증명 원소 g에 의해 생성되는 순환군 $\langle g \rangle$는 G의 부분군이므로, 라그랑주 정리에 의해 $|\langle g \rangle|$는 $|G|$를 나눈다. 그런데 순환군의 위수는 생성원의 위수와 같으므로 $o(g) = |\langle g \rangle|$가 되어, $o(g)$는 $|G|$를 나눈다. ▮

예제 1.7.1 $G = \{e, a, a^2, b, ab, a^2b\}$이며 $a^3 = e$, $ba = a^2b$인 군이라고 하자. 집합 $H = \{e, a, a^2\}$라고 하자. 그러면 H는 G의 부분군이며, $eH = aH = a^2H - H$이다. 따라서 $G = H \cup bH$이며

$$|G| = |H| + |bH| = 2|H|$$

이다. 그러므로 $|H| \mid |G|$이다.

라그랑주 정리의 응용

라그랑주 정리는 군의 구조를 설명하는데 유용하게 이용된다.

정리 1.7.3 G는 유한군이며 $H, K < G$라고 하자. 만일 $|H|$와 $|K|$가 서로소이면 $H \cap K = \{e\}$이다.

증명 H와 K가 G의 부분군이므로 교집합 $H\cap K$는 H의 부분군이며, 동시에 K의 부분군이다. 라그랑주 정리를 $H\cap K$와 H에 적용하면 $|H\cap K|$는 $|H|$의 약수이다. 마찬가지로 $H\cap K$와 K에 적용하면 $|H\cap K|$는 $|K|$의 약수이다. 따라서

$$|H\cap K|\,|\,|H| \text{이며 } |H\cap K|\,|\,|K|$$

가 되어, $|H\cap K|$는 $|H|$와 $|K|$의 공약수이다. 그런데 $|H|$와 $|K|$가 서로 소이므로, 공약수인 $|H\cap K|$는 1이다. 따라서 $H\cap K$는 항등원만을 갖는 군 $H\cap K=\{e\}$이다. ∎

정리 1.7.4 페르마의 작은 정리

p는 소수이며 정수 a는 $\gcd(p,\ a)=1$ 라고하자. 그러면 $a^{p-1}\equiv 1(\text{mod}p)$이다.

증명 법 p에 관한 정수군 $\mathbb{Z}_p$는 위수 p인 순환군이다. $\gcd(p,\ a)=1$이므로 $0\neq\overline{a}\in\mathbb{Z}_p$, 즉 $\overline{a}\in\mathbb{Z}_p-\{0\}$라고 생각할 수 있다. p가 소수이므로 $\mathbb{Z}_p-\{0\}$는 곱셈연산에 대한 군이며, 위수는 $p-1$이다. 그러므로 라그랑주 정리에 의해

$$o(\overline{a})\mid p-1$$

이 되어 $\overline{a}^{p-1}$는 $\mathbb{Z}_p-\{0\}$의 항등원이다. 그런데 $\mathbb{Z}_p-\{0\}$의 곱셈의 항등원이 1이므로

$$\overline{a}^{p-1}=1\in\mathbb{Z}_p-\{0\},$$

다시 말해서 $a^{p-1}\equiv 1(\text{mod}p)$이다. ∎

라그랑주 정리의 역의 문제

라그랑주 정리에 의하면, H가 G의 부분군이면 $|H|\,|\,|G|$이다. 이 정리의 역(converse)이 성립하는지의 질문이 자연스럽게 제기되었다. 만일 G의 위수를 나누는 어떤 정수 n이 있다면 n을 위수로 하는 부분군이 G에 존재할 수 있는지의 물음은 군론에서 유명한 문제가 되어왔다. 특별한 성질을 가정하면서 라그랑주 정리의 역이 성립하는 경우가 연구되었다.

1. G가 유한군이며 소수 $p \mid |G|$이면 p를 위수로 하는 부분군 $H < G$가 존재한다.
2. G가 순환군이며 $n \mid |G|$이면 n을 위수로 하는 부분군 $H < G$가 존재한다.
3. G가 가환군이며 $n \mid |G|$이면 n을 위수로 하는 부분군 $H < G$가 존재한다.

그러나 라그랑주 정리의 역은 일반적으로 성립하지 않는다. 18장에서 배우자.

격자

$H < G$ 이면 G를 위에, H를 아래에 쓴 후, 줄로 그어 군과 부분군의 관계를 보여주는 다이어그램을 그릴 수 있다. 이러한 모양이 반복되는 그림을 **격자**(lattice)라고 부르며, 군의 부분군들의 위치를 확인하는 좋은 방법이다.

$\mathbb{Z}_6$의 부분군의 격자를 그리자. 라그랑주 정리에서 $\mathbb{Z}_6$의 부분군의 위수는 $|\mathbb{Z}_6| = 6$의 약수이므로 1, 2, 3 또는 6이다. 또한 순환군 $\mathbb{Z}_6$의 모든 부분군은 순환군이며 순환군의 위수는 생성원의 위수와 같다. 그러므로 $\mathbb{Z}_6$의 부분군으로서 위수 3인 군은 위수 3인 생성원으로 만들어지므로 $H_1 = \langle \overline{2} \rangle$가 바로 그것이다. 마찬가지로 위수 2인 부분군은 위수 2인 생성원으로 만들어지므로 $H_2 = \langle \overline{3} \rangle$가 된다. 물론 위수 1인 부분군은 $\langle \overline{0} \rangle$이며, 위수 6이 부분군은 $\langle \overline{1} \rangle = \mathbb{Z}_6$이다. 따라서 다음과 같은 격자를 만들 수 있다.

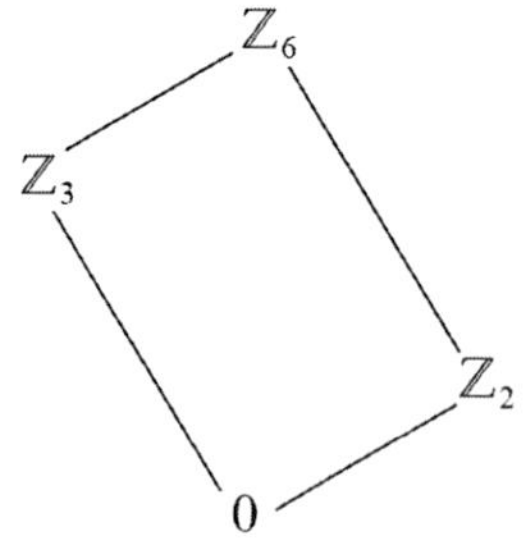

예제 1.7.2 $\mathbb{Z}_{20}$의 부분군의 격자를 그려라.

풀이

예제 1.7.3 클라인 4-군 K_4의 부분군들의 격자를 그려라.

풀이 $K_4 = \{e,\ x,\ y,\ xy\}$, $x^2 = y^2 = e$이며 $yx = xy$이다. K_4의 부분군의 위수는 1, 2 또는 4 중에 있다. 위수가 1 또는 4인 경우는 당연히 $\{e\}$와 K_4이다. 위수가 2인 경우는 부분군을 세 개 $\{e,\ x\}$, $\{e,\ y\}$, $\{e,\ xy\}$ 만들 수 있다. 따라서 다음의 격자를 그릴 수 있다.

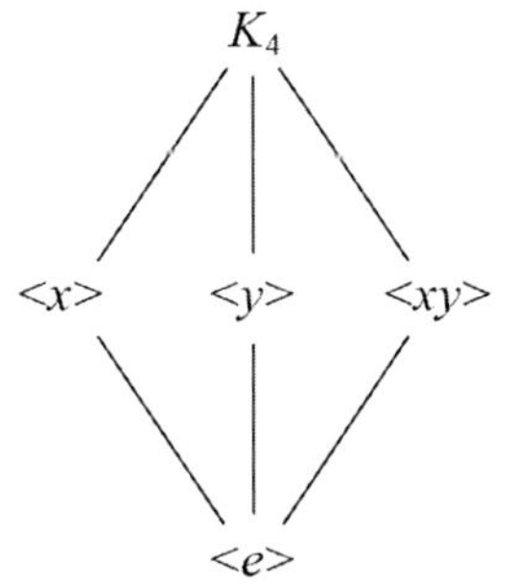

예제 1.7.4 $S_3 = \{e,\ a,\ a^2,\ b,\ ab,\ a^2b\}$, $a^3 = b^2 = e$이며 $ba = a^2b$인 대칭군의 격자를 그려라. (대칭군은 10장에서 배운다.)

풀이

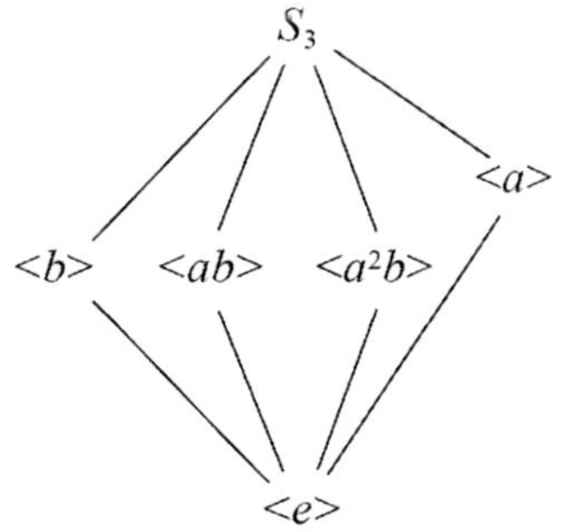

예제 1.7.5 $D_4 = \{e,\ a,\ a^2,\ a^3,\ b,\ ab,\ a^2b,\ a^3b\}$ $a^4 = b^2 = e$이며 $ba = a^3b$인 정이면체군의 격자를 그려라.(정이면체군은 10장에서 배운다.)

풀이

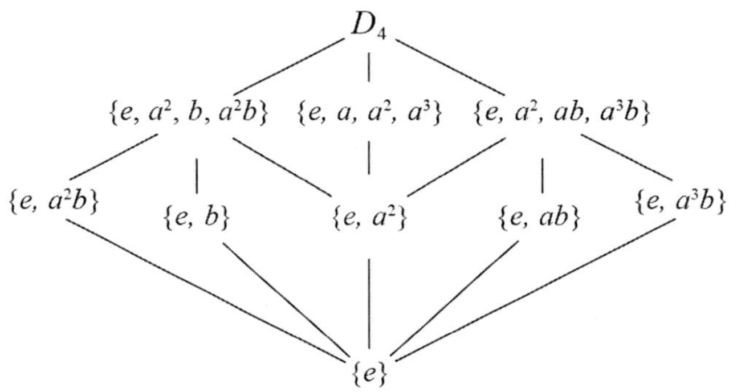

연습문제

1. 군 G와 부분군 $H < G$라고 하자. 물음에 답하여라.

(1) $a \sim b \Leftrightarrow ab^{-1} \in H$로 정의된 관계 $\sim$는 동치관계임을 증명하여라.

(2) H에서 a의 잉여류 집합을 만들어라.

2. $G = K_4 = \{e, u, v, uv\}$일 때 $H = \{e, v\}$라고 하자. H에서 e의 잉여류, u의 잉여류, v의 잉여류, uv의 잉여류를 각각 찾아라.

3. $G = (\mathbb{Z}, +)$는 정수군이며 $K = 5\mathbb{Z}$는 5의 배수들의 집합이라고 하자.

(1) K는 G의 부분군임을 증명하여라.

(2) K에 대한 모든 잉여류를 찾아라. 모두 몇 개인가?

4. 군 $G = (4\mathbb{Z}, +)$는 4의 배수들의 집합이다. $L = 12\mathbb{Z}$라고 하자.

(1) L는 G의 부분군임을 증명하여라.

(2) L에 대한 모든 잉여류를 찾아라. 모두 몇 개인가?

8 정규부분군

군의 부분군들 중에서 아주 좋은 성질을 가진 부분군을 알아보자.

정의 G는 군이고 부분군 $N < G$라고 하자. 임의의 $g \in G$에 대하여

$$gNg^{-1} = N$$

가 성립할 때, N은 G의 **정규부분군**(normal subgroup)이라고 부른다. 정규(normal)라는 용어로 인해 보통 N으로 나타내며, 기호 $N \lhd G$로 표시한다.

위의 정의로부터 다음의 동치 성질을 쉽게 확인할 수 있다.

정리 1.8.1 부분군 $N < G$일 때, 다음은 동치이다.
(1) $N \lhd G$
(2) 임의의 $g \in G$에 대하여 $gNg^{-1} = N$이다.
(3) 임의의 $g \in G$에 대하여 $gN = Ng$이다.
(4) G안에서 N의 좌잉여류와 우잉여류가 서로 일치한다.
(5) 임의의 $g \in G$와 $n \in N$에 대하여 $gng^{-1} \in N$이다.

증명 (1), (2), (3), (4)가 서로 동치인 것은 정의에 의해 당연하다.

이제 (2)와 (5)가 서로 동치임을 증명하자.

(2)를 가정하면 $gNg^{-1} = N$이므로 gNg^{-1}에 속하는 임의의 원소는 N에 포함된다. gNg^{-1}에 속하는 원소는 gng^{-1}(여기서 $n \in N$) 형태이므로 $gng^{-1} \in N$이 성립한다. 따라서 (2) $\Rightarrow$ (5)이다.

반대로 (5), 즉 임의의 $g \in G$, $n \in N$에 대하여 $gng^{-1} \in N$라고 가정하자. 그러면 $gNg^{-1} \subseteq N$이다. 마찬가지로 $gng^{-1} \in N$로부터 $n \in g^{-1}Ng$이므로 $N \subseteq gNg^{-1}$이다. 따라서 (5) $\Rightarrow$ (2)이다. ∎

예제 1.8.1 클라인 4-군 $G = \{e, x, y, xy\}$에서 $H = \{e, x\}$는 G의 정규부분군이다.

풀이 $e \in G$에 대해 $eHe^{-1} = e\{e, x\}e = \{e, x\} = H$.

$x \in G$에 대해 $xHx^{-1} = x\{e,\ x\}x = \{xex,\ xxx\} = \{x^2,\ x^3\} = \{e,\ x\} = H$.

$y \in G$에 대해 $yHy^{-1} = y\{e,\ x\}y = \{yey,\ yxy\} = \{y^2,\ xyy\} = \{e,\ x\} = H$.

$xy \in G$에 대해

$xyH(xy)^{-1} = xy\{e,\ x\}xy = \{xyxy,\ xyxxy\} = \{e,\ x\} = H$이므로 $H \lhd G$이다.

예제 1.8.2 클라인 4-군 $G = \{e,\ x,\ y,\ xy\}$에서 $K = \{e,\ xy\}$는 G의 정규부분군인지 말하여라.

풀이 G에 속하는 각각의 원소에 대해 잉여류를 계산하면,

$eK = K = Ke$,

$xK = x\{e,\ xy\} = \{x,\ y\} = \{e,\ (xy)x\} = \{e,\ xy\}x = Kx$.

또한 이와 유사하게 계산하면 $yK = Ky$이며 $xyK = K = Kxy$임을 알 수 있다.

정리 1.8.1에서 정규부분군과 동치가 되는 여러 성질을 보았으므로, 필요에 따라 적절한 방법을 선택하여 정규부분군임을 증명하게 된다.

정리 1.8.2 군 G의 자명한 부분군 $\{e\}$는 G의 정규부분군이다.

증명 임의의 $g \in G$에 대하여 $g\{e\}g^{-1} = \{geg^{-1}\} = \{e\}$이 되므로 $\{e\} \lhd G$이다. ▮

정리 1.8.3 가환군의 모든 부분군은 정규부분군이다. 다시 말해서 G가 가환군일 때 임의의 $H < G$는 G의 정규부분군이다.

증명 임의의 원소 $g \in G$와 $h \in H$에 대하여 ghg^{-1}을 생각해보자. 그런데 G가 가환군이므로 $gh = hg$이며

$$ghg^{-1} = hgg^{-1} = h \in H$$

이다. 따라서 $H \lhd G$이다. ▮

그러므로 위에서 클라인 4-군의 예제는, 부분군들이 정규부분군이 되는 것은 정리 1.8.3에 의해 당연하다. 클라인 4-군이 가환군이기 때문이다.

정리 1.8.4 두 개의 정규부분군의 교집합은 정규부분군이다.
다시 말해서 $H \lhd G$, $K \lhd G$이면 $H \cap K$는 G의 정규부분군이다.

증명 $H \cap K$는 G의 부분군이다. 임의의 원소 $g \in G$, $x \in H \cap K$라고 하자. 그러면 $x \in H$이며 $x \in K$이다. H가 G의 정규부분군이므로 $g \in G$와 $x \in H$에 대하여 $gxg^{-1} \in H$이다. 마찬가지로 K가 G의 정규부분군이므로 $g \in G$와 $x \in K$에 대하여 $gxg^{-1} \in K$이다. 그러므로

$$gxg^{-1} \in H \cap K$$

가 되어 $H \cap K \lhd G$이다. ▮

군이 주어져 있을 때 정규부분군을 찾아보자.

예제 1.8.3 군 G의 위수가 1, 2, 3, 4 또는 5일 때 G는 항상 가환군이다. 그러므로 G의 모든 부분군은 정규부분군이다.

예제 1.8.4 군 G가 위수 6인 $S_3 = \{e, a, a^2, b, ab, a^2b\}$라고 하자. 이 때 $a^3 = b^2 = e$이며 $ba = a^2b$이다. (여기서 군 S_3는 **치환군**이라고 부른다. 10장에서 배운다.) 부분집합 $H = \{e, a, a^2\}$라고 하면 H는 G의 부분군이 된다. 또한 S_3의 원소 b에 대하여

$$bH = \{be, ba, ba^2\} = \{b, a^2b, ab\} = \{e, a^2, a\}b = Hb$$

이다. 마찬가지로 $ab \in S_3$에 대하여

$$abH = \{abe, aba, aba^2\} = \{ab, a^2(ab), a(ab)\} = \{e, a^2, a\}ab = Hab$$

이다. 이와 같이 S_3의 다른 원소들에 대해서도 H의 좌잉여류와 우잉여류가 서로 같음을 확인할 수 있어서 $H \lhd S_3$이다.

예제 1.8.5 S_3의 부분집합 $K = \{e, b\}$라고 하자. K는 S_3의 부분군인가? K는 S_3의 정규부분군인지 말하여라.

풀이 $a \in S_3$에 대하여, $aK = a\{e, b\} = \{a, ab\}$이며 $Ka = \{e, b\}a = \{a, ba\}$이다.

그러나 $ba = a^2b \neq ab$ 이므로 $aK \neq Ka$ 가 되어 K 는 S_3 의 정규부분군이 아니다.

예제 1.8.6 $H < G$ 이며 $|H| = m$ 이라고 하자. 만일 m 을 위수로 하는 부분군이 H 단 하나이면, H 는 G 의 정규부분군임을 말하여라.

풀이 (힌트) 임의의 원소 $g \in G$ 에 대해 $g^{-1}Hg$ 를 생각해보자.

그러므로 예제를 S_3 군에 적용하면, 위수 3인 부분군 $H = \{e,\ a,\ a^2\}$ 는 S_3 의 정규부분군임을 쉽게 알 수 있다.

예제 1.8.7 위수가 8인 군 $D_4 = \{e,\ a,\ a^2,\ a^3,\ b,\ ab,\ a^2b,\ a^3b\}$ 를 생각하자. 이 때 $a^4 = b^2 = e$ 이며 $ba = a^3b$ 이다. (여기서 군 D_4 는 **정이면체군**이라고 불린다. 11장에서 배운다.) 그러면 D_4 는 자명한 부분군 $\{e\}$ 와 자기 자신 D_4 를 포함하여 모두 6개의 부분군을 갖는다.

$$D_4,\ N_1 = \{e\},\ N_2 = \{e, a^2\},$$

$$N_3 = \{e,\ a,\ a^2,\ a^3\},\ N_4 = \{e,\ b,\ a^2,\ a^2b\},\ N_5 = \{e,\ ab,\ a^2,\ a^3b\},$$

이 부분군들 중에서 D_4 의 정규부분군인 것들을 찾아보자.

풀이

상군 (또는 잉여군)

G 는 군이며 $N \lhd G$ 라고 하자. G 에서 N 의 잉여류들의 집합 $\{gN \mid g \in G\}$ 를 생각하고 이 집합에 연산을 다음과 같이 정의하자. 임의의 원소 $g,\ x \in G$ 에 대해

$$gNxN = gxN$$

이다.

정리 1.8.5 집합 $\{gN \mid g \in G\}$은 연산 $gNxN = gxN$ $(g,\ x \in G)$ 아래서 군이 된다.

증명 $gNxN = gxN$ 이므로 연산에 의해 닫혀있다. 또한 임의의 $g,\ x,\ y \in G$ 에 대하여

$$\begin{aligned}(gNxN)yN &= gxNyN \\ &= (gx)yN \\ &= g(xy)N \\ &= gNxyN = gN(xNyN)\end{aligned}$$

가 되어 결합법칙이 성립한다. e를 G의 항등원이라고 하면, 모든 $g \in G$에 대하여

$$\begin{aligned}eNgN &= egN \\ &= gN \\ &= geN = gNeN\end{aligned}$$

이므로 $eN = N$이 항등원이다. 또한 임의의 gN에 대하여

$$gNg^{-1}N = gg^{-1}N = eN$$

가 되므로 역원이 존재함을 알 수 있다. 그러므로 $\{gN \mid g \in G\}$는 군이다. ∎

위의 정리의 집합 $\{gN \mid g \in G\}$을 기호 G/N으로 표시하면, G/N은 군이며 이것을 N에 대한 G의 **상군** 또는 **잉여군**(quotient group) 이라고 부른다.

정리 1.8.6 (1) G가 가환군이고 H가 G의 임의의 부분군이면 G/H는 가환군이다.
(2) G가 순환군이고 H가 G의 임의의 부분군이면 G/H는 순환군이다.

증명 (1) 우선 정리 1.8.3에 의해 가환군의 부분군 H는 G의 정규부분군이다. 그러므로 상군 G/H가 존재한다. 두 원소 $g, x \in G$에 대해 gH, $xH \in G/H$라고 하자. G가 가환군이므로 $gx = xg$이며,

$$\begin{aligned}gHxH &= g(Hx)H \\ &= g(xH)H = (gx)H \\ &= (xg)H = xHgH\end{aligned}$$

가 되어, G/H는 교환법칙을 만족한다. 즉 G/H는 가환군이다.

(2) 이제 $G = \langle g \rangle$인 순환군이라고 하자. 그러면 $gN \in G/N$이다. G/N에 속

하는 임의의 원소를 xN이라 하자. $x \in G$이므로 $x = g^i (i > 0)$이며

$$xN = g^i N = (gN)^i$$

이다. 따라서 $G/N = \langle gN \rangle$인 순환군이다. ▮

확인문제

1. $Ka = K$에 대한 설명으로 옳은 것을 모두 찾아라.

(1) $a \in K$이다.

(2) $a = e$이다.

(3) K는 G의 정규부분군이다.

(4) 모든 $k \in K$에 대해 $ka = a$이다.

2. 동치가 아닌 것을 찾아라.

(1) N은 군 G의 정규부분군이다.

(2) 모든 $a \in G$에 대해 $a^{-1}Na \subseteq N$이다.

(3) 모든 $a \in G$에 대해 $a^{-1}Na = N$이다.

(4) 모든 $a \in G$에 대해 $aNa^{-1} \subseteq N$이다.

(5) 모든 $a \in G$, $b \in G$에 대해 $a^{-1}ba \in N$이다.

3. K가 G의 부분군이며, $a, b \in G$ 일 때, 옳지 않은 것을 모두 찾아라.

(1) $G = \cup_{a \in G} Ka$이며 $Ka \cap Kb = \{e\}$이다.

(2) $|Ka| = |Kb|$이다.

(3) $|K|$는 $|G|$의 약수이다.

(4) $o(a)$는 $|G|$의 약수이다

4. N이 G의 정규부분군일 때, 옳지 않은 것을 찾아라.

(1) G/N 안에서 $Na = Nc$이고 $Nb = Nd$이면 $Nab = Ncd$이다.

(2) G/N는 연산 $(Na)(Nb) = Nab$에서 군이 된다.

(3) G/N의 항등원은 G의 항등원과 같다.

(4) $|G/N| = \dfrac{|G|}{|N|} = [G : N]$

5. H가 위수 n인 유일한 부분군이라면 $H \lhd G$를 증명하여라.(힌트: H와 gHg^{-1}를 비교)

6. G가 순환군이면 G/N도 순환군임을 증명하여라. (힌트: $G = \langle x \rangle$이면 $G/N = \langle xN \rangle$이 됨을 보이자.)

연습문제

1. 다음의 위수를 계산하여라.

(1) 원소 $\overline{18} \in \mathbb{Z}_{34}$의 위수

(2) 잉여 $\overline{26} + \langle \overline{18} \rangle \in \mathbb{Z}_{60}/\langle \overline{18} \rangle$의 위수

2. $H, K < G$일 때, 옳은 것을 모두 찾아라.

(1) $H \cup K$는 항상 G의 부분군이다.

(2) $H \cap K = \{e\}$이면 $H \cup K$는 G의 부분군이다.

(3) $H \lhd G$ 또는 $K \lhd G$이면 $H \cup K$는 G의 부분군이다.

(4) $H \subseteq K$ 또는 $K \subseteq H$이면 $H \cup K$는 G의 부분군이다.

3. $N \lhd G$일 때 옳지 않은 것을 모두 찾아라.

(1) G/N이 가환군이면 모든 $a, b \in G$에 대해 $aba^{-1}b^{-1} \in N$이다.

(2) 모든 $a, b \in G$에 대해 $aba^{-1}b^{-1} \in N$이면 G/N이 가환군이다.

(3) G가 가환군이면 G/N도 가환군이다.

(4) G/N이 가환군이면 G도 가환군이다.

4. $H < G$이고 $N \lhd G$일 때, 옳지 않은 것을 모두 찾아라.

(1) N과 G/N의 모든 원소가 유한위수를 갖는다면 G의 모든 원소도 유한위수를 갖는다.

(2) G/N이 위수 n인 원소를 갖는다면 N도 위수 n인 원소를 갖는다.

(3) $aN \in G/N$의 위수는 $a \in G$의 위수를 나눈다.

(4) N과 G/N이 가환군이면 G도 가환군이다.

해답

1. (1) $|\overline{18}| = \dfrac{34}{\gcd(18,\ 34)} = \dfrac{34}{2} = 17$.

(2) $\mathbb{Z}_{60}$에서 $\langle \overline{18} \rangle$의 위수는 $\dfrac{60}{\gcd(60,\ 18)} = \dfrac{60}{6} = 10$이므로 $|\mathbb{Z}_{60}/\langle \overline{18} \rangle| = \dfrac{60}{10} = 6$ 이다. 따라서 $\overline{26} + \langle \overline{18} \rangle$의 위수는 6의 약수이다.

실제로, $2 \cdot 26 + \langle \overline{18} \rangle = 52 + \langle \overline{18} \rangle = 16 + \langle \overline{18} \rangle$;

$3 \cdot 26 + \langle \overline{18} \rangle = 78 + \langle \overline{18} \rangle = 18 + \langle \overline{18} \rangle = 0 + \langle \overline{18} \rangle$가 되어 위수는 3이다.

2. (4) 풀이: (2) $G = K_4$, $H = \{e,\ b\}$, $K = \{e,\ ab\}$이면 $H \cap K = \{e\}$이지만 $H \cup K = \{e,\ b,\ ab\}$는 부분군이 아니다. (3) 위의 반례에서 $H,\ K \lhd G$이지만 $H \cup K \not< G$이다. (4) 만약 $H \subseteq K$이면 $H \cup K = K < G$ 임이 분명하다.

3. (4) 풀이: (1),(2) G/N이 가환군 $\Leftrightarrow aNbN = bNaN \Leftrightarrow abN = baN \Leftrightarrow aba^{-1}b^{-1}N = N \Leftrightarrow aba^{-1}b^{-1} \in N$. (4) $G = S_3$, $N = A_3$일 때, $G/N \cong \mathbb{Z}_2$인 가환군이 되는 예제를 볼 수 있다. (11장 참고)

4. (4) 풀이: (1) $\forall g \in G$에 대해, $g^{-1}Hg < G$로서 $|H| = |g^{-1}Hg|$이므로 $H = g^{-1}Hg$ (가정에 의해), 즉 $H \lhd G$이다. $G = S_3$, $H = A_3$라 하자. G/H는 위수 2인 군으로서 가환군이지만 G는 가환이 아니다. (11장 참고)

종합문제

1. 다음 원소의 위수를 구하여라.

(1) 원소 $8+\langle 20\rangle \in \mathbb{Z}_{38}/\langle 20\rangle$

(2) 원소 $8+\langle 4\rangle \in \mathbb{Z}_{12}/\langle 4\rangle$

(3) 원소 $\overline{26}+\langle \overline{18}\rangle \in \mathbb{Z}_{60}/\langle \overline{18}\rangle$

해답

(1) $\mathbb{Z}_{38}$에서 원소 20의 위수는 $o(20)=\dfrac{38}{\gcd(38,\ 20)}=\dfrac{38}{2}=19$이다.

따라서 $|\langle 20\rangle|=o(20)=19$이며, $|\mathbb{Z}_{38}/\langle 20\rangle|=\dfrac{38}{19}=2$이다.

실제로 $\mathbb{Z}_{38}/\langle 20\rangle$는 단 두 개의 원소를 가지며,

$$0+\langle 20\rangle=\{\overline{0},\ \overline{20},\ \overline{40},\ \overline{60},\ \overline{80},\ \overline{100},\ \overline{120},\ \overline{140},\ \overline{160},\ \overline{180},\ \overline{200},\ \cdots\}$$
$$=\{\overline{0},\ \overline{20},\ \overline{2},\ \overline{22},\ \overline{4},\ \overline{24},\ \overline{6},\ \overline{26},\ \overline{8},\ \overline{28},\ \overline{10},\ \cdots\}$$
$$1+\langle 20\rangle=\{\overline{1},\ \overline{21},\ \overline{41},\ \overline{61},\ \overline{81},\ \overline{101},\ \overline{121},\ \overline{141},\ \overline{161},\ \overline{181},\ \overline{201},\ \cdots\}$$
$$=\{\overline{2},\ \overline{21},\ \overline{3},\ \overline{23},\ \overline{5},\ \overline{25},\ \overline{7},\ \overline{27},\ \overline{9},\ \overline{29},\ \overline{11},\ \cdots\}$$

이다. 그러므로 $o(8+\langle 20\rangle)=o(0+\langle 20\rangle)=0$이다.

(2) $|\langle 4\rangle|=o(4)=\dfrac{12}{\gcd(12,\ 4)}=\dfrac{12}{4}=3$이므로 $|\mathbb{Z}_{12}/\langle 4\rangle|=\dfrac{12}{3}=4$이다. 그러므로 $o(8+\langle 4\rangle)$는 4의 약수인, 1, 2, 4 중의 하나이다. 그런데 $\mathbb{Z}_{12}/\langle 4\rangle$의 네 개의 원소는 $0+\langle 4\rangle=\{0,\ 4,\ 8\}$, $1+\langle 4\rangle=\{1,\ 5,\ 9\}$, $2+\langle 4\rangle=\{2,\ 6,\ 10\}$, $3+\langle 4\rangle=\{3,\ 7,\ 11\}$이므로 $o(8+\langle 4\rangle)=o(0+\langle 4\rangle)=0$이다.

(3) $|\langle 18\rangle|=o(18)=\dfrac{60}{\gcd(60,\ 18)}=\dfrac{60}{6}=10$이므로 $|\mathbb{Z}_{60}/\langle 18\rangle|=\dfrac{60}{10}=6$이다.

그러므로

$o(26+\langle 18\rangle)$는 6의 약수인, 1, 2, 3, 6 중의 하나이다. 그런데 $\mathbb{Z}_{60}/\langle 18\rangle$의 6 개의 원소는

$0+\langle 18\rangle=\{0, 18, 36, 54, 72, 90, 108, 126, 144\}$,

$1+\langle 18\rangle=\{1, 19, 37, 55, 73, 91, 109, 127, 145\}$

$2+\langle 18\rangle=\{2, 20, 38, 56, 74, 92, 110, 128, 146\}$

$3+\langle 18\rangle=\{3, 21, 39, 57, 75, 93, 111, 129, 147\}, \cdots$,

따라서 $26+\langle 18\rangle=8+\langle 18\rangle$ 이므로

$3(8+\langle 18\rangle)=24+\langle 18\rangle=24+18+18+\langle 18\rangle=60+\langle 18\rangle=0\in\mathbb{Z}_{60}/\langle 18\rangle$

가 되어 위수 3이다.

일반적으로 $8+\langle 18\rangle$의 위수를 x라고 하자. 이 때, x는 1, 2, 3, 6 중 하나이다.

그러면 $x(8+\langle 18\rangle)=8x+\langle 18\rangle$이 0이 되려면,

$8x+18n\equiv 0(\mathrm{mod}60)$인 n이 존재해야 한다. 즉, $18n\equiv -8x(\mathrm{mod}60)$,

즉 $9n\equiv -4x(\mathrm{mod}30)$이다.

만일 $x=1$이면 $9n\equiv -4\mathrm{mod}30$인데, $\gcd(9, 30)=3\nmid 4$이므로, n이 존재하지 않는다.

만일 $x=2$이면 $9n\equiv -8\mathrm{mod}30$인데, $\gcd(9, 30)=3\nmid 8$이므로, n이 존재하지 않는다.

만일 $x=3$이면 $9n\equiv -12\mathrm{mod}30$, 즉 $3n\equiv -4(\mathrm{mod}10)$이다. 따라서 $3^{-1}\equiv 7$이므로 $n\equiv -28\equiv 2(\mathrm{mod}10)$이다. 그러므로

$3(8+\langle 18\rangle)=24+\langle 18\rangle=24+18+18+\langle 18\rangle=60+\langle 18\rangle=0+\langle 18\rangle$

이 되어 위수는 3이다

9 치환

추상대수에서 말하는 치환(permutation)은 어떤 집합 X에서 X로 정의되는 일대일 대응함수를 의미한다.

정의 집합 X에서 X로 정의되는 일대일 대응함수 $f: X \to X$, 즉 전단사함수를 **치환**(permutation)이라고 부른다.

치환 $f: X \to X$가 선난사함수이므로 정의역 X의 모든 원소들은 f에 의해 치역 X에서 어떤 새로운 순서로 재배열된다. 순서와 재배열이라는 점에서 순열(permutation)과 같다. 오히려 주의할 것은, 수학에서 어떤 복잡한 수식을 간단한 형태로 바꾼다는 의미의 치환(substitute)과는 다른 개념이다.

만일 $X = \{1, 2, 3, 4, 5\}$인 집합이라면 일대일 대응함수 $f: X \to X$를 나타내는 방법을 생각해보자. 가장 쉬운 표현방법은

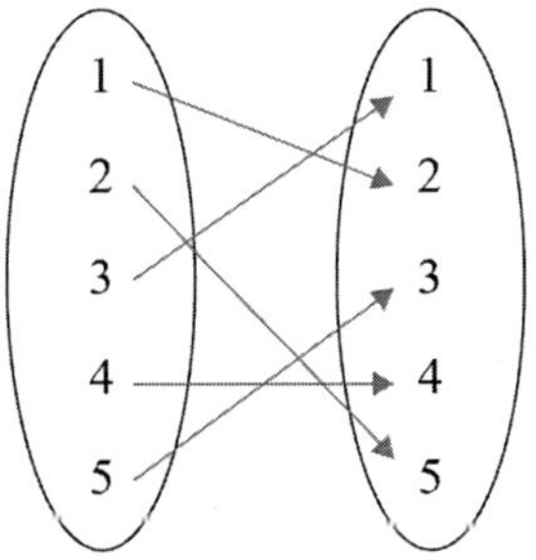

와 같이 집합의 그림으로 대응시키는 것이다. 이것을

$$f(1) = 2,\ f(2) = 5,\ f(3) = 1,\ f(4) = 4,\ f(5) = 3$$

로 표현할 수 있다. 그런데 이러한 대응을 표시하는 방법으로서

$$f = \begin{pmatrix} 1\,2\,3\,4\,5 \\ 2\,5\,1\,4\,3 \end{pmatrix}$$

라고 생각해보자. 이것은 첫 번째 행은 정의역의 원소들이며 두 번째 행은 정의역 원소들이 함수에 의해 각각 대응하는 치역의 원소들로 이해할 수 있다. **치환**은 이와 같은 형태로 표시되는 일대일 대응함수이다.

기호 집합 $X=\{a_1,\ a_2,\ \dots,\ a_n\}$ 위에서 치환 $f: X \to X$는 보통

$$f=\begin{pmatrix} a_1 & a_2 & \cdots & a_n \\ a_{f(1)} & a_{f(2)} & \cdots & a_{f(n)} \end{pmatrix}$$

로 표시한다.

예제 1.9.1 치환 $f=\begin{pmatrix} 1\,2\,3 \\ 3\,1\,2 \end{pmatrix}$에 대해 설명하여라.

풀이 정의역 $\{1,\ 2,\ 3\}$의 원소들을 $1 \mapsto 3$, $2 \mapsto 1$, $3 \mapsto 2$로 일대일 대응시키는 함수이다.

치환의 개수

만일 $X=\{1,\ 2,\ 3\}$라고 하자. $X \to X$인 모든 일대일 대응함수는

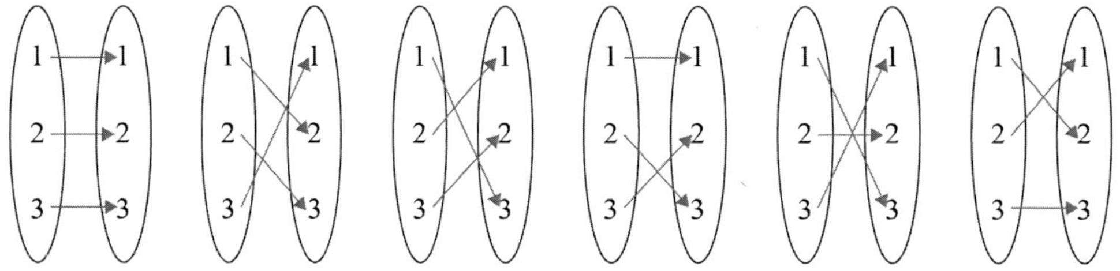

이다. 이것을 X 위에서의 치환으로 표현하면

$$\begin{pmatrix} 1\,2\,3 \\ 1\,2\,3 \end{pmatrix},\ \begin{pmatrix} 1\,2\,3 \\ 2\,3\,1 \end{pmatrix},\ \begin{pmatrix} 1\,2\,3 \\ 3\,1\,2 \end{pmatrix},\ \begin{pmatrix} 1\,2\,3 \\ 1\,3\,2 \end{pmatrix},\ \begin{pmatrix} 1\,2\,3 \\ 3\,2\,1 \end{pmatrix},\ \begin{pmatrix} 1\,2\,3 \\ 2\,1\,3 \end{pmatrix}$$

로서 모두 6개의 치환이 존재한다.

치환이 X 원소들의 재배열을 뜻하는 **순열**(permutation)이라는 의미로 볼 때 X에 속한 원소 3개의 순열인 $3!=6$이 바로 치환의 개수와 같음을 알 수 있다.

정리 1.9.1 n개의 원소를 갖는 집합 X 위에서 정의되는 치환은 모두 $n!$ 개 존재한다.

치환의 표현

치환을 표시하는 다른 방법으로 **순환**(cycle)과 **호환**(transposition)이 있다. 예를 들어서 치환 $\begin{pmatrix} 1 & 2 & 3 \\ 3 & 1 & 2 \end{pmatrix}$를 생각해보자. 이것은

$$1 \mapsto 3,\ 2 \mapsto 1,\ 3 \mapsto 2$$

로 대응되는 함수이다. 이러한 대응은

$$1 \mapsto 3 \mapsto 2 \mapsto 1$$

로 생각할 수 있는데, 이것을 $(1\,3\,2)$으로 나타낸다. 이와 같은 표현을 **순환**이라고 부르며, 이때 **길이**가 3인 순환이라고 한다. 특별히 길이가 2인 순환들, 예를 들어서 $(1\,2)$ 또는 $(3\ \ 2)$와 같은 순환을 **호환**이라고 부른다.

정의 한 원소로부터 시작하여 그 치환을 여러 번 적용할 동안 치환되는 원소를 모두 거칠 수 있는 치환을 **순환**(cycle)이라고 한다. 한편 두 원소를 서로 바꾸는 치환을 **호환**(transposition)이라고 한다.

집합 $X = \{1,\ 2,\ 3\}$ 위에서의 호환 $f = (1\,2)$는

$$1 \mapsto 2,\ 2 \mapsto 1 \text{ 이며 } 3 \mapsto 3$$

을 뜻한다. 마찬가지로 호환 $g = (1\,3)$는

$$1 \mapsto 3,\ 3 \mapsto 1 \text{ 이며 } 2 \mapsto 2$$

를 말한다. 그런데 치환이 일대일 대응함수라는 점에서 f와 g의 합성함수 $f \circ g$는

$$1 \mapsto 3 \mapsto 3,\ 2 \mapsto 2 \mapsto 1,\ 3 \mapsto 1 \mapsto 2$$

가 된다. 다시 말해서 $f \circ g = (1\,2)(1\ \ 3) = (1\,3\,2)$인 순환으로 표현된다.

치환의 연산

치환은 일대일 대응함수이므로, 치환들의 곱셈연산은 합성함수 연산으로 생각할 수 있다.

정리 1.9.2 모든 순환은 몇 개의 호환들의 곱셈으로 표시된다. 다시 말하면 순환 $(a_1 a_2 \cdots a_n)$은 $n-1$개의 호환들의 곱

$$(a_1 a_2 \cdots a_n) = (a_1 a_n) \cdots (a_1 a_3)(a_1 a_2)$$

으로 표시된다. 여기서 호환들 사이의 연산은 합성함수 연산이다.

(1) 두 개 이상의 치환의 연산

$f=\begin{pmatrix}1&2&3&4&5\\4&5&2&3&1\end{pmatrix}$ 이며 $g=\begin{pmatrix}1&2&3&4&5\\4&1&5&3&2\end{pmatrix}$라고 하자. 그러면 합성함수의 성질에 의해 $f\circ g$는

$$1\mapsto 4\mapsto 3,\ 2\mapsto 1\mapsto 4,\ 3\mapsto 5\mapsto 1,\ 4\mapsto 3\mapsto 2,\ 5\mapsto 2\mapsto 5$$

와 같이 대응시킨다. 그러므로 $\begin{pmatrix}1&2&3&4&5\\4&5&2&3&1\end{pmatrix}\begin{pmatrix}1&2&3&4&5\\4&1&5&3&2\end{pmatrix}=\begin{pmatrix}1&2&3&4&5\\3&4&1&2&5\end{pmatrix}$이다.

(2) 두 개 이상의 순환의 연산

$X=\{1,\ 2,\ \cdots,\ 8\}$ 일 때, $f=(2\,4\,3)$이며 $g=(1\,2\,4\,3)$이라고 하자. 합성함수 $f\circ g$의 성질에 의해

$$1\mapsto 2\mapsto 4,\ 4\mapsto 3\mapsto 2,\ 2\mapsto 4\mapsto 3$$

이므로 $(2\,4\,3)(1\,2\,4\,3)=(1\,4\,2\,3)$이다.

(3) 두 개 이상의 호환의 연산

호환은 단지 길이가 2인 순환이므로 호환들의 연산은 순환들의 연산을 하는 것과 같은 방법으로 할 수 있다. 예를 들어서

$$(13)(17)(15)(24)(69)(68)=(1573)(24)(689)$$

이다.

예제 1.9.2 치환 $\begin{pmatrix}1&2&3&4&5&6\\2&4&5&3&6&1\end{pmatrix}$을 순환과 호환으로 표시하여라.

풀이 $\begin{pmatrix}1&2&3&4&5&6\\2&4&5&3&6&1\end{pmatrix}=(1\,2\,4\,3\,5\,6)=(1\,6)(1\,5)(1\,3)(1\,4)(1\,2)$

예제 1.9.3 $f=(13)(245)$이며 $g=\begin{pmatrix}1&2&3&4&5\\2&5&4&3&1\end{pmatrix}$라고 하자. f와 g의 곱셈을 하여라.

(풀이) 우선 f 는 순환의 곱셈이며 g는 치환이다. f 와 g를 동일한 형태로 만들기 위해, 예를 들어서 g를 순환의 곱으로 표시하면 $g=(1\,2\,5)(3\,4)$이다. 그러므로
$f\circ g=(1\,3)(2\,4\,5)(1\,2\,5)(3\,4)=(1\,4)(2)(3\,5)=(1\,4)(3\,5)$이다.

예제 1.9.4 위 예제에서 f 를 치환으로 바꿔 $f\circ g$를 계산하여라.

(풀이)

예제 1.9.5 위 예제의 치환 g의 역원 g^{-1}을 구하여라.

(풀이) g^{-1}는 g의 역함수에 해당하므로 $g=\begin{pmatrix}1\,2\,3\,4\,5\\2\,5\,4\,3\,1\end{pmatrix}$의 대응방법 $1\mapsto 2$, $2\mapsto 5$, $3\mapsto 4$, $4\mapsto 3$, $5\mapsto 1$을 거꾸로 대응시키는 것이 g^{-1}이다. 다시 말해서

$$1\mapsto 5,\ 2\mapsto 1,\ 3\mapsto 4,\ 4\mapsto 3,\ 5\mapsto 2$$

이므로 $g^{-1}=\begin{pmatrix}1\,2\,3\,4\,5\\5\,1\,4\,3\,2\end{pmatrix}$이다.

예제 1.9.6 $X=\{1,2,3,4\}$ 일 때 X 위에서의 모든 치환을 찾아보자. 모두 몇 개인가? 각각의 치환을 순환과 호환으로 표시하여라.

(풀이)

$f_1=\begin{pmatrix}1\,2\,3\,4\\1\,2\,3\,4\end{pmatrix}$ $=(1)(2)(3)(4)$ $=(12)(12)$		
$f_2=\begin{pmatrix}1\,2\,3\,4\\2\,3\,4\,1\end{pmatrix}$ $=(1234)$ $=(14)(13)(12)$	$f_3=\begin{pmatrix}1\,2\,3\,4\\3\,4\,2\,1\end{pmatrix}$ $=(1324)$ $=(14)(12)(13)$	$f_4=\begin{pmatrix}1\,2\,3\,4\\2\,4\,1\,3\end{pmatrix}$ $=(1243)$ $=(13)(14)(12)$
$f_5=\begin{pmatrix}1\,2\,3\,4\\4\,1\,2\,3\end{pmatrix}$ $=(1432)$ $=(12)(13)(14)$	$f_6=\begin{pmatrix}1\,2\,3\,4\\4\,3\,1\,2\end{pmatrix}$ $=(1423)$ $=(13)(12)(14)$	$f_7=\begin{pmatrix}1\,2\,3\,4\\3\,1\,4\,2\end{pmatrix}$ $=(1342)$ $=(12)(14)(13)$

$f_8 = \begin{pmatrix}1&2&3&4\\1&3&4&2\end{pmatrix}$ $= (1)(234)$ $= (24)(23)$	$f_9 = \begin{pmatrix}1&2&3&4\\3&2&4&1\end{pmatrix}$ $= (134)(2)$ $= (14)(13)$	$f_{10} = \begin{pmatrix}1&2&3&4\\2&4&3&1\end{pmatrix}$ $= (124)(3)$ $= (14)(12)$	$f_{11} = \begin{pmatrix}1&2&3&4\\2&3&1&4\end{pmatrix}$ $= (123)(4)$ $= (13)(12)$
$f_{12} = \begin{pmatrix}1&2&3&4\\1&4&2&3\end{pmatrix}$ $= (1)(243)$ $= (24)(23)$	$f_{13} = \begin{pmatrix}1&2&3&4\\4&2&1&3\end{pmatrix}$ $= (143)(2)$ $= (13)(14)$	$f_{14} = \begin{pmatrix}1&2&3&4\\4&1&3&2\end{pmatrix}$ $= (142)(3)$ $= (14)(12)$	$f_{15} = \begin{pmatrix}1&2&3&4\\3&1&2&4\end{pmatrix}$ $= (132)(4)$ $= (12)(13)$

$f_{16} = \begin{pmatrix}1&2&3&4\\2&1&4&3\end{pmatrix}$ $= (12)(34)$	$f_{17} = \begin{pmatrix}1&2&3&4\\3&4&1&2\end{pmatrix}$ $= (13)(24)$	$f_{18} = \begin{pmatrix}1&2&3&4\\4&3&2&1\end{pmatrix}$ $= (14)(23)$
$f_{19} = \begin{pmatrix}1&2&3&4\\2&1&3&4\end{pmatrix}$ $= (12)(3)(4)$ $= (12)$	$f_{20} = \begin{pmatrix}1&2&3&4\\3&2&1&4\end{pmatrix}$ $= (13)(2)(4)$ $= (13)$	$f_{21} = \begin{pmatrix}1&2&3&4\\4&2&3&1\end{pmatrix}$ $= (14)(2)(3)$ $= (14)$
$f_{22} = \begin{pmatrix}1&2&3&4\\1&3&2&4\end{pmatrix}$ $= (1)(23)(4)$ $= (23)$	$f_{23} = \begin{pmatrix}1&2&3&4\\1&4&3&2\end{pmatrix}$ $= (1)(24)(3)$ $= (24)$	$f_{24} = \begin{pmatrix}1&2&3&4\\1&2&4&3\end{pmatrix}$ $= (1)(2)(34)$ $= (34)$

10 치환군과 대칭군

집합 X 위에서 정의되는 치환들의 집합을 생각하자. 치환은 일대일 함수이므로, 함수들 사이의 연산으로 잘 알려져 있는 합성함수 연산을 적용하면, 치환들의 집합이 군이 됨을 보일 수 있다.

정리 1.10.1 X가 유한집합일 때, S_X는 X 위의 치환들의 집합이라고 하자. 그러면 합성함수연산 $\circ$에 의해 S_X 군이 된다. 더욱이 $|X|=n$일 때 S_X의 위수는 $|S_X|=n!$이다.

증명 $X=\{a_1, a_2, \cdots, a_n\}$는 임의의 n개의 원소를 포함하는 집합이라고 하자. X 위에서의 치환들의 모임을 S_X 라고 하면 S_X 는 $n!$개의 원소를 포함한다.

f, g는 S_X에 속하는 임의의 원소라고 하자. 그러면 f, g는 X 위에서의 치환이므로 $X \to X$인 일대일 대응함수이다. 그러므로 f, g의 합성함수인 $f \circ g$ 역시 $X \to X$인 일대일 대응함수이다. 따라서 $f \circ g \in S_X$이므로 S_X는 합성함수 연산에 의해 닫혀있다.

만일 $h \in S_X$라고 하면, 합성함수의 성질에 의해 $(f \circ g) \circ h = f \circ (g \circ h)$가 되어 결합법칙이 성립한다.

치환 $e = \begin{pmatrix} a_1\, a_2 \cdots\, a_n \\ a_1\, a_2 \cdots\, a_n \end{pmatrix}$는 항등함수이므로, $f \circ e = f = e \circ f$ 가 되어 S_X의 항등원이다. 더욱이 치환인 f, g 들은 모두 일대일 대응함수이므로 역함수가 존재하므로, S_X의 모든 원소들의 역원이 존재한다. 그러므로 S_X는 합성함수 연산에 의해 군이 된다. ∎

정의 군 $(S_X, \circ)$를 **치환군**(permutation group)이라 부른다. 특별히 집합 $X=\{1, 2, ..., n\}$ 일 때, 치환군 S_X를 n차 **대칭군**(symmetric group of degree n)이라고 부르며, 보통 기호 S_n으로 나타낸다.

집합 X가 무한집합일 때도 치환군을 정의하기도 하지만, 유한집합일 때는 치환군과 대칭군을 특별히 분별하지 않아도 무방하다.

예제 1.10.1 집합 $X=\{a,\ b,\ c\}$라고 하자. X 위에서의 치환 $\begin{pmatrix} a & b & c \\ c & a & b \end{pmatrix}$은 $a \mapsto c$, $b \mapsto a$ $c \mapsto b$로 정의하는 일대일 대응함수이다. 그러므로 X 위에서의 치환은 모두 $6=3!$개 존재한다. 마찬가지로 S_3는 $\{1,\ 2,\ 3\}$ 위의 치환들로 구성된 군이므로 원소 $3!$개를 포함한다. 합성함수는 교환법칙을 만족하지 않으므로 $(f \circ g \neq g \circ f)$ 가환군이 아니다.

다음의 케일리 정리(A. Cayley, 1821-1895)는 대칭군에 관한 중요한 결과이다.

정리 1.10.2 케일리 정리
만일 군 G의 위수가 n이면 G는 대칭군 S_n의 어떤 부분군과 동형이다.

군의 위수가 작을 때는 3장에서처럼 연산표 정도로 군의 구조를 알 수 있다. 그러나 위수가 커짐에 따라 군은 다양한 가능성을 갖게 되므로 군의 형태를 파악하기는 매우 어렵다. 케일리 정리에 의하면 유한군은 대칭군의 부분군으로 생각할 수 있다. 대칭군은 그 원소와 연산이 분명하기 때문에, 유한군의 구조를 효과적으로 알아낼 수 있을 것이라고 기대되었다. 그러나 만일 G의 위수가 13이면 케일리 정리에 의하면 G는 S_{13}의 어떤 부분군과 동형이다. 그런데 S_{13}에는 무려 $13!=6,227,020,800$개의 원소가 있으므로 위수 13인 군의 정보를 이와 같이 엄청나게 큰 군에서 찾아낸다는 것은 바람직하지 않다. 실제로 13이 소수이므로 위수 13인 군은 순환군이며 $G \cong \mathbb{Z}_{13}$이라는 간단한 구조를 갖는다.

대칭군과 기하적 도형

대칭군은 기하적 도형을 대칭시킬 때 자주 나타나기 때문에 대칭군이라는 이름을 갖게 되었다. 실제로 예술, 건축, 과학, 특히 전자구조나 화학 구조식 등 수 많은 분야에서 이용된다.

예제 1.10.2 정삼각형의 세 꼭짓점을 각각 1, 2, 3이라고 하자. 삼각형의 모양을 그대로 유지하면서 삼각형을 움직일 수 있는 방법을 생각해 보자.

풀이

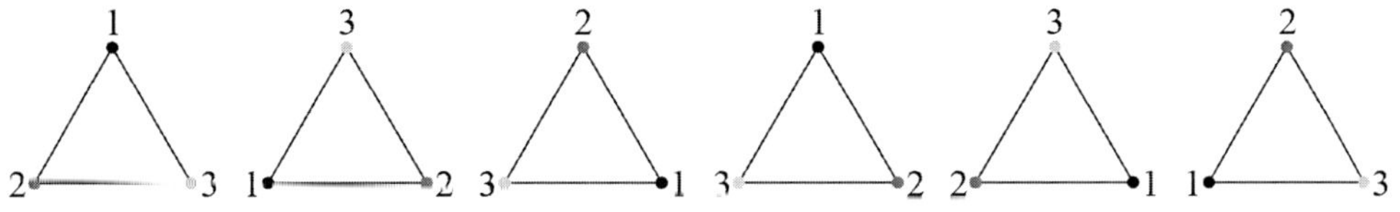

이러한 움직임을 각각 치환으로 표시하면

$$\begin{pmatrix}1&2&3\\1&2&3\end{pmatrix},\ \begin{pmatrix}1&2&3\\2&3&1\end{pmatrix},\ \begin{pmatrix}1&2&3\\3&1&2\end{pmatrix},\ \begin{pmatrix}1&2&3\\1&3&2\end{pmatrix},\ \begin{pmatrix}1&2&3\\3&2&1\end{pmatrix},\ \begin{pmatrix}1&2&3\\1&2&3\end{pmatrix}$$

이 되어 S_3 군이 된다. $\begin{pmatrix}1&2&3\\1&2&3\end{pmatrix}$은 삼각형 꼭지점의 움직임이 없는 것으로 간주하여 항등원 e라고 생각할 수 있다.

만일 $a=\begin{pmatrix}1&2&3\\2&3&1\end{pmatrix}$라고 하자. 그러면 치환의 연산에 의해

$$a^2 = a \circ a = \begin{pmatrix}1&2&3\\2&3&1\end{pmatrix}\begin{pmatrix}1&2&3\\2&3&1\end{pmatrix} = \begin{pmatrix}1&2&3\\3&1&2\end{pmatrix}$$

이며, 이와 같은 방법으로

$$a^3 = a \circ a^2 = \begin{pmatrix}1&2&3\\2&3&1\end{pmatrix}\begin{pmatrix}1&2&3\\3&1&2\end{pmatrix} = \begin{pmatrix}1&2&3\\1&2&3\end{pmatrix} = e$$

가 된다. 이제 $b=\begin{pmatrix}1&2&3\\1&3&2\end{pmatrix}$라고 하자. 그러면

$$a \circ b = \begin{pmatrix}1&2&3\\2&3&1\end{pmatrix}\begin{pmatrix}1&2&3\\1&3&2\end{pmatrix} = \begin{pmatrix}1&2&3\\2&1&3\end{pmatrix},\ a^2 \circ b = \begin{pmatrix}1&2&3\\3&1&2\end{pmatrix}\begin{pmatrix}1&2&3\\1&3&2\end{pmatrix} = \begin{pmatrix}1&2&3\\3&2&1\end{pmatrix}$$

이다. 그러므로 정삼각형의 움직임으로부터 만들어지는 군은 $S_3 = \{e,\ a,\ a^2,\ b,\ ab,\ a^2b\}$ 이며 이 때 $a=\begin{pmatrix}1&2&3\\2&3&1\end{pmatrix}$이며 $b=\begin{pmatrix}1&2&3\\1&3&2\end{pmatrix}$이다.

예제 1.10.3 정사각형의 네 꼭짓점을 각각 1, 2, 3, 4라고 표시하여 정사각형의 모양을 그대로 유지하면서 사각형을 움직일 수 있는 방법으로 군을 만들어 보자.

(풀이) 정삼각형에서 했었던 것처럼 만들면

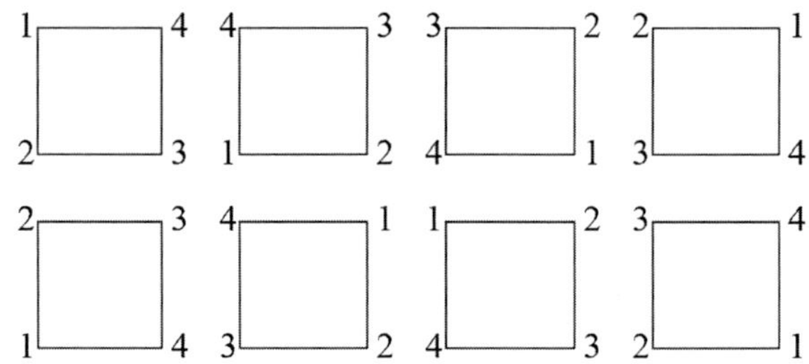

$$\begin{pmatrix}1\,2\,3\,4\\1\,2\,3\,4\end{pmatrix},\ \begin{pmatrix}1\,2\,3\,4\\2\,3\,4\,1\end{pmatrix},\ \begin{pmatrix}1\,2\,3\,4\\3\,4\,1\,2\end{pmatrix},\ \begin{pmatrix}1\,2\,3\,4\\4\,1\,2\,3\end{pmatrix},$$

$$\begin{pmatrix}1\,2\,3\,4\\2\,1\,4\,3\end{pmatrix},\ \begin{pmatrix}1\,2\,3\,4\\4\,3\,2\,1\end{pmatrix},\ \begin{pmatrix}1\,2\,3\,4\\1\,4\,3\,2\end{pmatrix},\ \begin{pmatrix}1\,2\,3\,4\\3\,2\,1\,4\end{pmatrix}$$

인 모두 8개의 원소를 발견할 수 있다. 만일 $a=\begin{pmatrix}1\,2\,3\,4\\2\,3\,4\,1\end{pmatrix}$이며 $b=\begin{pmatrix}1\,2\,3\,4\\2\,1\,4\,3\end{pmatrix}$라고 하면 8개의 모든 원소들은

$$a,\ a^2,\ a^3,\ b,\ ab,\ a^2b,\ a^3b,\ e$$

로 표시된다. 이 원소들로 구성된 군을 **정이면체군**(dihedral group) 이라고 부르고, 기호

$$D_4=\{a,\ a^2,\ a^3,\ b,\ ab,\ a^2b,\ a^3b,\ e\}$$

라 표시한다.

예제 1.10.4 정오각형의 꼭짓점을 각각 1, 2, 3, 4, 5라고 표시하여 정오각형의 모양을 그대로 유지하면서 오각형을 움직일 수 있는 방법으로 군을 만들어 보자.

(풀이)

예제 1.10.5 정육각형의 꼭짓점을 각각 1, 2, 3, 4, 5, 6이라고 표시하여 정육각형의 모양을 그대로 유지하면서 육각형을 움직일 수 있는 방법으로 군을 만들어 보자.

(풀이)

예제 1.10.6 위의 예제를 통해 정 n각형을 움직여서 만들 수 있는 군에 대해 말해보자.

(풀이)

예제 1.10.7 직사각형을 움직여서 군을 만들어라.

(풀이)

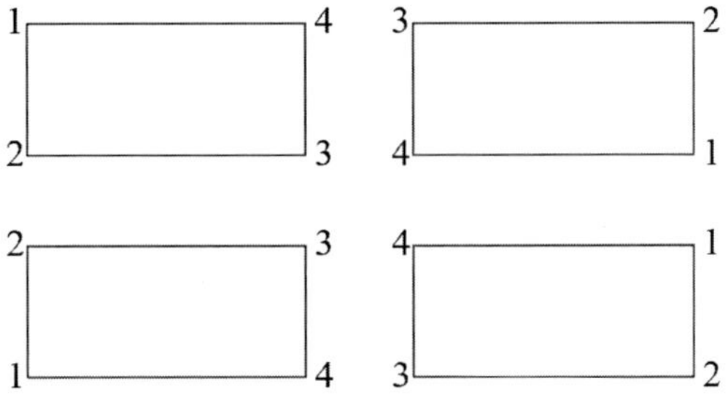

11 우치환과 기치환, 교대군

치환은 항상 호환들의 곱셈으로 표시되는데, 곱해지는 호환의 개수가 짝수인지 홀수인지에 따라 각각 우치환과 기치환이라고 부른다. 여기서 '우'는 짝수의 뜻이며 '기'는 홀수의 뜻이다. 우치환과 기치환은 행렬의 행렬식을 계산하는데도 사용된다.

정의 대칭군 S_n의 어떤 치환 f가 짝수개의 호환들의 곱으로 표시될 때 f를 **우치환**(또는 **짝치환**, even permutation)이라고 부른다. 한편 홀수개의 호환들의 곱으로 표시될 때 f를 **기치환**(또는 **홀치환**, odd permutation)이라고 부른다.

예를 들어서 두 개의 호환 S_3에서 $(1\ 3)$과 $(1\ 2)$의 곱셈 $(13)(12)$은

$$1 \mapsto 2 \mapsto 2,\ \ 2 \mapsto 1 \mapsto 3,\ \ 3 \mapsto 3 \mapsto 1$$

의 대응 규칙을 가지므로 $(13)(12) = (1 2 3)$이다. 이 경우에 $(1\ 2\ 3)$은 두개의 호환의 곱셈이므로 우치환이다.

예제 1.11.1 순환 (12345)이 우치환인지 기치환인지 알아보자.

풀이 $(12345) = (15)(14)(13)(12)$가 되어 4개의 호환들의 곱이므로 우치환이다.

예제 1.11.2 치환 $\begin{pmatrix} 1\,2\,3\,4\,5\,6\,7\,8 \\ 3\,1\,4\,2\,8\,7\,6\,5 \end{pmatrix}$이 우치환인지 기치환인지 알아보자.

풀이

위의 예제에서 볼 수 있듯이, 주어진 치환이 우치환인지 기치환인지 알려면 우선 치환을 순환으로 바꾼 후 다시 호환들의 곱으로 표현하면 된다.

정리 1.11.1 치환은 순환의 곱셈으로 표시되며, 또한 순환은 호환의 곱셈으로 표시할 수 있다.

위의 정리에 의해 순환은 호환들이 곱셈으로 표시되지만, 이러한 표현이 유일한 것은 아니다. 예를 들어서 $(1\ 2\ 3\ 4\ 5) = (1\ 5)(1\ 4)(1\ 3)(1\ 2)$ 인데

$$\begin{aligned}(1\ 2\ 3\ 4\ 5) &= (1\ 5)(1\ 4)(1\ 3)(1 2) = (5\ 4)(5\ 3)(5\ 2)(5\ 1) \\ &= (5\ 4)(5\ 2)(5\ 1)(1\ 4)(3\ 2)(41) \\ &= (5\ 4)(5\ 3)(5\ 2)(5\ 1)(1\ 2)(12)(3\ 4)(34)(5\ 1)(51)\end{aligned}$$

와 같이 여러 형태로 표시될 수 있다.

예제 1.11.3 $X = \{1,\ 2,\ 3,\ 4\}$ 일 때, 치환 $f = \begin{pmatrix} 1\,2\,3\,4 \\ 4\,2\,1\,3 \end{pmatrix}$ 를 우치환 또는 기치환으로 표시하여라.

풀이

$$\begin{aligned} f &= \begin{pmatrix} 1\,2\,3\,4\,5 \\ 2\,3\,4\,5\,1 \end{pmatrix} \\ &= (12345) \\ &= (54)(53)(52)(51) \\ &= (15)(14)(13)(12) \\ &= (54)(52)(51)(14)(32)(41) \end{aligned}$$

과 같이 여러 형태로 표현할 수 있다.

이와 같이 곱해지는 호환들의 개수는 일정하지 않지만, 곱해지는 호환의 개수가 짝수인지 홀수인지는 유일하게 결정된다.

예를 들어서 치환 $\begin{pmatrix} 1\,2\,3\,4 \\ 1\,4\,3\,2 \end{pmatrix}$ 는 1개의 호환 (24) 와 같으며, 이것은 $(24) = (12)(24)(41)$ 처럼 3개의 호환들의 곱셈으로 표시된다.

정리 1.11.2 S_n 의 항등 치환 e 는 우치환이다. 실제로 $e = (ab)(ab)$ 로 표현되는 우치환이다.

우치환들의 집합과 기치환들의 집합

임의의 치환 $f \in S_n$ 에 대해, f 는 홀수개의 호환의 곱으로 표시되거나 또는 짝수개의 호환의 곱으로 표시되며, 둘 중 하나이다. 다시 말해서 f 는 기치환이거나 우치환이며, 우치환이며 동시에 기치환인 치환은 존재하지 않는다. 그러므로 다음의 정리가 성립한다.

정리 1.11.3 S_n에서 두 개의 부분집합 $A=\{S_n$의 우치환들의 집합$\}$과 $B=\{S_n$의 기치환들의 집합$\}$ 이라고 하자. 그러면 A와 B의 교집합은 공집합 $\varnothing$(즉, $A\cap B=\varnothing$)이며 A와 B의 합집합은 전체집합 S_n(즉, $A\cup B=S_n$)이다.

우치환들의 집합 A와 기치환들의 집합 B의 크기는 어떤 관계에 있을까? 두 집합의 크기를 비교하는 좋은 방법은 $h: A\to B$인 함수를 정의해 보는 것이다.

정리 1.11.4 S_n에서 우치환과 기치환의 개수는 같으며,

$$\text{우치환 개수}=\text{기치환 개수}=\frac{n!}{2}$$

이다.

증명 집합 A에 속하는 임의의 원소 u를 생각해보자. $u\in A$는 우치환이므로 짝수개의 호환들의 곱셈 $u=\underbrace{(\,)(\,)\cdots(\,)}_{2k}$ 으로 표시된다. 함수

$$h: A\to B,\ \ u\mapsto u(12)$$

라고 정의하자. 여기서 $(1\ 2)$를 u에 한번 곱했으므로 $h(u)$는 $2k+1$개 호환들의 곱이 되므로 $h(u)$는 기치환, 즉 $h(u)\in B$가 된다.

만일 임의의 두 원소 $u, v\in A$에 대해 $h(u)=h(v)$라고 가정하자. 그러면 $u(1\ 2)=v(1\ 2)$인데, 양변에 다시 한번 $(1\ 2)$를 곱하면

$$u(1\ 2)(1\ 2)=v(1\ 2)(1\ 2)$$

가 된다. 그런데 $(1\ 2)(1\ 2)=e$ 항등원이므로

$$u=u(1\ 2)(1\ 2)=v(\ 12)(1\ 2)=v$$

가 되어 h는 단사함수이다.

이제 임의의 원소 $v\in B$라고 하자. 그러면 $v(1\ 2)$는 우치환이므로 $v(1\ 2)\in A$이다. 더욱이 함수 h의 정의에 의해

$$h(v(1\ 2))=v(1\ 2)(1\ 2)=v$$

가 되어 v의 원상 $v(1\ 2)$이 존재함을 알 수 있다. 따라서 h는 전사함수이다. 그러므로 두 집합 A와 B 사이의 원소들은 모두 일대일로 대응하므로 $|A|=|B|$이다. $A\cup B=S_n$이므로 $|A|=|B|=\dfrac{n!}{2}$이다. ∎

우치환들의 집합 또는 기치환들의 집합은 군이 되는지 알아보자.

정리 1.11.5 유한집합 $X=\{1,\ 2,\ \cdots,\ n\}$ $(n \geq 2)$ 위에서의 우치환들의 집합 A는 합성함수 연산에서 위수 $\frac{n!}{2}$ 인 군이다.

증명 임의의 원소 $u,\ v \in A$라고 하자. 그러면 u는 $2k$(짝수)개의 호환들의 곱으로 표시되며, v도 $2t$(짝수)개의 호환들의 곱으로 표시된다 (여기서 $k,\ t \in \mathbb{N}$). 그러므로 u와 v의 곱셈 uv는 $2k+2t=2(k+t)$(짝수)개의 호환들의 곱셈이 되어 $uv \in A$ 임을 알 수 있다. 다시 말해서 A는 합성함수 연산에 의해 닫혀있다.

또한 임의의 $w \in A$에 대해 $u,\ v,\ w \in S_n$ 이므로 S_n의 결합법칙에 의해 $(uv)w = u(vw)$이다.

S_n의 항등원 e는 항상 $e=(1\,2)(1\,2)$로 표시되므로 e는 우치환이다.

만일 $u=(a_1\, a_2)(a_3\, a_4)\cdots(a_{2k-1}\, a_{2k})$ 이면

$$u^{-1}=(a_{2k-1}\, a_{2k})\cdots(a_3\, a_4)(a_1\, a_2)$$

이므로, 역원 $u^{-1} \in A$ 이다. 그러므로 A는 군이다. ∎

이러한 군 A를 **교대군**이라 부른다.

정의 **교대군**(alternating group)이란 대칭군 S_n에서 우치환들로 이루어진 부분군을 말하며, 기호 A_n으로 표시한다.

대칭군 S_n이 symmetric group의 S를 기호로 사용하는 것처럼 교대군 A_n은 alternating group의 A를 기호로 한 것이다.

예제 1.11.4 $X=\{1,\ 2,\ 3\}$ 이면 S_3은 $3!=6$개의 원소를 포함하며

$S_3=\{e,\ a,\ a^2,\ b,\ ab,\ a^2\}$의 형태이다. 여기서 $a=\begin{pmatrix}1\,2\,3\\2\,3\,1\end{pmatrix}$이며 $b=\begin{pmatrix}1\,2\,3\\1\,3\,3\end{pmatrix}$이다.

S_3에 속하는 우치환은 모두 $\frac{6}{2}=3$개 존재하며 실제로

$$a = \begin{pmatrix} 1 & 2 & 3 \\ 2 & 3 & 1 \end{pmatrix} = (1\,2\,3) = (1\ \ 3)(1\ \ 2),$$

$$a^2 = \begin{pmatrix} 1 & 2 & 3 \\ 3 & 1 & 2 \end{pmatrix} = (1\,3\,2) = (1\ \ 2)(1\ \ 3),$$

$$a^3 = (1) = (1\,2)(1\,2)$$

이 우치환들이다. 따라서 부분군 $A_3 = \{e,\ a,\ a^2\}$이 S_3의 교대군이다.

예제 1.11.5 $X = \{1,\ 2,\ 3,\ 4\}$일 때 교대군 A_4를 찾아보자.

풀이 대칭군 S_4는 모두 $4! = 24$개의 원소를 갖고 있다. 이 중에서 정확히 절반인 12개가 우치환들이며 그것들이 교대군을 만든다.

S_n에 속하는 기치환들의 집합 B도 합성함수 연산에 의해 군이 될 수 있을까?

예제 1.11.6 기치환들의 집합 B는 합성연산에서 군이 될 수 없음을 설명하여라.

풀이 만일 $u,\ v \in B$라고 하자. u와 v가 각각 기치환이므로, 각각 홀수 $2k+1$, $2t+1$개의 호환들의 곱셈이다. 그러면 uv를 계산하면

$$(2k+1) + (2t+1) = 2(k+t+1)$$

인 짝수개의 호환들의 곱셈이 되므로, $uv \notin B$이다. 따라서 B는 닫혀있지 않다.

그 뿐만 아니라 S_n의 항등원 $e = (1) = (1\,2)(1\,2)$는 우함수이므로 $e \notin B$이다. 그러므로 기치환들의 집합 B는 군이 될 수 없다.

정리 1.11.6 $H < G$에서 만일 지수 $[\,G : H\,] = 2$이면 H는 G의 정규부분군이다.

증명 임의의 $g \in G$에 대해 $gH = Hg$임을 보이자. 만일 $g \in H$이면 $gH = H = Hg$이다. 만일 $g \notin H$라고 하자. 그러면 gH는 $eH = H$와는 다른 잉여류이다. 한편 Hg도 $He = H$과 다른 잉여류이다. 그런데 $[\,G : H\,] = 2$로부터, G는 단 두 개의 H 잉여류를 가지므로 gH와 Hg는 서로 같다. 따라서 $H \lhd G$이다. ∎

정리 1.11.7 교대군 A_n은 대칭군 S_n의 정규부분군이다.

증명 지수 $[S_n : A_n] = 2$이므로 정리 1.11.6에 의해 당연하다. ▮

확인문제

1. $G = S_3 = \{e, a, a^2, b, ab, a^2b\}$ 일 때, 옳지 않은 것을 모두 찾아라.

(1) $\{e, a, a^2\}$은 G의 정규부분군이다.

(2) $\{e, a^2\}$은 닫혀있지 않으므로 G의 부분군이 아니다.

(3) $\{e, a^2b\}$는 G의 부분군이다.

(4) $\{e, ab\}$는 $\{e, a^2b\}$와 동형이다.

2. S_n, E, O를 각각 치환, 우치환, 기치환들의 집합이라 할 때 옳은 것을 모두 찾아라.

(1) E는 S_n의 부분군이다.

(2) O는 S_n의 부분군이다.

(3) $E \cup O = S_n$이다.

(4) $E \cap O = \{e\}$이나.

(5) $f : E \rightarrow O$인 전단사함수가 있다.

연습문제

1. 집합들 중에서 S_5의 잉여류인 것을 모두 찾아라.

(1) $K_1 = \{(234), (1234)\}$

(2) $K_2 = \{(12), (123), (1234)\}$

(3) $K_3 = \{e, (1234), (13)(24), (1432)\}$

(4) $K_4 = \{(12), (13), (14), (15)\}$

(5) $K_5 = \{(12), (152)(34)\}$

2. 치환 $\sigma = \begin{pmatrix} 123456 \\ 314562 \end{pmatrix}$, $\tau = \begin{pmatrix} 123456 \\ 241365 \end{pmatrix}$ 일 때, $\tau\sigma$, $\sigma^{-2}\tau$, τ^{99}를 계산하여라.

해답

1. (1), (3), (5) 풀이:

(1) K_1이 S_5의 잉여류가 되려면 $K_1 = aK$(부분군 $K < S_5$와 $a \in S_5$)가 되어야한다. 만약 $K = \{e,\ \theta\}$이면, $a = (234)$이고 $(234)\theta = (1234)$ (즉, $\theta = (234)^{-1}(1234) = (12)$) 이어서 $K = \{e, (12)\}$가 되는데, 이것은 분명히 S_5의 부분군이다.(물론 $a = (1234)$이며 $(1234)\theta = (234)$가 될 수도 있다.)

(2) K_2가 잉여류가 되려면 $K_2 = aK$ ($K < S_5$와 $a \in S_5$)가 되어야한다. 만약 $K = \{e,\ \theta,\ \tau\}$이면, $a = (12)$이고 $(12)\theta = (123)$, $(12)\tau = (1234)$ (즉, $\theta = (13)$, $\tau = (134)$)이어서 $K = \{e,\ (13),\ (134)\}$가 된다. 그러나 이 경우 K는 S_5의 부분군이 될 수 없으므로, K_2는 잉여류가 아니다.

(3) K_3는 그 자체로 S_5의 부분군이므로, $K_3 = eK_3$로 생각할 수 있다. 따라서 K_3는 잉여류이다.

(4) $K_4 = aK$로서 $a = (12)$, $K = \{e,\ \theta,\ \tau,\ \zeta\}$라 하면, $a\theta = (13)$, $a\tau = (14)$, $a\zeta = (15)$가 되어, $K = \{e,\ \theta,\ \tau,\ \zeta\} = \{e,\ (123),\ (124),\ (125)\}$이므로 S_5의 부분군이 아니다.

(5) $K_5 = aK$로서 $a = (12)$, $K = \{e, \theta\}$라 하면, $a\theta = (152)(34)$, 즉 $\theta = (25)(34)\ a\tau = (14)$, $a\zeta = (15)$가 되어, $K = \{e,\ (25)(34)\}$가 되어 S_5의 부분군이 됨을 쉽게 볼 수 있다.

2. $\tau\sigma = \begin{pmatrix} 123456 \\ 153426 \end{pmatrix}$ $\sigma^{-2}\tau = \begin{pmatrix} 123456 \\ 564213 \end{pmatrix}$. 또한 $\tau^4 = \begin{pmatrix} 123456 \\ 123456 \end{pmatrix}$이므로,

$\tau^{99} = \tau^{96}\tau^3 = \tau^3 = \begin{pmatrix} 123456 \\ 314265 \end{pmatrix}$이다.

12 준동형사상

두 개 이상의 군을 서로 비교하여 군의 위수나 부분군의 개수와 같은 성질을 조사하기 위해 두 군 사이에 함수를 만들어 비교할 수 있다. 집합에서의 함수는 정의역의 원소와 공역의 원소를 대응시키는 것으로 충분하지만, 군에는 각각의 연산이 있으므로 군의 연산까지 고려할 수 있는 함수가 필요하다.

정의 $(G, *)$와 $(H, \cdot)$가 군이며, 함수 $f: G \to H$라고 하자. 임의의 원소 $a, b \in G$에 대해

$$f(a*b) = f(a) \cdot f(b)$$

를 만족할 때, f를 **준동형사상**(homomorphism)이라고 부른다.

$f(a*b)$는 G에서 먼저 연산을 하여 함수로 대응시킨 값이며, $f(a) \cdot f(b)$는 a와 b를 함숫값으로 먼저 대응시킨 후 H에서 연산한 값이다. 이 두 값이 서로 같아진다는 것은 양쪽 군 어느 곳에서나 연산을 해도 결과가 같아진다는 의미이다. 한편 a, b는 G의 원소이므로 연산 $*$이 적용되며, $f(a), f(b)$는 H의 원소이므로 연산 $\cdot$이 적용되는 것이 확실하므로 연산의 기호는 생략한 채

$$f(ab) = f(a)f(b)$$

로 나타낸다.

예제 1.12.1 함수 $f: (\mathbb{Z}, +) \to (\mathbb{Z}, +)$, $f(n) = 2n$라고 하자. f는 준동형사상이다.

풀이 임의의 두 정수 m, n에 대해

$$f(m+n) = 2(m+n) \text{이며 } f(m) + f(n) = 2m + 2n$$

이다. 따라서

$$f(m+n) = f(m) + f(n)$$

이므로 f는 준동형사상이다.

예제 1.12.2 함수 $g:(\mathbb{Z}, +)\to(\mathbb{Z}, +)$, $g(n)=n+2$라고 할 때, 준동형사상이 되는지 알아보자.

풀이 $g(m+n)=m+n+2$이며 $g(m)+g(n)=m+2+n+2$이므로

$$g(m+n)\neq g(m)+g(n)$$

이 되어 준동형사상이 아니다.

준동형사상의 기본이 되는 성질을 알아보자.

정리 1.12.1 $(G, *)$와 $(H, \cdot)$는 군이며 각각 항등원을 e_G와 e_H라고 하자. 준동형사상 $f:G\to H$는 임의의 원소 $a\in G$에 대해 다음의 성질을 만족한다.
(1) $f(e_G)=e_H$이다. (준동형사상은 항등원을 보존한다.)
(2) $f(a^{-1})=f(a)^{-1}$이다. (준동형사상은 역원을 보존한다.)
(3) $f(a^n)=f(a)^n$이다.
(4) $f(a)$의 위수는 a의 위수를 나눈다.

증명 항등원 $e_G\in G$와 $e_H\in H$에 대해

$$\begin{aligned} f(e_G)\cdot f(e_G) &= f(e_G * e_G) \\ &= f(e_G)=f(e_G)\cdot e_H \end{aligned}$$

이므로 양변에서 $f(e_G)$를 소거하면 $f(e_G)=e_H$가 되어 (1)이 성립한다. 또한

$$f(a^{-1})\cdot f(a)=f(a^{-1}*a)=f(e_G)$$

인데, (1)에서 $f(e_G)=e_H$이므로 $f(a^{-1})\cdot f(a)=e_H$이다. 따라서 $f(a)$의 역원은 $f(a^{-1})$이 되어 $f(a)^{-1}=f(a^{-1})$이다.

(3) 또한

$$f(a^n)=f(\underbrace{a\cdots a}_{n})=\underbrace{f(a)\cdots f(a)}_{n}=f(a)^n$$

이다. (수학적 귀납법으로 증명할 수 있다. 만일 $n=2$이면 $f(a^2)=f(aa)=f(a)f(a)=f(a)^2$이다. $n=k$일 때 $f(a^k)=f(a)^k$가 성립한다고 가정하자. 그러면

$$\begin{aligned} f(a^{k+1}) &= f(aa^k) \\ &= f(a)f(a^k) \end{aligned}$$

$$= f(a)f(a)^k = f(a)^{k+1}$$

이다.)

(4) a의 위수와 $f(a)$의 위수를 각각 $o(a) = k$, $o(f(a)) = t$라고 하자. 위수의 정의에 의해 k는 $a^k = e_G$이 되는 최소의 양의 정수이다. 또한 $f(a)^t = e_H$이다. 그러면 (1)과 (3)에 의해

$$e_H = f(e_G) = f(a^k) = f(a)^k$$

가 되어 $f(a) \in H$는 k번 거듭 연산을 하면 항등원이 된다. 그러므로 $o(f(a)) = t \leq k$이다.

나눗셈 정리에 의해 k를 t로 나누면 $k = qt + r(q,\ r \in \mathbb{N},\ 0 \leq r < t)$로 표현된다. 만일 $r \neq 0$이면 $r = k - qt$이며

$$\begin{aligned} f(a)^r &= f(a^r) \\ &= f(a^{k-qt}) \\ &= f(a^k)f(a^{-qt}) \\ &= f(a)^k\,(f(a)^t)^{-q} \\ &= e_H e_H = e_H \end{aligned}$$

이다. 이는 $f(a)$가 t보다 적은 r번만 거듭 연산을 해도 항등원이 된다는 말이므로, 위수의 정의에 의해 모순이다. 따라서 $r = 0$, 즉 $k = qt$이다. 그러므로 $t \mid k$, 즉 $f(a)$의 위수는 a의 위수를 나누게 된다. ▮

정리 1.12.2 준동형사상들의 합성함수는 준동형사상이다.

증명 G, H, K는 군이며 $f: G \to H$와 $g: H \to K$가 준동형사상일 때 합성함수 $g \circ f: G \to K$를 생각하자. 임의의 원소 $a, b \in G$에 대해

$$\begin{aligned} (g \circ f)(ab) &= g(f(ab)) \\ &= g(f(a)f(b)) \\ &= g(f(a))g(f(b)) = (g \circ f)(a)(g \circ f)(b) \end{aligned}$$

가 성립하므로 $g \circ f$는 준동형사상이다. ▮

준동형사상의 핵

군 위에서 정의된 준동형사상 $f: G \to H$는 정의역 G의 항등원을 공역 H의 항등원으로 그대로 보존하여 $f(e_G) = e_H$을 만족한다. 그러나 e_H로 대응되는 또 다른 원소들이 군 G에 존재할 수 있는데, 이러한 원소들의 모임을 핵(kernel)이라고 부른다.

정의 함수 $f: G \to H$는 군 G와 H 위에서 정의되는 준동형사상이라고 하자. G의 원소들 중에서 함수 f에 의해 항등원 e_H로 대응되는 원소들의 모임

$$K = \{g \in G \mid f(g) = e_H\}$$

을 f의 **핵(kernel)**이라고 부른다.

정리 1.12.3 f의 핵 K는 G의 부분군이다.

증명 $K \subseteq G$는 당연하다. 임의의 원소 $g_1, g_2 \in K$라고 하자. 군이 되려면 연산이 닫혀있어야 하므로 $g_1 g_2 \in K$, 즉 $f(g_1 g_2) = e_H$이 성립하는지 확인해야 한다. $g_1, g_2 \in K$이므로 $f(g_1) = e_H$이며 $f(g_2) = e_H$이다. 따라서

$$\begin{aligned} f(g_1 g_2) &= f(g_1) f(g_2) \\ &= e_H e_H = e_H \end{aligned}$$

이다. 또한 결합법칙을 확인하기 위해 임의의 세 원소 $g_1, g_2, g_3 \in K$를 택하자. 그런데 $K \subseteq G$이므로 $g_1, g_2, g_3 \in G$이며, 군 G의 결합법칙에 의해 $g_1(g_2 g_3) = (g_1 g_2) g_3$가 성립한다.

$f(e_G) = e_H$이므로 $e_G \in K$는 분명하다. 한편 임의의 $g \in K$에 대해 $f(g) = e_H$이므로,

$$f(g^{-1}) = f(g)^{-1} = e_H^{-1} = e_H$$

가 되어 $g^{-1} \in K$이다. 따라서 K는 부분군이다. ▮

기호 준동형사상 f의 **핵**은 $\mathrm{Ker}(f)$ 또는 $\mathrm{Ker} f$로 나타낸다.

정리 1.12.4 $f:G\to H$가 준동형사상이면 $\mathrm{Ker}f$는 G의 정규부분군이다.

증명 핵의 정의에 의하여 $\mathrm{Ker}f=\{a\in G \mid f(a)=e_H\}$이다. 여기서 e_H는 H의 항등원을 말한다. 임의의 원소 $g\in G$와 $a\in\mathrm{Ker}f$라고 하자. f가 준동형사상이므로

$$f(gag^{-1})=f(g)f(a)f(g^{-1})=f(g)f(a)f(g)^{-1}$$

이다. 그런데 $f(g)\in H$이며 $f(a)=e_H$이므로

$$\begin{aligned}f(gag^{-1})&=f(g)f(a)f(g)^{-1}\\&=f(g)e_Hf(g)^{-1}\\&=f(g)f(g)^{-1}=e_H\end{aligned}$$

가 되어 $gag^{-1}\in\mathrm{Ker}f$이다. 따라서 $\mathrm{Ker}f\lhd G$이다. ∎

준동형사상 f의 핵 $\mathrm{Ker}f$는 f가 단사함수인지 아닌지를 판정하는 중요한 도구가 된다.

정리 1.12.5 $f:G\to H$가 준동형사상일 때 f가 단사함수일 필요충분조건은 $\mathrm{Ker}f=\{e_G\}$이다.

증명 f가 단사함수라고 가정하자. $\mathrm{Ker}f$는 G의 부분군이므로 반드시 $e_G\in\mathrm{Ker}f$이다. 따라서 $\{e_G\}\subseteq\mathrm{Ker}f$이다.

이제 임의의 원소 $a\in\mathrm{Ker}f$라고 하자. 그러면 $f(a)=e_H$, 다시 말해서 $f(a)=e_H=f(e_G)$가 된다. 가정에서 f는 단사함수이므로 $a=e_G\in\{e_G\}$이다. 따라서 $\mathrm{Ker}f\subseteq\{e_G\}$이다. 그러므로 $\mathrm{Ker}f=\{e_G\}$이다.

이제 반대로 $\mathrm{Ker}f=\{e_G\}$라고 가정하자. f가 단사함수임을 보이기 위해 임의의 $a,\ b\in G$에 대해 $f(a)=f(b)$라고 하자. 그러면

$$e_H=f(a)f(b)^{-1}=f(a)f(b^{-1})=f(ab^{-1})$$

이다. 따라서 $ab^{-1}\in\mathrm{Ker}f$이다. 그런데 $\mathrm{Ker}f=\{e_G\}$이므로 $ab^{-1}=e_G$이다. 따라서 $a=be_G=b$가 되어 f가 단사함수임을 알 수 있다. ∎

13 동형사상과 동형

두 개의 군위에서 정의된 어떤 함수가 준동형사상(homomorphism)이며 동시에 일대일 대응함수 일 때, **동형사상**(isomorphism)이라고 부른다. 동형사상이라는 이름은 조르단(C. Jordan, 1838–1922)이 처음으로 사용했다(1870년). 같다(equal)는 의미의 그리스어 iso와, 모양이나 형태(to form, to shape)를 뜻하는 morphism의 합성어이다. 그러므로 동형사상(isomorphism)이 정의되는 정의역과 공역의 대상물은 동일한 형태 또는 구조를 갖고 있음을 말한다. 참고로, 동형사상은 단지 군 위에서만 정의되는 것이 아니라, 여러 종류의 수학적 대상물 위에서도 정의된다.

정의 군 G와 H 위에서 정의된 함수 $f : G \to H$가 전단사함수이며 준동형사상일 때, f를 (군) **동형사상**이라고 한다.

정리 1.13.1 동형사상의 역함수는 동형사상이다.

증명 군 G와 H에 대해 $f : G \to H$를 동형사상이라고 하자. f는 전단사함수이므로 역함수 $f^{-1} : H \to G$가 존재하여 $f \circ f^{-1} = f^{-1} \circ f = Id$ 항등함수이다.
군 H에 속하는 임의의 두 원소를 h_1과 h_2라고 하자. f가 전사함수이므로 $f(g_1) = h_1$이며 $f(g_2) = h_2$인 적당한 원소(원상) g_1, $g_2 \in G$가 존재한다. 그러면

$$g_1 = f^{-1}(h_1) \text{ 이며 } g_2 = f^{-1}(h_2)$$

이므로

$$\begin{aligned} f^{-1}(h_1 h_2) &= f^{-1}(f(g_1)f(g_2)) \\ &= f^{-1}(f(g_1 g_2)) \\ &= (f^{-1} \circ f)(g_1 g_2) \\ &= Id(g_1 g_2) \\ &= g_1 g_2 \\ &= f^{-1}(h_1) f^{-1}(h_2) \end{aligned}$$

이 되어, f^{-1}은 준동형사상이 된다.

어떤 h_1, $h_2 \in H$에 대해 $f^{-1}(h_1)=f^{-1}(h_2)\in G$라고 하자. f가 G 위에서 단사함수이므로 $f(f^{-1}(h_1))=f(f^{-1}(h_2))$이다. 따라서 $h_1=h_2$가 되어 f^{-1}은 단사함수이다. 또한 임의의 원소 $g\in G$라고 하자. 당연히 $f(g)=h\in H$이므로 $g=f^{-1}(h)$이다. 따라서 f^{-1}에 대한 g의 원상 $h\in H$가 존재한다. ▮

정리 1.13.2 동형사상들의 합성함수도 동형사상이다.

증명 G, H, K가 모두 군일 때, $f_1 : G \to H$와 $f_2 : H \to K$를 두 개의 동형사상이라고 하고, 합성함수 $f_2 \circ f_1 : G \to K$를 생각하자. 전단사함수의 합성함수는 전단사함수이다. 또한 정리 1.12.2에 의해 $f_2 \circ f_1$는 준동형사상이다. 그러므로 $f_2 \circ f_1$은 동형사상이다. ▮

예제 1.13.1 $H=\{1,-1\}$는 곱셈연산 아래서 군이 된다. 한편 법 2에 관한 정수군 $\mathbb{Z}_2$와 비교하여, 만일 $f : \mathbb{Z}_2 \to H$가 $f(\overline{0})=1$, $f(\overline{1})=-1$로 정의된 함수라고 하자. 그러면

$$f(\overline{1+1})=f(\overline{0})=1=-1\times-1=f(\overline{1})\times f(\overline{1})$$

이므로 f는 준동형사상이다. 또한 f는 일대일 대응함수도 되므로 f는 동형사상이다.

예제 1.13.2 $f : \mathbb{Z} \to \mathbb{Z}_2$는 $f(x)=\begin{cases}\overline{0} & \text{만일 } x\text{가 짝수일때} \\ \overline{1} & \text{만일 } x\text{가 홀수일때}\end{cases}$로 정의된 함수라고 하자. 이 함수는 준동형사상인가? 이 함수는 동형사상인가?

풀이 임의의 원소 x, $y\in\mathbb{Z}$라고 하자. 만일 $x+y$가 짝수이면

$$f(x+y)=\overline{0}=\overline{0}+\overline{0}=f(x)+f(y)$$

이다. 마찬가지로 만일 $x+y$가 홀수이면

$$f(x+y)=\overline{1}=f(x)+f(y)$$

이다. 그러므로 f는 준동형사상임을 알 수 있다. 그러나 f는 전단사함수(일대일 대응함수)가 아니므로 f는 동형사상은 아니다.

동형

정의 G와 H가 군이며, $f: G \to H$인 동형사상이 존재할 때, G와 H는 서로 **동형**(isomorphic)이라고 부르며 기호 $G \cong H$로 나타낸다.

동형은, 유한군의 연산표가 다른 군의 연산표로부터 원소들의 이름을 적당히 다시 붙여줌으로써 얻어질 수 있다는 의미이다. 이와 같이 다시 이름을 붙이는 방법은 전단사함수와 논리적으로 같다. 그러므로 준동형사상이 동형사상이라는 것은 그것이 전단사함수라는 의미를 내포하게 된다.

서로 동형인 군들은 동일한 대수적 구조를 가짐을 다음의 정리로부터 알 수 있다.

정리 1.13.3 두 개의 군 G와 H는 동형이라고 하자. 다음이 성립한다.
(1) 만일 G가 가환군이면 H도 가환군이다.
(2) 만일 G가 순환군이면 H도 순환군이다.

증명 G와 H는 동형이므로 $f: G \to H$를 동형사상이라고 하자.

(1) G는 가환군이라고 하자. H에 속하는 임의의 두 원소를 h_1, h_2라고 하자. f가 전단사함수이므로 $f(g_1) = h_1$이며 $f(g_2) = h_2$인 g_1, $g_2 \in G$가 존재한다. 그러므로

$$h_1 h_2 = f(g_1) f(g_2) = f(g_1 g_2)$$

이다. 그런데 가정에서 G가 가환군이므로 $g_1 g_2 = g_2 g_1$이 되므로

$$\begin{aligned} h_1 h_2 &= f(g_1 g_2) \\ &= f(g_2 g_1) \\ &= f(g_2) f(g_1) = h_2 h_1 \end{aligned}$$

이 된다. 따라서 H는 가환군이다.

(2) G는 순환군이라고 하자. 그러면 생성원 $g \in G$에 의해 $G = \langle g \rangle$로 표시된다. 동형사상 $f: G \to H$에 의해 $f(g) = h \in H$라고 하자. 그러면 $\langle h \rangle \subseteq H$이다. 한편 임의의 원소 $a \in H$를 생각하자. f가 전사함수이므로 $f(x) = a$인 원

소 $x \in G$가 존재한다. 그런데 $x = g^t \ (t \in \mathbb{N})$인 형태로 표시되므로

$$\begin{aligned} a &= f(x) \\ &= f(g^t) \\ &= f(g)^t \\ &= h^t \in \langle h \rangle \end{aligned}$$

즉 $H \subseteq \langle h \rangle$이다. 따라서 $H = \langle h \rangle$이며, H는 $h = f(g)$에 의해 생성되는 순환군이다. ▮

정리 1.13.3에 의해 $f : G \to H$가 동형사상이면, 군 G와 H의 구조가 일치함을 알 수 있다.

예제 1.13.4 다음을 증명하여라. $f : G \to H$인 동형사상일 때, 만일 N이 G의 정규부분군이면, $f(N)$은 H의 정규부분군이다.

풀이 임의의 원소 $h \in H$, $y \in f(N)$를 생각하여 $hyh^{-1} \in f(N)$인지 확인하자.
f가 동형사상이므로 h의 원상 $g \in G$가 존재하여 $f(g) = h$이다. 마찬가지로 y의 원상 $x \in N$이 존재하여 $f(x) = y$이다. 그런데 $N \lhd G$이므로, $g \in G$와 $x \in N$에 대해 $gxg^{-1} \in N$이다. 그러므로 $f(gxg^{-1}) \in f(N)$이며,

$$hyh^{-1} = f(g)f(x)f(g)^{-1} = f(gxg^{-1}) \in f(N)$$

이다.

동형의 정의에 의해, 군 G의 위수와 군 H의 위수가 다르면 G와 H는 서로 동형이 될 수는 없음을 쉽게 볼 수 있다. 이는 두 집합을 일대일로 대응시킬 수 있는 함수가 존재할 수 없기 때문이다. 그러면 군 G의 위수와 군 H의 위수가 서로 같으면 G와 H는 동형일까?

예제 1.13.5 $G = K_4 = \{e, x, y, xy\}$는 클라인 4-군이며 $H = \mathbb{Z}_4 = \{\overline{0}, \overline{1}, \overline{2}, \overline{3}\}$라고 하자. 그러면 $|G| = |H| = 4$인데, G와 H는 동형인지 말하여라.

풀이 만일 어떤 준동형사상 $f : G \to H$이 있어서 $f(x) = \overline{1}$라고 하자. 그러면

$$\overline{0} = e_H = f(e_G) = f(x^2) = f(x)^2 = f(x)f(x) = \overline{1} + \overline{1} = \overline{2}$$

이므로 모순이다.

마찬가지로 $f(x) = \overline{2}$ 또는 $f(x) = \overline{3}$ 로 정의되는 함수를 생각하더라도 모순이 됨을 볼 수 있다. 따라서 G와 H는 동형이 되지 않는다.

그러나 군이 특별한 성질을 가지면 동일한 위수를 갖는 군은 서로 동형이 될 수 있다.

정리 1.13.4 G가 순환군이라고 하자. 만일 $|G| = n$이면 $G \cong \mathbb{Z}_n$(법 n에 대한 정수군)이며, 만일 $|G| = \infty$이면 $G \cong \mathbb{Z}$ (정수군)이다.

증명 만일 $|G| = n$이면 $G = \langle g \rangle = \{e, g, g^2, \cdots, g^{n-1}\}$로 표현된다. $\mathbb{Z}_n = \langle \overline{1} \rangle$ 이므로 함수

$$f : G \to \mathbb{Z}_n, \ f(g^i) = \overline{i} \quad (0 \le i \le n-1)$$

라고 정의하자.

(1) f는 준동형사상이다. 왜냐하면 모든 $0 \le i, j \le n-1$에 대해

$$f(g^i g^j) = f(g^{i+j}) = \overline{i+j} = \overline{i} + \overline{j} = f(g^i) + f(g^j)$$

이 성립하기 때문이다.

(2) f는 단사함수이다. (이유: 정리 1.12.5에 의해 f의 핵 $\mathrm{Ker} f = \{e\}$ 임을 보이면 된다. 실제로

$$\begin{aligned}\mathrm{Ker} f &= \{g^i \in G \mid f(g^i) = 0 \in \mathbb{Z}_n\} \\ &= \{g^i \mid \overline{i} = 0 \in \mathbb{Z}_n\} \\ &= \{g^i \mid i = nk \ \ (k \in \mathbb{N})\} \\ &= \{g^{nk}\} = \{e\}\end{aligned}$$

이다.

(3) f는 전사함수이다.(이유: 임의의 $\overline{j} \in \mathbb{Z}_n$에 대해 항상 $f(g^j) = \overline{j}$ 인 $g^j \in G$가 존재한다.)

그러므로 f는 동형사상이며, 따라서 $G \cong H$ 이다.

만일 $|G|=\infty$ 인 순환군 $G=\langle g \rangle$ 일 때, $\mathbb{Z}=\langle 1 \rangle$ 이므로 함수

$$f: G \to \mathbb{Z}, \ f(g)=1$$

로 정의하면 f는 동형사상이다. 증명은 다음 예제에서 하자. ∎

예제 1.13.5 순환군 $G=\langle g \rangle$ 일 때, $f: G \to \mathbb{Z}$, $f(g)=1$는 동형사상임을 보여라.

풀이

정리에 의해 따름정리를 쉽게 생각할 수 있다.

따름정리 1.13.5 (1) 임의의 순환군은 $\mathbb{Z}_n$ 또는 $\mathbb{Z}$와 동형이다.
(2) 동일한 위수의 순환군은 서로 동형이다. 실제로 동형사상은 생성원을 생성원으로 대응시킨다.

증명

예제 1.13.6 $\mathbb{Z}_8$에서 8과 서로소인 원소들의 집합을 U_8이라 하자. U_8은 곱셈연산 아래서 군임을 보여라. 또한 U_8의 구조에 대해 말하여라.

풀이 $U_8=\{\overline{1}, \overline{3}, \overline{5}, \overline{7}\}$은 4개 원소를 갖는다. 곱셈연산 아래서 $\{\overline{1}, \overline{3}, \overline{5}, \overline{7}\}$의 연산표는

	1	3	5	7
1	1	3	5	7
3	3	1	7	5
5	5	7	1	3
7	7	5	3	1

이 되는데, 군이 되기 위한 조건 – 닫혀있으며, 결합법칙, 항등원과 역원의 존재를 모두 확인할 수 있다. 그러므로 $U_8=\{\overline{1}, \overline{3}, \overline{5}, \overline{7}\}$는 위수 4인 군이다.

한편 클라인 4-군 $K_4 = \{e,\ a,\ b,\ ab\}$, $a^2 = b^2 = (ab)^2 = e$을 생각하자. 여기서 e는 항등원이다. 그러므로 연산표를 그리면

	e	a	b	ab
e	e	a	b	ab
a	a	e	ab	b
b	b	ab	e	a
ab	ab	b	a	e

이 된다. 위의 두 연산표를 비교해 볼 때, 원소의 기호만 다를 뿐 연산의 규칙이 같은 것을 알 수 있다. 다시 말해서 $\overline{1},\ \overline{3},\ \overline{5},\ \overline{7}$은 $e,\ a,\ b,\ ab$로 바꾸어 생각할 수 있다. 실제로 함수

$$f : U_8 \rightarrow K_4,$$

$$f(\overline{1}) = e,\ f(\overline{3}) = a,\ f(\overline{5}) = b,\ f(\overline{7}) = ab$$

로 정의하면 f는 동형사상이 되어, $U_8 \cong K_4$이다.

예제 1.13.7 법 10에 대한 정수군 $\mathbb{Z}_{10}$에서 $\overline{10}$과 서로소인 원소들의 집합 U_{10}을 생각하자.

(1) U_{10}을 만들어, 곱셈연산에서 군이 되는지 확인하여라.

(2) U_{10}의 연산표를 만들어라.

(3) U_{10}의 구조를 말하자.

풀이 $U_{10} = \{\overline{1},\ \overline{3},\ \overline{7},\ \overline{9}\}$은 위수 4인 군이다. 곱셈연산에 대한 U_{10}의 연산표를 만들자.

	1	3	7	9
1	1	3	7	9
3	3			
7	7			
9	9			

위수 4인 순환군 $\mathbb{Z}_4 = \{\overline{0},\ \overline{1},\ \overline{2},\ \overline{3}\}$와 비교하기 위해 (법 4에서 덧셈연산에 대한) $\mathbb{Z}_4$의 연산표를 만들자.

	0	1	2	3
0	0	1	2	3
1				
2				
3				

두 개의 연산표로부터 연산의 규칙을 비교해보자.

위수에 따른 군의 형태

군의 위수가 작은 경우에는 위수로부터 군의 구조를 말할 수 있다.

$|G|=1$:

$G=\{e\}$ 인 항등원 군이다.

$|G|=2$:

$G=\{e, x\}$ 이며 $x^2=e$ 이다. 위수 2가 소수이므로 $G=\langle x\rangle$ 인 순환군이다. 그러므로 $G\cong\mathbb{Z}_2$ 와 동형인 구조를 갖는다.

$|G|=3$:

$G=\{e, x, x^2\}$ 이며 $x^3=e$ 이다. 위수 3이 소수이므로 $G=\langle x\rangle$ 인 순환군이며, $G\cong\mathbb{Z}_3$ 와 동형인 구조를 갖는다.

$|G|=4$:

G 의 구조는 둘 중 하나이다.

$G_1=\{e, x, x^2, x^3\}$ 이며 $x^4=e$ 이다. 따라서 $G_1=\langle x\rangle$ 인 순환군이며 $G_1\cong\mathbb{Z}_4$ 와 동형이다. $G_2=\{e, x, y, xy\}$ 이며 $x^2=y^2=(xy)^2=e$ 이다. 따라서 G_2 는 가환군이지만 순환군은 아닌데, 이 군이 클라인 4-군 K_4 이다. 그러므로 K_4 는 비순환군이 되는 최소 위수의 군이다.

$|G|=5$:

$G=\{e, x, x^2, x^3, x^4\}$ 이며 $x^5=e$ 이다. 위수 5가 소수이므로 $G=\langle x\rangle$ 인 순환군이며 $G\cong\mathbb{Z}_5$ 와 동형인 구조를 갖는다.

$|G|=6$:

G 의 구조는 둘 중 하나이다.

$G_1=\{e, x, x^2, \cdots, x^5\}$ 이며 $x^6=e$ 이다. 따라서 $G_1=\langle x\rangle$ 인 순환군이며 $\mathbb{Z}_6$ 와 동형이다. $G_2=\{e, x, x^2, y, xy, x^2y\}$ 이며 $x^3=y^2=e$, $yx=x^2y$ 이다. 따라서 G_2 는 비가환군이며, 이 군이 대칭군 S_3 이다. 그러므로 S_3 는 비가환군이 되는 최소 위수의 군이다.

$|G|=7, 11, 13, 17, \cdots$ 와 같이 소수 p 이면 G 는 모두 순환군이다. 그러므로 $|G|=p$ 이면 $G\cong\mathbb{Z}_p$ 이다.

$|G|=8$:

G 의 구조는 다섯 종류중 하나이다.

만일 G 가 가환군이면 $G\cong\mathbb{Z}_8$, $G\cong\mathbb{Z}_2\times\mathbb{Z}_4$, $G\cong\mathbb{Z}_2\times\mathbb{Z}_2\times\mathbb{Z}_2$ 의 세 가지 가능성이 있다. 이것은 16장에서 배운다.

만일 G 가 비가환군이면 G 는 정이면체군 D_4 와 동형이거나 G 는 사원수군 Q_8 과 동형이다.

$|G|=9$:

만일 G 가 가환군이면 $G\cong\mathbb{Z}_9$, $G\cong\mathbb{Z}_3\times\mathbb{Z}_3$ 의 두 경우가 있다.

만일 G 가 비가환군이면 어떤 가능성이 있는지를 생각하게 된다. 그런데 알려진 결과에 의하면 군 $|G|=p^2$ 과 같이 위수가 $|G|=9$ 인 군은 가환군이며 두 가지 가능성을 갖는다. 참고문헌(「즐거운 현대대수」, 김주필·최은미, 교우사)를 참조하자.

$|G|=10$:

만일 G 가 가환군이면 $G\cong\mathbb{Z}_{10}$ 인 경우는 쉽게 생각할 수 있다. $G\cong\mathbb{Z}_2\times\mathbb{Z}_5$ 도 생각할 수 있지만, $\gcd(2, 5)=1$ 이므로 실제로 $G\cong\mathbb{Z}_{10}\cong\mathbb{Z}_2\times\mathbb{Z}_5$ 는 같은 구조를 갖는다. 한편 비가환군으로 위수가 10 인 군은 정오각형을 움직여 만드는 군 D_5 를 생각할 수 있다.

$|G|=11$: 11이 소수이므로 $G \cong \mathbb{Z}_{11}$이다.

$|G|=12$:

만일 G가 가환군인 경우에 $G \cong \mathbb{Z}_{12}$, $G \cong \mathbb{Z}_2 \times \mathbb{Z}_6$, $G \cong \mathbb{Z}_4 \times \mathbb{Z}_3$의 세 가능성이 있다.

만일 G가 비가환군이면 A_4군을 생각할 수 있다. 여기서 A_4는 교대군으로서, S_4의 부분군이며 $|A_4| = \dfrac{|S_4|}{2} = \dfrac{4!}{2} = 12$이다. 정육각형을 움직여 만드는 군 D_6도 위수 12인 군이 된다. D_6와 A_4를 비교해보자.

$|G|=13$: 13이 소수이므로 $G \cong \mathbb{Z}_{13}$이다.

$|G|=14$:

만일 G가 가환군이면 $G \cong \mathbb{Z}_{14} \cong \mathbb{Z}_2 \times \mathbb{Z}_7$이 유일한 경우이다. 한편 D_7과 같이 위수 14인 비가환군을 생각할 수 있다.

이와 같이 군의 위수가 작을 때는 위수로부터 군의 구조를 알 수 있다.

확인문제

1. $\mathbb{C}$는 복소수의 곱셈집합이고 $\mathbb{R}$는 실수의 곱셈집합이라고 하자. 임의의 $z \in \mathbb{C}$에 대해 다음과 같이 정의된 $f_1, f_2, f_3, f_4 : \mathbb{C} \to \mathbb{R}$ 중에서 준동형사상을 모두 찾아라.

(1) $f_1(z) = |z|$

(2) $f_2(z) = |z| + 1$

(3) $f_3(z) = 0$

(4) $f_4(z) = 2$

2. M은 크기가 2이상인 복소수행렬의 곱셈집합이라고 하자. 임의의 $A \in M$에 대해, 다음의 함수 $f_1, f_2, f_3 : M \to \mathbb{C}$($\mathbb{C}$는 복소수의 곱셈집합)중에서 준동형사상을 모두 찾아라.

(1) $f_1(A) = \det(A)$

(2) $f_2(A) = a_{11}$(여기서 a_{11}은 행렬 A의 1행1열의 성분)

(3) $f_3(A) = 1$

3. S_4군의 설명으로 옳지 않은 것을 찾아라.

(1) 위수가 24인 군이다.

(2) S_3와 동형인 부분군을 갖는다.

(3) D_4와 동형인 부분군을 갖는다.

(4) K_4와 동형인 부분군을 갖는다.

(5) $\mathbb{Z}_2$와 동형인 부분군을 갖는다.

4. 군 준동형사상 $f : G \to H$, $a \in G$에 대해, 옳은 것을 모두 찾아라.

(1) $|f(a)| = |a|$이다.

(2) $|f(a)| \mid |a|$이다.

(3) $|a| \mid |f(a)|$이다.

(4) $|f(a)| \leq |a|$이다.

(5) $f(a^n) = f(a)^n$ ($n \in \mathbb{Z}$)이다.

(6) $f(a^n) \mid f(a)^n$ ($n \in \mathbb{Z}$)이다.

5. 옳은 것을 모두 찾아라.

(1) $f: G \to H$가 군 준동형사상일 때, G가 가환군이면 H는 가환군이다.

(2) $f: G \to H$가 군 준동형사상일 때, G가 순환군이면 H는 순환군이다.

(3) $f: G \to H$가 군 준동형사상일 때, $|f(G)| = |G|$이다.

(4) 두 군 G, H에 대하여 $G \cong H$이면 $|G| = |H|$이다.

(5) 두 군 G, H에 대하여 $|G| = |H|$이면 $G \cong H$이다.

연습문제

1. 옳은 것을 모두 찾아라.

(1) 위수 3인 모든 군은 동형이다.

(2) 가환군은 비가환군과 동형이 될 수 없다.

(3) 군 사이의 $1-1$ 함수는 모두 동형사상이다.

(4) $\phi: U_{10} \to U_{10}$, $\phi(x) = x^2$은 동형사상이다.(여기서 U_{10}은 예제 1.13.7의 기호와 동일하다)

(5) $(\mathbb{Z}, +)$와 $(3\mathbb{Z}, +)$는 함수 $\phi: \mathbb{Z} \to 3\mathbb{Z}$, $\phi(n) = 3n$에서 동형이다.

2. 군 준동형사상 $f: G \to H$가 전사함수일 때, 옳지 않은 것을 모두 찾아라.

(1) G가 가환군이면 H도 가환군이다.

(2) G가 순환군이면 H도 순환군이다.

(3) $G = \langle a \rangle$이면 $H = \langle f(a) \rangle$이다.

(4) 모든 $a \in G$, $n \in Z$에 대해 $|f(a^n)| = |f(a)|^n$이다.

(5) 모든 $a \in G$에 대해 $|f(a)| = |a|$이다.

3. A_4군의 설명으로 옳지 않은 것을 찾아라.

(1) S_4의 정규부분군이다.

(2) S_3와 동형인 부분군을 갖는다.

(3) K_4와 동형인 부분군을 갖는다.

(4) $\mathbb{Z}_3$와 동형인 부분군을 갖는다.

(5) $\mathbb{Z}_2$와 동형인 부분군을 갖는다.

해답

1. (1), (2), (5) 풀이: (1) 위수 3인 군은 모두 $\mathbb{Z}_3$와 동형이다.
   (4) $U_{10} = \{x \in \mathbb{Z}_{10} \mid \gcd(x, 10) = 1\} = \{1, 3, 7, 9\}$이며, 곱셈에 관한 연산표를 만들어보면 순환군 $\mathbb{Z}_4$와 구조가 동일함을 볼 수 있다. 따라서 $\phi(x) = x^2$가 준동형사상임을 쉽게 확인할 수 있다. 그러나 $\phi(3) = 9 = \phi(7)$이므로, 동형사상은 될 수 없다.
2. (5) 풀이: (4)는 특별히 f가 전사함수라는 조건이 없이도 성립한다.
   (5) $|a| = n$, $|f(a)| = k$라 하면, 항상 $k \mid n$이 성립한다. 한편, $f(e) = e = f(a)^k = f(a^k)$이므로, 만약 f가 단사(1−1)함수라면 $a^k = e$가 되어, $n \mid k$, 즉 $n = k$가 된다.
3. (2) 풀이: A_4의 위수는 12인데, 비록 $6 \mid 12$이지만 위수 6인 부분군을 갖지 않는다. 참고문헌(「즐거운 현대대수」, 김주필·최은미, 교우사)를 참조하자.

종합문제

1. $\mathbb{Z}_{12} \to \mathbb{Z}_6$로 정의되는 (1) 동형사상의 개수 α를 구하여라. (2) 준동형사상의 개수 β를 구하여라. (3) 한편 전사인 준동형사상의 개수 γ를 구하여라.

2. $\mathbb{Z}_{12} \to \mathbb{Z}_{16}$인 준동형사상의 개수를 말하여라. 또한 $\mathbb{Z} \to \mathbb{Z}_8$인 준동형사상의 개수를 구하여라.

3. $\mathbb{Z} \to \mathbb{Z}$인 준동형사상의 개수를 말하여라. 또한 $\mathbb{Z} \to \mathbb{Z}$인 동형사상의 개수를 말하여라.

4. 라그랑주 정리에 관해 다음 물음에 답하여라.
(1) 라그랑주 정리를 써라.
(2) 원소의 위수는 군의 위수를 나눔을 증명하여라.

(3) 만약 $|G|=n$이면 모든 원소 $g \in G$에 대해 $g^n = e$임을 증명하여라.

(4) 위수가 소수 p인 군은 순환군이며, $\mathbb{Z}_p$와 동형임을 증명하여라.

(5) $f: G \to H$가 준동형사상이면 모든 $g \in G$에 대해 $|f(g)|$는 $|g|$를 나눔을 증명하여라.

(6) G가 유한군이면 임의의 원소 $a \in G$에 대하여 $a^n = e$를 만족하는 자연수 n이 존재함을 보여라.(단, 라그랑주 정리를 이용하지 말고 말해보자.)

(7) 라그랑주 정리의 역이 성립하지 않음을 설명하여라.

해답

1. $\alpha=0$, $\beta=6$, $\gamma=2$ 풀이: (1) $\mathbb{Z}_{12} \to \mathbb{Z}_6$인 동형사상은 존재하지 않는다. $\alpha=0$이다.

(3) $\mathbb{Z}_6$는 두 개의 생성원 1, 5를 가져서 $\mathbb{Z}_6 = \langle 1 \rangle = \langle 5 \rangle$로 표시되며, $\mathbb{Z}_6$의 부분군은 모두 4개 ($\{0\}$, $\langle 3 \rangle$, $\langle 2 \rangle = \langle 4 \rangle$, 그리고 자기 자신)가 있다. 따라서 준동형사상 $f_1: \mathbb{Z}_{12} \to \mathbb{Z}_6$으로 가능한 것은:

$f_1(0)=0$, $f_1(1)=1$, $f_1(2)=2$, $\cdots$, $f_1(5)=5$, $f(6)=6f(1)=0$이다. 이는 $f(7)=1$, $f(8)=2$, $f(9)=3$, $f(10)=4$, $f(11)=5$, $f(12)=0$, $\cdots$로 정의되는 준동형사상이 된다.

이와 유사하게, 새로운 함수 f_2는 $f_2(0)=0$, $f_2(1)=5$를 정의함으로써 만들 수 있는데, 이 경우 $f_2(2)=10=4$, $f_2(3)=9=3$, $f_2(4)=8=2$, $f_2(5)=7=1$, $f_2(6)=6=0$이며, 또한 $f_2(7)=5$, $f_2(8)=10=4$, $f_2(9)=9=3$, $f_2(10)=8=2$, $f_2(11)=7=1$, $f_2(12)=6=0$이 되는 준동형사상이다. 이 두 준동형사상이 전사함수이다.

(2) 전사가 아닌 준동형사상은, $f_3(1)=3$로 정의되어 $\mathrm{Im}(f_3)=\langle 3 \rangle$, $f_4(1)=2$로 정의되어 $\mathrm{Im}(f_4)=\langle 2 \rangle$, $f_5(1)=4$로 정의되어 $\mathrm{Im}(f_5)=\langle 4 \rangle = \langle 2 \rangle$, 또한 $f_6(1)=0$로 정의하여 $\mathbb{Z}_{12}$에 있는 모든 원소를 단지 0으로만 대응시키는 0-함수가 있다. 따라서 준동형사상은 모두 $\beta=6$개이다.

2. $\mathbb{Z}_{12} \rightarrow \mathbb{Z}_{16}$ 인 준동형사상의 개수는 4. $\mathbb{Z} \rightarrow \mathbb{Z}_8$ 인 준동형사상의 개수는 8이다.

3. $\mathbb{Z} \rightarrow \mathbb{Z}$ 인 준동형사상의 개수는 ∞. $\mathbb{Z} \rightarrow \mathbb{Z}$ 인 동형사상의 개수는 2이다.

4. (1) 유한군 G의 부분군 $H < G$가 존재하면, 부분군의 위수는 군의 위수를 나눈다. 즉 $|H| \mid |G|$이며, $|G| = |H||G:H|$이다.

(2) 임의의 원소 $g \in G$를 생각하자. 순환군 $\langle g \rangle$는 G의 부분군이다. 그러므로 (1)에 의해 $|\langle g \rangle| \mid |G|$, 즉 $|g| \mid |G|$이다.

(3) (2)에 의해, 모든 원소 $g \in G$의 위수는 군의 위수 n의 약수이다. 따라서 $n = |g| \cdot k$ (적당한 $k \in \mathbb{Z}$)이다. 그러므로 $g^n = g^{|g| \cdot k} = (g^{|g|})^k = e$이다.

(4) 위수 p인 순환군 $K = \langle x \rangle$는, $|K| = |x| = p$이며
$K = \{x, x^2, \cdots, x^{p-1}, x^p = e\}$이다.
함수

$$f : (\mathbb{Z}_p, +) \rightarrow (K, \cdot\,),\ f(1) = x$$

로 정의하자. 그러면

$$f(2) = f(1+1) = f(1) \cdot f(1) = x^2$$
$$\vdots$$
$$f(p-1) = x^{p-1}$$
$$f(p) = x^p,$$

즉 $f(0) = e$이 되어 f가 동형사상이 된다.

(5) 준동형사상 $f : G \rightarrow H$와 $g \in G$의 위수를 $|g| = k$라고 하자. 그러면

$$f(g)^k = f(g^k) = f(e) = e$$

이다. 그러므로 위수의 성질에 의해 $|f(g)| \mid k$, 즉 $|f(g)| \mid |g|$이다.

(6) 임의의 원소 $a \in G$에 의한 순환군 $\langle a \rangle$는 유한군 G의 부분군이다. 만약 $a^n = e$를 만족하는 자연수 n이 존재하지 않는다면,

$\langle a \rangle = \{e, a, a^2, a^3, \cdots\}$로서 무한히 많은 원소를 포함하게 되어, 결코 유한군 G의 부분이 될 수 없다.

(7) A_4는 위수 6인 부분군을 갖지 않음을 보일 수 있다.

$$A_4 = \{e, (123), (132), (124), (142), (134), (143), (234), (243), (12)(34), (13)(24), (14)(23)\}$$

인데, 위수가 6인 부분군 H를 갖는다고 가정하자.

$|A_4| = 12$, $|H| = 6$이므로, $[G : H] = 2$가 되어 $H \triangleleft G$이고, A_4의 모든 원소들의 제곱은 H에 속하게 된다. 그런데 실제로 계산하면

$(123)^2 = (132)$, $(132)^2 = (123)$, $(124)^2 = (142)$, $(142)^2 = (124)$,

$(134)^2 = (143)$, $(143)^2 = (134)$, $(234)^2 = (243)$, $(243)^2 = (234)$,

$((12)(34))^2 = e$, $((13)(24))^2 = e$, $((14)(23))^2 = e$, $e^2 = e$

가 되어, H는 적어도 원소 9개를 포함하게 되어 모순이 된다. 따라서 A_4는 위수 6인 부분군을 가지지 않는다. (격자를 이용하는 방법도 있다.)

14 동형사상정리

추상대수학에서 말하는 동형사상정리(동형정리, isomorphism theorem)는 제1, 제2, 제3 동형정리로 구성되어 있으며, 주로 군과 상군(잉여군)사의의 관계를 설명해 준다. 동형정리는 군에서 뿐만 아니라, 환, 체 또한 벡터공간 등 다양한 대수적 구조위에서 설명된다.

기호 G와 H는 군이며, $\mathrm{Ker}(f)$와 $\mathrm{Im}(f)$는 각각 f의 핵(kernel)과 상(image)이다. $\mathrm{Im}(f)$는 f의 치역과 같으므로, $\mathrm{Ker}(f)$는 G의 부분군이며, $\mathrm{Im}(f)$는 H의 부분군이다.

정리 1.14.1 제1 동형정리
$f: G \to H$가 준동형사상이면 $G/\mathrm{Ker}(f)$과 $\mathrm{Im}(f)$는 동형이다. 다시 말해서 $G/\mathrm{Ker}(f) \to \mathrm{Im}(f)$인 동형사상이 존재한다. 만일 f가 전사함수이면 $G/\mathrm{Ker}(f) \cong H$이다.

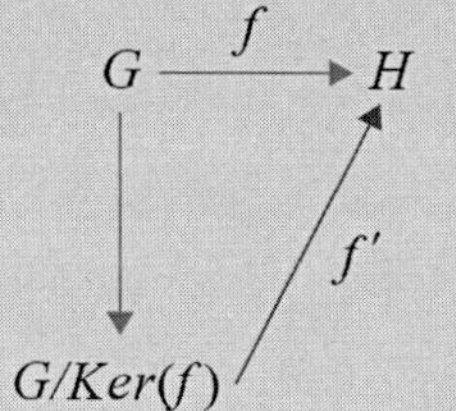

증명 간단히 하기위해 $\mathrm{Ker}f = K$라고 하자. 임의의 원소 $gK \in G/K$ $(g \in G)$에 대해 함수

$$f': G/K \to \mathrm{Im}(f),\ f'(gK) = f(g)$$

로 정의하자. f'이 다음의 세 성질 (i) 잘 정의되며, (ii) 준동형사상이며, (iii) 전단사함수임을 보이자. (i) 만일 $g, x \in G$에 대해 $f'(gK) = f'(xK)$라고 하자. 그러면 $f(g) = f(x)$인데, f가 단사함수이므로 $g = x$이다. 따라서 $gK = xK$가 되어 f'은 잘 정의되어있다.
(ii)와 (iii)은 다음의 예제에서 증명하자.

또한 만일 f가 전사함수이면 치역 $\mathrm{Im}f$과 공역 H가 같아지므로 $G/\mathrm{Ker}(f) \cong H$이다. ∎

예제 1.14.1 위의 증명에서 $f': G/K \to \mathrm{Im}(f)$, $f'(gK) = f(g)$가 (ii) 준동형사상이며 (iii) 전단사함수임을 증명하여라.

풀이

정리 1.14.2 제2 동형정리
G는 군이며, 두 부분군 $H,\ N < G$일 때 $N \lhd G$라고 하자. 그러면 $H/(H \cap N)$과 HN/N은 동형이다. 다시 말해서 $H/(H \cap N) \to HN/N$인 동형사상이 존재한다.

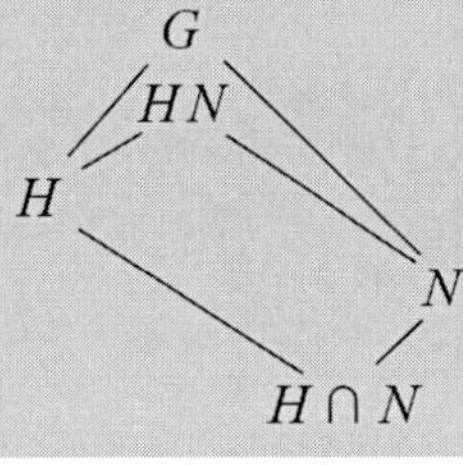

제2 동형정리를 설명하려면 몇 가지 사실이 먼저 확인되어야 한다.

임의의 두 부분군 $H,\ N < G$가 있을 때, 집합 $HN = \{hn \mid h \in H,\ n \in N\}$는 일반적으로 G의 부분군이 되지 않는다. 그러나 N을 정규부분군으로 가정하면 다음이 성립한다.

보조정리 1.14.3 G는 군이며, 두 부분군 $H,\ N < G$ 일 때 $N \lhd G$라고 하자. 다음이 성립한다.
(1) HN은 G의 부분군이며, N은 HN의 정규부분군이다.
(2) $H \cap N$는 H의 정규부분군이다.

증명 $HN = \{hn \mid h \in H,\ n \in N\}$이므로 HN에 속하는 임의의 원소 hn $(h \in H < G,\ n \in N < G)$은 G에 속한다. 따라서 $HN < G$이다. 더욱이 임의의 원소 $m \in N$에 대해

$$\begin{aligned} m\,HN\,m^{-1} &= m\{hn \mid h \in H,\ n \in N\}m^{-1} \\ &= \{mhnm^{-1} \mid h \in H,\ n \in N\} \end{aligned}$$

$$
\begin{aligned}
&= \{(mh)nm^{-1} \mid h \in H,\ n \in N\} \\
&= \{(h'm)nm^{-1} \mid h' \in H,\ n \in N\} \\
&= \{h'(mnm^{-1}) \mid h' \in H,\ n \in N\} = HN
\end{aligned}
$$

이므로 $N \lhd HN$ 이다.

한편, 임의의 원소 $h \in H$ 에 대해

$$
\begin{aligned}
h(H \cap N)h^{-1} &= h\{a \mid a \in H \cap N\}h^{-1} \\
&= \{hah^{-1} \mid a \in H \cap N\}
\end{aligned}
$$

이다. 그런데 $a \in H$ 이므로 $hah^{-1} \in H$ 이다. 또한 $a \in N$ 이며 $N \lhd G$ 이므로 $hah^{-1} \in N$ 이다. 따라서 $hah^{-1} \in H \cap N$ 이 되어 $h(H \cap N)h^{-1} \subseteq H \cap N$ 이다. ▮

증명 (제2 동형정리의 증명)

제1 동형정리를 사용하여 증명하자. $h \in H$ 이며 $n \in N$ 인 임의의 원소라고 하자. 우선

$$f_1 : H \to HN,\ \ h \mapsto he$$

라고 정의하자. 여기서 e 는 군 G 의 항등원이다. 그러면 f_1 은 $1-1$ 준동형사상임을 쉽게 알 수 있다. 두 번째로

$$f_2 : HN \to HN/N,\ \ hn \mapsto hnN$$

라고 정의하자. 함수 f_2 는 전형적 준동형사상으로서 전사함수이다.

이제 $f = f_2 \circ f_1$ 인 합성함수라고 하자. 그러면 함수 f 는

$$f = f_2 \circ f_1 \ : H \to HN/N,$$

$$f(h) = f_2 \circ f_1(h) = f_2(f_1(h)) = f_2(he) = heN = hN$$

으로 정의된다. 여기서 f_1 과 f_2 가 각각 준동형사상이므로 합성함수 f 도 준동형사상이다.

또한 f_2 가 전사함수이므로 f 도 전사함수이다. 따라서 $\mathrm{Im}(f) = HN/N$ 이다. 그러므로 제1 동형정리에 의해

$$H/\mathrm{Ker}(f) \cong \mathrm{Im}(f) = HN/N$$

이다. 따라서 $\mathrm{Ker}(f) = H \cap N$ 임을 보이면 증명이 끝난다.

$$
\begin{aligned}
\mathrm{Ker}(f) &= \{h \in H \mid f(h) = e_{HN/N}\} \\
&= \{h \in H \mid hN = N\} \\
&= \{h \in H \mid h \in N\} \\
&= H \cap N
\end{aligned}
$$

이다. 그러므로 $H/(H \cap N) \cong HN/N$ 이다. ▮

정리 1.14.4 제3 동형정리

G는 군이며, 두 개의 정규부분군 $H,\ N \lhd G$ 이며, $N < H$ 라고 하자. 그러면 G/H 와 $(G/N)/(H/N)$는 동형이다. 다시 말해서 $G/H \to (G/N)/(H/N)$ 인 동형사상이 존재한다.

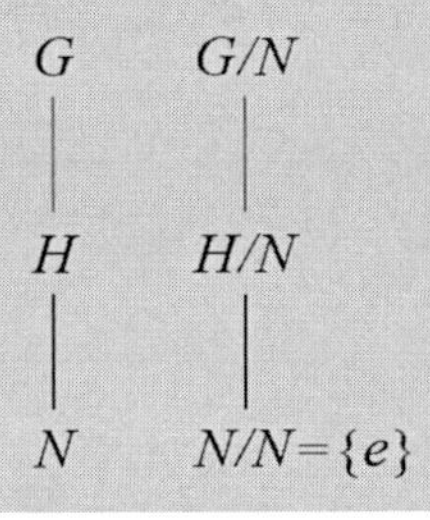

제3 동형정리를 설명하려면 몇 가지 사실이 먼저 확인되어야 한다.

보조정리 1.14.5 G는 군이며 두 개의 정규부분군 $H,\ N \lhd G$ 이며 $N < H$ 라고 하자.
(1) N은 G의 정규부분군일 뿐만 아니라 H의 정규부분군이다.
(2) H/N는 G/N의 정규부분군이다.

증명 (1) 가정에서 $N < H$ 이다. 임의의 $h \in H$ 와 $n \in N$ 이라고 하자. (이제 N이 H의 정규부분군임을 보이기 위해, $hnh^{-1} \in N$를 보이면 된다.) $H < G$ 이므로 $h \in G$ 이다. 가정에서 $N \lhd G$ 이므로 $n \in N$과 $h \in G$ 로부터 $hnh^{-1} \in N$ 이다.

(2) 임의의 원소 $hN \in H/N$, $gN \in G/N$ 라고 하자. $h \in H$ 이며 $g \in G$ 인데, $H \lhd G$ 이므로 $ghg^{-1} \in H$ 이다. 따라서

$$
\begin{aligned}
(gN)(hN)(gN)^{-1} &= gNhNg^{-1}N \\
&= ghg^{-1}N \in H/N
\end{aligned}
$$

즉 $H/N \lhd G/N$ 이다. ▮

제3 동형정리의 증명 역시 제1 동형정리의 결과를 이용하여 쉽게 할 수 있다. 증명은 참고문헌(「즐거운 현대대수」, 김주필·최은미, 교우사)를 참조하자. 제3 동형정리의 결과는, 번분수의 계산 $x/y=(x/a)/(y/a)$과 동일한 형태를 취한다.

예제 1.14.2 준동형사상 $f:\mathbb{Z}_8\to\mathbb{Z}_4$, $f(\overline{n})=\overline{n}$ 일 때, $\mathrm{Ker}f$를 구하고 $\mathbb{Z}_8/\mathrm{Ker}f$의 구조를 말하여라.

풀이 (힌트) 제1 동형정리를 응용한다.

예제 1.14.3 $f:G\to H$는 전사인 준동형사상이라고 하자. 그러면 $|H|$는 $|G|$의 약수임을 보여라.

풀이 (힌트) 제1 동형정리를 응용한다.

예제 1.14.4 $f:\mathbb{Z}_{18}\to\mathbb{Z}_{12}$, $f(\overline{1})=\overline{10}$ 인 준동형사상이라고 하자.

(1) $\mathrm{Ker}f$를 구하여라.

(2) $\mathbb{Z}_{18}/\mathrm{Ker}f$의 원소를 모두 찾아라.

(3) $\mathrm{Im}f$의 원소를 모두 찾아라.

(4) $\mathbb{Z}_{18}/\mathrm{Ker}f$와 $\mathrm{Im}f$ 사이에서 동형사상을 만들어라.

풀이

예제 1.14.5 $G=\mathbb{Z}_{24}$, $H=\langle\overline{4}\rangle$, $K=\langle\overline{8}\rangle$라고 하자.

(1) H, K는 모두 G의 정규부분군임을 말하여라.

(2) G/H의 원소를 모두 찾아라.

(3) G/K의 원소를 모두 찾아라.

(4) H/K의 원소를 모두 찾아라.

(5) $(G/K)/(H/K)$의 원소를 모두 찾아라.

(6) $(G/K)/(H/K)$와 H/K 사이의 동형사상을 만들어라.

풀이

15 자기동형사상

함수의 정의역과 치역이 동일한 동형사상을 **자기동형사상**(또는 **자동사상** automorphism)이라고 부른다. 여기서 auto는 자기 자신(self)을 뜻하는 그리스어이다.

정의 군 G에서 자기 자신 G로 정의되는 동형사상을 (군) **자기동형사상**이라고 부른다. 다시 말해서 함수 $f: G \to G$가 준동형사상이며 전단사함수일 때 f는 G의 자기동형사상이다.

자기동형사상은 군에서 정의되는 것처럼, 다양한 대수 구조-군, 환, 체, 벡터공간 등-위에서 정의할 수 있으며, 어떤 대상물을 택하는지에 따라 정의가 다소 달라질 수 있다.

예제 1.15.1 G가 군일 때 항등함수 $f: G \to G$는 당연히 G의 자기동형사상이다.

예제 1.15.2 양의 실수들의 집합 $\mathbb{R}^+$는 곱셈연산에서 군이 된다. $f: \mathbb{R}^+ \to \mathbb{R}^+$, $x \mapsto \sqrt{x}$로 정의된 함수는 $\mathbb{R}^+$의 자기동형사상임을 보여라.

풀이 만일 $x = y \in \mathbb{R}^+$이면 $\sqrt{x} = \sqrt{y}$이므로 잘 정의된(well defined)함수이다. 만일 $f(x) = f(y)$라고 가정하자. 그러면 $\sqrt{x} = \sqrt{y}$이며 $(\sqrt{x})^2 = (\sqrt{y})^2$가 되어 $x = y$이다. 따라서 f는 단사함수이다.
또한

$$f(xy) = \sqrt{xy} = \sqrt{x}\sqrt{y} = f(x)f(y)$$

이므로 f는 준동형사상이다. 그러므로 f는 자기동형사상이다.

정리 1.15.1 정수군 $\mathbb{Z}$ 위에서 정의되는 자기동형사상은 단 두 개 존재한다.

증명 $\mathbb{Z}$가 순환군이므로 $\mathbb{Z} \to \mathbb{Z}$인 동형사상은 생성원을 생성원으로 대응시켜야 한다. 그런데 $\mathbb{Z}$는 단 두 개의 생성원 1과 -1을 가지므로,

$$f_1: 1 \mapsto 1 \text{와 } f_2: 1 \mapsto -1$$

인 두 개의 자기동형사상이 존재한다. ∎

정리 1.15.1에서 보듯이 순환군에서 정의된 자기동형사상은 생성원의 개수에 의해 결정될 수 있다.

정리 1.15.2 법 n에 관한 정수군 $\mathbb{Z}_n$ 위에서 정의된 자기동형사상은 모두 $\phi(n)$개 존재한다. 여기서 $\phi(n)$은 오일러 함수 이다.

증명 법 n의 정수군 $\mathbb{Z}_n$ 의 원소 중에서 n과 서로소인 정수들의 집합을 U_n이라고 하자.

$$U_n = \{\overline{k} \in \mathbb{Z}_n \mid \gcd(k,\ n) = 1\}$$

이다. 그러면 $|U_n| = \phi(n)$이다. 임의의 $\overline{k} \in U_n$에 대하여 다음과 같이 함수를 정의하자.

$$f : \mathbb{Z}_n \to \mathbb{Z}_n,\ \ \overline{x} \mapsto \overline{k}\ \overline{x}$$

만일 $f(\overline{x}) = f(\overline{y})$이면 $\overline{k}\overline{x} = \overline{k}\overline{y}$이다. 그런데 $\gcd(k,\ n) = 1$이므로 $\overline{k}$의 법 n에 대한 역원 $\overline{k}^{-1}$이 존재하므로 소거법을 사용하면 $\overline{x} = \overline{y}$가 된다. 따라서 f는 $1-1$ 함수이다.

임의의 원소 $\overline{y} \in \mathbb{Z}_n$이라고 하자. $\overline{k}$의 역원 $\overline{k}^{-1}$에 대하여

$$f(\overline{k^{-1}}\overline{y}) = \overline{k}(\overline{k^{-1}}\overline{y}) = \overline{y}$$

이므로 f는 전사함수이다. 또한 임의의 $\overline{x},\ \overline{y} \in Z_n$에 대하여

$$\begin{aligned} f(\overline{x+y}) &= \overline{k}(\overline{x+y}) \\ &= \overline{k}\overline{x} + \overline{k}\overline{y} = f(\overline{x}) + f(\overline{y}) \end{aligned}$$

이므로 f는 준동형사상이다. 따라서 f는 자기동형사상이며 이러한 함수는 서로 다른 $\overline{k}$를 선택할 수 있는 개수만큼 존재하므로 모두 $|U_n| = \phi(n)$개 존재한다. ▮

예를 들어서 법 25에 대한 정수군 $\mathbb{Z}_{25}$ 위에서 모두 $\phi(25) = 20$개의 자기동형사상이 정의된다.

정리 1.15.3 G가 가환군이면 함수 $f: G \to G$, $f(x) = x^{-1}$는 자기동형사상이다.

증명 임의의 원소 x, $y \in G$에 대하여,

$$f(xy) = (xy)^{-1} = y^{-1}x^{-1} = x^{-1}y^{-1} = f(x)f(y)$$

이므로 준동형사상이다. 또한

$$(f \circ f)(x) = f(x^{-1}) = (x^{-1})^{-1} = x$$

이므로 $f \circ f$는 항등함수이다. 다시 말해서 f는 자기 자신을 역함수로 하므로, f는 전단사 함수이다. 따라서 f는 자기동형사상이다. ▮

정리 1.15.4 임의의 군 G에서의 모든 자기동형사상들의 집합은 합성함수 연산 $\circ$에서 군이 된다.

증명 S를 $G \to G$인 모든 동형사상들의 집합이라고 하자. f, $g \in S$이면 $f \circ g: G \to G$이며, 동형사상의 합성함수는 동형사상이므로 $f \circ g \in S$이다. 또한 항등함수가 집합 S의 항등원의 역할을 하며, 자기동형사상의 역원은 여전히 자기동형사상이므로 S는 군이 된다. ▮

정의 어떤 군 G 위에서 자기 자신 군으로 정의되는 **자기동형사상**(automorphism)들의 집합은 합성함수 연산에서 군이 된다. 이것을 G의 **자기동형군**(automorphism group)이라 부르며 $\mathrm{Aut}(G)$로 표시한다. $\mathrm{Aut}(G)$는 갈루아 이론에서 아주 중요한 역할을 한다.

정리 1.15.5 $\mathrm{Aut}(\mathbb{Z})$는 $\mathbb{Z}_2$와 동형이다.

증명 정수군 $\mathbb{Z}$ 위에서 정의되는 자기동형사상은 단 두 개 존재하므로, $\mathrm{Aut}(\mathbb{Z})$는 위수 2인 군이다. 따라서 $\mathrm{Aut}(\mathbb{Z})$는 $\mathbb{Z}_2$와 동형이다. ▮

정리 1.15.6 G는 군이며 임의의 원소 $g \in G$라고 하자.

$$f_g : G \to G,\ f_g(x) = gxg^{-1}$$

로 정의하자. 그러면 f_g는 G에서의 자기동형사상이다.
그러므로 $f_g \in \mathrm{Aut}(G)$이다.

증명 임의의 원소 x, $y \in G$에 대하여

$$\begin{aligned} f_g(xy) &= g(xy)g^{-1} \\ &= gx(g^{-1}g)yg^{-1} \\ &= (gxg^{-1})(gyg^{-1}) = f_{g(x)}f_{g(y)} \end{aligned}$$

이므로 f_g는 준동형사상이다. 또한 만일 $f_g(x) = f_g(y)$라고 가정하면 $gxg^{-1} = gyg^{-1}$이다. 양변에 g^{-1}와 g를 한번씩 곱하여 소거하면 $x = y$가 되어 f_g는 단사함수이다. 한편, 공역 G에 속하는 임의의 원소 $z \in G$에 대하여

$$f_g(g^{-1}zg) = g(g^{-1}zg)g^{-1} = z$$

이므로 $g^{-1}zg \in G$가 z의 원상(preimage)이다. 따라서 f_g는 G에서의 자기동형사상이다. ▮

정의 위 정리에서 정의된 자기동형사상 $f_g : G \rightarrow G$, $f_g(x) = gxg^{-1}$을 **내자기동형사상**(inner automorphism)이라고 부른다. 한편 G의 자기동형사상이지만 내자기동형사상이 아닌 것들을 G의 **외자기동형사상**(outer automorphism) 이라고 부른다.

여기서 또한 gxg^{-1}를 g에 의한 x의 **켤레원소**(conjugate)라고 부르며, 종종 $gxg^{-1} = x^g$로 표시한다. 내자기동형사상들은 G의 내부(internal) 정도로 이해될 수 있는데, 왜냐하면 그 함수들이 켤레(conjugate)로 인식될 수 있기 때문이다.

자기동형군과 내자기동형군, 외자기동형군

정리 1.15.7 내자기동형사상들의 집합은 합성연산 아래서 군이 된다.

증명 군 G 위에서 정의되는 내자기동형사상들의 집합을 $S = \{f_g \mid g \in G\}$라고 하자. G의 임의의 두 원소 g, h에 대해 자기동형사상 f_g와 $f_h \in S$를 각각 생각하자. f_g와 f_h의 합성함수는 $G \rightarrow G$이며, G의 임의의 원소 x에 대하여

$$\begin{aligned} (f_g \circ f_h)(x) &= f_g(f_h(x)) \\ &= f_g(hxh^{-1}) \\ &= g(hxh^{-1})g^{-1} \\ &= (gh)x(gh)^{-1} = f_{gh}(x) \end{aligned}$$

이 되므로 $f_g \circ f_h \in S$ 이다.

또한 G 의 항등원 e 에 의해 정의되는 내자기동형사상 $f_e : G \to G$ 는 $f_e(x) = exe^{-1} = x$ 가 되므로 항등함수 f_e 는 S 의 항등원이다. ▮

이렇게 만들어진 군을 $\mathrm{Inn}(G)$ 로 나타내며, G 의 **내자기동형군**이라고 부른다.

정리 1.15.8 $\mathrm{Inn}(G)$ 는 $\mathrm{Aut}(G)$ 의 정규부분군이다.

증명 합성연산 아래서 $\mathrm{Inn}(G)$ 와 $\mathrm{Aut}(G)$ 는 각각 군이다. 또한 임의의 내자기동형사상 f_g 가 자기동형사상이므로 $\mathrm{Inn}(G)$ 는 $\mathrm{Aut}(G)$ 의 부분군이다.

임의의 원소 $g \in G$ 에 의해 정의되는 내자기동형사상 $f_g \in \mathrm{Inn}(G)$ 라고 하자. 또한 $\phi \in \mathrm{Aut}(G)$ 는 임의의 자기동형사상이라고 하자. 그러면 정의역 G 에 속하는 임의의 원소 x 에 대하여

$$
\begin{aligned}
&(\phi f_g \phi^{-1})(x) \\
&= \phi f_g(\phi^{-1}(x)) \\
&= \phi(g(\phi^{-1}(x))g^{-1}) \\
&= \phi(g)\phi(\phi^{-1}(x))\phi(g^{-1}) \\
&= \phi(g)(x)\phi(g^{-1}) \\
&= (\phi(g))(x)(\phi(g))^{-1} = f_{\phi(g)}(x)
\end{aligned}
$$

이 되므로 $\phi f_g \phi^{-1} = f_{\phi(g)} \in \mathrm{Inn}(G)$ 이다. 따라서 $\mathrm{Inn}(G)$ 는 $\mathrm{Aut}(G)$ 의 정규부분군이다. ▮

정리 1.15.8에 의해 $\mathrm{Inn}(G)$ 는 $\mathrm{Aut}(G)$ 의 정규부분군이므로 상군 $\mathrm{Aut}(G)/\mathrm{Inn}(G)$ 이 정의된다.

정의 $\mathrm{Inn}(G)$ 에 의한 $\mathrm{Aut}(G)$ 의 상군을 G 의 **외자기동형군**(outer automorphism group)이라 부르며, $\mathrm{Out}(G)$ 로 표시한다. 다시 말해서 $\mathrm{Out}(G) = \mathrm{Aut}(G)/\mathrm{Inn}(G)$ 이다.

그러므로 G의 외자기동형군 $\mathrm{Out}(G)$의 원소들은 G의 외자기동형사상을 포함하는 $\mathrm{Aut}(G)$의 잉여류이다.

정리 1.15.9 만일 G가 가환군이면 내자기동형군은 $\mathrm{Inn}(G)=\{e\}$인 자명한 군이다.

증명 $\mathrm{Inn}(G)=\{f_g \mid g\in G\}$이다. 그런데 $f_g(x)=gxg^{-1}$로 정의되는데, G가 가환군이므로

$$f_g(x)=gxg^{-1}=x$$

가 되어 f_g는 항등원이다. 그러므로 $\mathrm{Inn}(G)=\{e\}$이다. ▮

정리 1.15.10 만일 G가 가환군이면 $\mathrm{Out}(G)=\mathrm{Aut}(G)$이다.

증명 $\mathrm{Inn}(G)=\{e\}$이므로 당연하다. ▮

정리 1.15.11 $\phi: G\to\mathrm{Aut}(G)$, $\phi(g)=f_g$로 정의된 함수는 준동형사상이며 $\mathrm{Im}(\phi)=\mathrm{Inn}(G)$이다.

증명 임의의 원소 g, $h\in G$에 대하여 $\phi(g)\phi(h)=\phi(gh)$가 성립함을 보이자. 임의의 원소 $x\in G$라고 하자. 그러면

$$\begin{aligned}(\phi(g)\phi(h))(x)&=\phi(g)(\phi(h)(x))\\&=\phi(g)(f_h(x))\\&=\phi(g)(hxh^{-1})\\&=g(hxh^{-1})g^{-1}\\&=(gh)x(gh)^{-1}\\&=f_{gh}(x)=\phi(gh)(x)\end{aligned}$$

이다. 그러므로 $\phi(g)\phi(h)=\phi(gh)$가 되어 ϕ는 준동형사상이다.
더욱이 함수 ϕ의 함숫값이 $f_g\in\mathrm{Inn}(G)$이므로 $\mathrm{Im}(\phi)=\mathrm{Inn}(G)$가 성립한다. ▮

정리 1.15.12 군 G에서 부분집합 $H=\{x\in G \mid xy=yx,\ (\text{임의의 모든 } y\in G)\}$라고 하자. 그러면 H는 G의 정규부분군이다.

증명 H의 임의의 두 원소를 h_1, h_2라고 하자. 임의의 $y\in G$라고 하자. 그러면 $h_1y=yh_1$이며 $h_2y=yh_2$이므로

$$\begin{aligned}(h_1h_2)y&=h_1(h_2y)=h_1(yh_2)\\&=(h_1y)h_2=(yh_1)h_2=y(h_1h_2)\end{aligned}$$

이 되어 $h_1h_2\in H$이다. 군이 되기 위한 나머지 성질도 쉽게 확인할 수 있다.

이제 $H\lhd G$를 보이기 위해 임의의 원소 $g\in G$와 $x\in H$라고 하자. H의 정의에 의해 원소 x는 G에 속하는 모든 원소와 교환법칙이 성립한다. 그러므로 $gx=xg$이다. 따라서

$$gxg^{-1}=xgg^{-1}=x\in H$$

가 되어 $H\lhd G$ 임을 알 수 있다. ∎

위 정리 1.15.12의 부분군 H는 G의 모든 원소와 교환법칙을 만족하는 원소들의 모임이다. 이 부분군을 G의 **중심군**라고 부른다.

정의 $Z(G)=\{x\in G \mid xy=yx,\ (\text{임의의 모든 원소 } y\in G)\}$을 G의 **중심군**(중심부분군, center)이라 부르고, 기호 $Z(G)$로 표시한다. 여기서 Z는 center에 해당하는 독일어 zentrum의 첫 글자를 딴 기호이다

정리 1.15.13 G의 중심부분군 $Z(G)$에 대해, $G/Z(G)\cong \mathrm{Inn}(G)$이다.

증명 정리 1.15.3에 의해 $\phi: G\to \mathrm{Aut}(G)$, $\phi(g)=f_g$는 준동형사상이며 $\mathrm{Im}(\phi)=\mathrm{Inn}(G)$이다. 제1 동형정리에 의해 $G/\mathrm{Ker}(\phi)\cong \mathrm{Im}(\phi)$이므로, $\mathrm{Ker}(\phi)=Z(G)$를 보이면 충분하다. 실제로

$$\begin{aligned}\mathrm{Ker}(\phi)&=\{g\in G \mid \phi(g)=e_{\mathrm{Aut}(G)}\}\\&=\{g\in G \mid f_g=\mathrm{id}\}\\&=\{g\in G \mid f_g(x)=\mathrm{id}(x),\ \forall x\in G\}\\&=\{g\in G \mid gxg^{-1}=x,\ \forall x\in G\}\\&=\{g\in G \mid gx=xg,\ \forall x\in G\}=Z(G)\end{aligned}$$

이다. 여기서 id는 항등함수를 말한다. ∎

대칭군의 내자기동형사상군

예제 1.15.3 대칭군 $G=S_3$의 내자동사상 군을 찾아라.

풀이 $Z(S_3)=\{\mathrm{id}\}$이므로 $S_3/Z(S_3)$의 위수는 $|S_3/Z(S_3)|=6$이다. 그런데

$$S_3/Z(S_3)\cong \mathrm{Inn}(S_3)$$

이므로, $\mathrm{Inn}(S_3)$은 위수 6인 군이다. S_3에서 정의되는 여섯 개의 내자기동형상은, S_3에 포함되는 6개의 원소들에 의해 결정된다. 실제로 $(1\,3)\in S_3$와 $(1\ 2)\in S_3$에 대하여 $\mathrm{Inn}(S_3)$에 속하는 원소 $f_{(1\,3)}$과 $f_{(1\,2)}$를 생각해 보자. 그러면

$$f_{(1\,3)}f_{(1\,2)}(1\,2)=(2\,3)\text{이며 } f_{(1\,2)}f_{(1\,3)}(1\,2)=(1\,3)$$

이다. 따라서 $f_{(1\,3)}f_{(1\,2)}\neq f_{(1\,2)}f_{(1\,3)}$이다. 그러므로 $\mathrm{Inn}(S_3)$는 위수 6인 비가환군이므로 $\mathrm{Inn}(S_3)$는 S_3와 동형이다.

정리 1.15.14 $H<G$일 때 $[G:H]=n$이면, 임의의 $x\in G$에 대해서 $x^n\in H$이다.

정리 1.15.15 $G=A_4$는 위수 12인 교대군 이라고 하자. $6\mid 12=|G|$이지만 G는 위수 6인 부분군을 갖지 않는다.

증명 S_4에서 우치환들이 모임은 A_4의 원소들은

$$A_4=\{e,(123),(134),(142),(243),(132),$$
$$(143),(124),(234),(12)(34),(13)(24),(14)(23)\}$$

이다. 만일 위수가 6인 부분군 H가 존재한다면 $[G:H]=2$이므로 $H\lhd G$이다. 위의 정리에 의하면 각 원소들의 제곱은 H에 포함되어야 한다. 실제로

$$e^2=e,(123)^2=(132),(134)^2=(143),(142)^2=(124),(243)^2=(234),$$
$$(132)^2=(123),(143)^2=(134),(124)^2=(142),(234)^2=(243),$$
$$((12)(34))^2=e,((13)(24))^2=e,((14)(23))^2=e$$

이므로,

$$\{e,\ (132),\ (143),\ (124),\ (234),\ (123),\ (134),\ (142),\ (243)\}\subseteq H$$

이다. 그런데 $|H|=6$이므로 모순이다. 따라서 위수가 6인 부분군은 존재하지 않는다.

한편, A_4의 격자를 그릴 수도 있다.

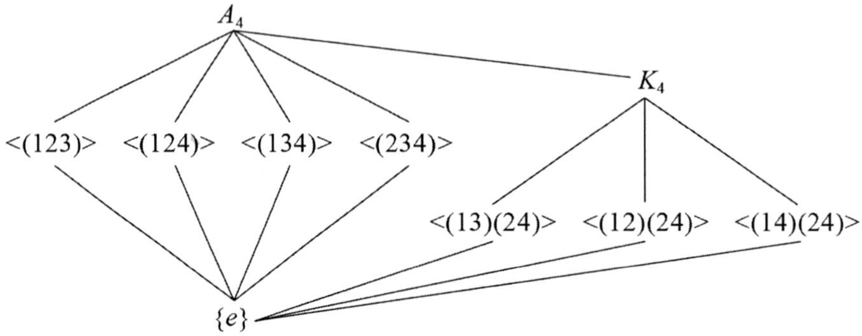

격자에 의하면, A_4는 자기 자신과 자명한 군 이외에 위수 4인 군 1개, 위수 3인 군 4개, 위수 2인군 3개 – 모두 10개의 부분군을 갖는다. 위수 6인 부분군은 존재하지 않는다.

확인문제

1. $f: G \to H$가 군 준동형사상일 때, 제1 동형정리로 옳지 않은 것을 모두 찾아라.

(1) $\mathrm{Ker}f$는 G의 정규부분군이다.

(2) $\mathrm{Im}f$는 H의 정규부분군이다.

(3) $\pi: G \to G/\mathrm{Ker}f$인 군 준동형사상이 존재한다.

(4) $\overline{f}: G/\mathrm{Ker}f \to H$인 군 준동형사상이 존재하여 $\pi \circ \overline{f} = f$가 된다.

(5) $G/\mathrm{Ker}f \cong H$이다.

2. 제2 동형정리에 대한 설명으로 옳은 것을 모두 찾아라.

(1) $K, N < G$이면 $K/(N \cap K) \cong NK/N$이다.

(2) $N \lhd G$이면 $N \lhd NK < G$, $K/(N \cap K) \cong NK/N$이다.

(3) $K \lhd G$이면 $N \lhd NK < G$, $K/(N \cap K) \cong NK/N$이다.

(4) $K < N < G$이고 $N \lhd G$, $K \lhd G$이면 $N \lhd NK < G$, $K/(N \cap K) \cong NK/N$이다.

해답

1. (2), (5) 풀이: (2) $\mathrm{Im}f$ 는 H의 부분군이지만 정규부분군은 아니다. (5) 일반적으로 $G/\mathrm{Ker}f \cong \mathrm{Im}f$이며, 특별히 f가 전사함수일 때, $G/\mathrm{Ker}f \cong H$

2. (2) 풀이: (1)이 성립하려면 $N \lhd G$가 필요. (3) $K \lhd G$이므로 $K/(N \cap K) \cong NK/K$이다. (4) $K < N < G$이므로 $N \cap K = K$이다. 그러므로 $K/(N \cap K) \cong K/K = \{e\}$로서 모순이다.

연습문제

1. $\mathbb{Z}_{12} \to \mathbb{Z}_6$인 준동형사상을 모두 찾아서, 동형사상, 전사함수, 단사함수, 전사도 단사도 아닌 함수로 분류하여라.

2. $\mathbb{Z}_{12} \to \mathbb{Z}_{16}$에 대해 위와 같이 분류하여라.

3. $\mathbb{Z} \to \mathbb{Z}$에 대해 위와 같이 분류하여라.

해답

1. $\mathbb{Z}_6$는 두 개의 생성원 $\mathbb{Z}_6 = \langle 1 \rangle = \langle 5 \rangle$을 가지며, 모두 4개의 부분군 $\{0\}$, $\langle 3 \rangle$, $\langle 2 \rangle = \langle 4 \rangle$와 $\mathbb{Z}_6$를 갖는다. 준동형사상으로 가능한 경우를 만들어 보자.

   i) $f_1 : \mathbb{Z}_{12} \to \mathbb{Z}_6$, $f_1(1) = 1$라 하자.
   그러면 $f_1(2) = 2, \cdots, f_1(5) = 5$이며, $f_1(6) = 6$, 즉 $f_1(0) = 0$이다. 또한 $f_1(7) - 1$, $f_1(8) = 2$, $f_1(9) = 3$, $f_1(10) = 4$, $f_1(11) = 5$, $f_1(12) = 0, \cdots$ 이므로, $\mathrm{Im} f = \mathbb{Z}_6$인 전사인 준동형사상이다.

   ii) 유사하게, $f_2 : \mathbb{Z}_{12} \to \mathbb{Z}_6$, $f_2(1) = 5$라 하자.
   그러면 $f_2(2) = 10 = 4$, $f_2(3) = 9 = 3$, $f_2(4) = 8 = 2$, $f_2(5) = 7 = 1$이며, $f_2(6) = 6 = 0$이 된다. 또한 $f_2(7) = 5$, $f_2(8) = 10 = 4$, $f_2(9) = 9 = 3$, $f_2(10) = 8 = 2$, $f_2(11) = 7 = 1$, $f_2(12) = 6 = 0, \ldots$ 이므로 f_2도 전사인 준동형사상이다.

   iii) $f_3(1) = 3$으로서 $\mathrm{Im}(f_3) = \langle 3 \rangle$인 것, $f_4(1) = 2$ 으로서 $\mathrm{Im}(f_4) = \langle 2 \rangle$인 것, $f_5(1) = 4$으로서 $\mathrm{Im}(f_5) = \langle 4 \rangle = \langle 2 \rangle$인 것, 또한 $f_6(1) = 0$으로서 $\mathbb{Z}_{12}$에 있는 모든 원소를 단지 0으로 대응시키는 함수가 있다.

   iv) 정의역과 치역의 원소의 개수가 다르므로 전단사함수는 존재하지 않는다.

따라서 $f: \mathbb{Z}_{12} \to \mathbb{Z}_6$인 준동형사상으로서 전사인 것은 $1 \mapsto 1$, $1 \mapsto 5$인 2개; 단사인 것은 없음, 동형사상 없음; 전사도 단사도 아닌 준동형사상은 $1 \mapsto 0$, $1 \mapsto 2$, $1 \mapsto 3$, $1 \mapsto 4$인 4개가 있다.

2. $\mathbb{Z}_{16} = \langle 1 \rangle = \langle 3 \rangle = \langle 5 \rangle = \langle 7 \rangle = \langle 9 \rangle = \langle 11 \rangle = \langle 13 \rangle = \langle 15 \rangle$이다.

정의역과 공역의 원소의 개수가 다르므로, 단사함수가 존재하지 않고, 동형사상도 없다.

만약 $f: \mathbb{Z}_{12} \to \mathbb{Z}_{16}$, $f(1) = 1$이라면 $o(f(1)) = o(1) = 16$이 되는데, $16 \nmid o(1) = 12$이므로 모순이다. 따라서 $f(1) = 1$인 준동형사상은 존재하지 않는다.

같은 이유로 $f(1) = 3$, $f(1) = 5$, $f(1) = 7$, $f(1) = 9$, $f(1) = 11$, $f(1) = 13$, $f(1) = 15$은 불가능하다. 즉, $\mathbb{Z}_{12} \to \mathbb{Z}_{16}$인 전사함수는 존재하지 않는다.

전사가 아닌 준동형사상 $\mathbb{Z}_{12} \to \mathbb{Z}_{16}$를 찾기 위해 Z_{16}의 부분군을 알아보자.

$$\langle 0 \rangle,\ \mathbb{Z}_2 \cong \langle 8 \rangle,\ \mathbb{Z}_4 \cong \langle 4 \rangle = \langle 12 \rangle,$$
$$\mathbb{Z}_8 \cong \langle 2 \rangle = \langle 6 \rangle = \langle 10 \rangle = \langle 14 \rangle,\ \mathbb{Z}_{12} = \langle 1 \rangle$$

이다.

i) $f_1(1) = 0$인 자명한 준동형사상은 언제나 존재한다.

ii) $f_2(1) = 8$이면, $f_2(2) = 16 = 0$, $f_2(3) = 8$, $f_2(4) = 16 = 0$, ... 인 준동형사상이 있다.

iii) $f_3(1) = 4$이면, $f_3(1) = 4$, $f_3(2) =$, $f_3(3) =$, $f_3(4) =$, $f_3(5) =$ ... 인 준동형사상이 있다.

iv) 이와 유사하게 $f_4(1) = 12$인 것도 존재한다.

v) 만약 $f_5(1) = 2$이면, $o(f_5(1)) = o(2 \in Z_{16}) = 8 \nmid o(1) = 12$이므로 모순이 되어, 이런 형태의 준동형사상은 존재하지 않는다.

따라서 준동형사상 $\mathbb{Z}_{12} \to \mathbb{Z}_{16}$는 모두 4개 f_1, f_2, f_3, f_4로서, 이것들은 단사도 전사도 아니다.

3. $\mathbb{Z} = \langle 1 \rangle = \langle -1 \rangle$ 이므로 준동형사상 $f_1(1) = 1$과 $f_2(1) = -1$은 동형사상이 된다. $\text{Im}f < \mathbb{Z}$ 인 경우는 무수히 많이 존재한다. 예를 들어서

$$f_3(0) = 0, \ f_3(1) = 2 \text{인 함수는 } \text{Im}f_3 = 2\mathbb{Z}$$

가 된다. 또한

$$f_4(0) = 0, f_4(1) = 3 \text{인 함수는 } \text{Im}f_4 = 3\mathbb{Z}$$

가 된다. 따라서 $\text{Im}f = n\mathbb{Z}$ 가 되는 함수 f를 모든 $n \in \mathbb{Z}$에 대해 무수히 만들 수 있으며, 이것들은 모두 단사함수이다.

따라서 $\mathbb{Z} \to \mathbb{Z}$ 인 동형사상은 $f_1(1) = 1$, $f_2(1) = -1$ – 두 개이며, 단사인 준동형사상은 무수히 많이 존재한다.

16 직적

G와 H는 군일 때, $G \times H = \{(g,\ h) \mid g \in G,\ h \in H\}$은 순서쌍으로 이루어진 **곱집합**(Cartesian product)이라고 하자. 임의의 두 원소 $(g_1,\ h_1)$과 $(g_2,\ h_2) \in G \times H$에 대해 연산

$$(g_1,\ h_1)(g_2,\ h_2) = (g_1 g_2,\ h_1 h_2)$$

로 정의하자.

정리 1.16.1 위와 같이 정의된 $G \times H$는 군이며 $|G \times H| = |G||H|$이다.

증명 연산의 정의에 의해 $(g_1,\ h_1)(g_2,\ h_2) = (g_1 g_2,\ h_1 h_2) \in G \times H$로서 닫혀있다. 항등원은 $(e_G,\ e_H)$이며, $(g,\ h)$의 역원은 $(g^{-1},\ h^{-1})$이다. ∎

위 정리를 일반화하여 다음과 같은 정의를 만든다.

정의 $G_1,\ G_2,\ \ldots,\ G_n$이 군일 때, 곱집합 $G_1 \times G_2 \times \cdots \times G_n$과 그 위에서 정의된 연산

$$(a_1,\ a_2,\ \ldots,\ a_n)(b_1,\ b_2,\ \ldots,\ b_n) = (a_1 b_1,\ a_2 b_2,\ \ldots,\ a_n b_n)$$

은 군을 만든다. 이러한 군을 $G_1,\ G_2,\ \cdots,\ G_n$의 **직적**(direct product)이라고 한다. 특별히 각 G_i가 가환인 덧셈군일 때, $G_1,\ G_2,\ \cdots,\ G_n$의 직적(direct product)을 **직합**(direct sum)이라 하고 $G_1 \oplus G_2 \oplus \cdots \oplus G_n$으로 표기한다.

직적(혹은 직합)에 대한 성질은 단 두 개의 군 G와 H에 대해 말하는 것으로 충분하다.

정리 1.16.2 G와 H가 가환군이면 $G \times H$는 가환군이다.

증명 임의의 원소 $(g_1,\ h_1)$, $(g_2,\ h_2) \in G \times H$에 대해
$(g_1,\ h_1)(g_2,\ h_2) = (g_1 g_2,\ h_1 h_2) \in G \times H$이므로 닫혀있으며, $G \times H$의 항등원은 $(e_G,\ e_H)$이며, $(g,\ h)$의 역원은 $(g^{-1},\ h^{-1})$이다. 또한 G에서 $g_1 g_2 = g_2 g_1$이며

H에서 $h_1h_2 = h_2h_1$이므로,

$$(g_1,\ h_1)(g_2,\ h_2) = (g_1g_2,\ h_1h_2)$$
$$= (g_2g_1,\ h_2h_1) = (g_2,\ h_2)(g_1,\ h_1)$$

이 되어 $G \times H$는 가환군이다. ▮

예제 1.16.1 위 정리의 역이 성립하는 지 말하여라.

풀이 $G \times H$가 가환군이면 임의의 원소 $(g_1,\ h_1)$, $(g_2,\ h_2) \in G \times H$가 교환법칙 $(g_1,\ h_1)(g_2,\ h_2) = (g_2,\ h_2)(g_1,\ h_1)$을 만족한다. 즉

$$(g_1g_2,\ h_1h_2) = (g_2g_1,\ h_2h_1)$$

이므로 $g_1g_2 = g_2g_1$이며 $h_1h_2 = h_2h_1$이다. 따라서 G와 H는 가환군이다.

그러므로 다음과 같은 정리를 만들 수 있다.

정리 1.16.3 G와 H는 군이다. G와 H가 가환군일 필요충분조건은 $G \times H$이 가환군이다.

예제 1.16.2 직적들의 위수와 원소를 말하여라.

(1) $S_3 \times \mathbb{Z}_2$ (2) $\mathbb{Z}_2 \times \mathbb{Z}_3$ (3) $\mathbb{Z}_2 \times \mathbb{Z}_2$

풀이 $|S_3 \times \mathbb{Z}_2| = 6 \cdot 2 = 12$이다.

위의 예제에서 $\mathbb{Z}_2 \times \mathbb{Z}_3$는 순환군이지만 $\mathbb{Z}_2 \times \mathbb{Z}_2$는 비순환군이다.

정리 1.16.4 $\mathbb{Z}_n \times \mathbb{Z}_k \cong \mathbb{Z}_{nk}$일 필요충분조건은 $\gcd(n,\ k) = 1$이다.

증명 직적 $\mathbb{Z}_n \times \mathbb{Z}_k$의 위수는 nk이다. 만일 $\mathbb{Z}_n \times \mathbb{Z}_k \cong \mathbb{Z}_{nk}$이면

$\mathbb{Z}_n \times \mathbb{Z}_k = \langle(\bar{1},\ \bar{1})\rangle$는 순환군이며 $(\bar{1},\ \bar{1})$의 위수는 nk이다. 그러므로 nk는

$$\underbrace{(\bar{1},\ \bar{1})+\cdots+(\bar{1},\ \bar{1})}_{nk}=(\overline{nk},\ \overline{nk})=(\bar{0},\ \bar{0})$$

인 최솟값이다. 그런데 만일 $\gcd(n,\ k)=d>1$ 이면 $n=dn_0$, $k=dk_0$ 인 n_0 와 k_0 가 존재하여

$$\underbrace{(\bar{1},\ \bar{1})+\cdots+(\bar{1},\ \bar{1})}_{dn_0k_0}=(\overline{dn_0k_0},\ \overline{dn_0k_0})$$

$$=(\overline{nk_0},\ \overline{kn_0})=(\bar{0},\ \bar{0})\in\mathbb{Z}_n\times\mathbb{Z}_k$$

이다. 이는 $(\bar{1},\ \bar{1})$ 을 dn_0k_0 번 거듭 연산에서 항등원이 되는 모순을 만든다. 따라서 $d=1$, 즉 $\gcd(n,\ k)=d=1$ 이다.

만일 $\gcd(n,\ k)=1$ 라고 하자. $\underbrace{(\bar{1},\ \bar{1})+\cdots+(\bar{1},\ \bar{1})}_{nk}=(\overline{nk},\ \overline{nk})=(\bar{0},\ \bar{0})$ 는 분명하다. $t(\bar{1},\ \bar{1})=(\bar{0},\ \bar{0})$ 인 $t\le nk$ 가 존재한다고 가정하자. 그러면 $\bar{t}=\bar{0}\in\mathbb{Z}_n$, 즉 $n\mid t$ 이며, 또한 $\bar{t}=\bar{0}\in\mathbb{Z}_k$, 즉 $k\mid t$ 이다. 그러므로 t 는 n 과 k 의 공배수이며, $t=\mathrm{lcm}(n,\ k)$ 로 가정해도 된다. 그런데 $\gcd(n,\ k)=1$ 이므로

$$nk=\gcd(n,\ k)\mathrm{lcm}(n,\ k)=t$$

이다. 따라서 $(\bar{1},\ \bar{1})$ 의 위수는 nk 로서 $|\mathbb{Z}_n\times\mathbb{Z}_k|=nk=o(\bar{1},\ \bar{1})$ 가 되어 $\mathbb{Z}_n\times\mathbb{Z}_k=\langle(\bar{1},\ \bar{1})\rangle\cong\mathbb{Z}_{nk}$ 이다. ∎

위 정리를 다음과 같이 쓸 수 있다.

정리 1.16.5 G, H 가 유한 순환군일 때, $G\times H$ 가 순환군일 필요충분조건은 $\gcd(|G|,|H|)=1$ 이다.

증명 순환군 $|G|=n$, $|H|=k$ 이면 $G\cong\mathbb{Z}_n$, $H\cong\mathbb{Z}_k$ 이므로 $G\times H\cong\mathbb{Z}_m\times\mathbb{Z}_k$ 이다. 정리 1.16.4에 의해 $G\times H$ 가 순환군일 필요충분조건은 $\gcd(|G|,|H|)=\gcd(n,\ k)=1$ 이다. ∎

예제 1.16.3 $\mathbb{Z}_3\times\mathbb{Z}_5\cong\mathbb{Z}_{15}$ 인 동형사상을 정의하여라.

풀이 동형사상 $f:\mathbb{Z}_3\times\mathbb{Z}_5\to\mathbb{Z}_{15}$ 는 항등원을 항등원으로, 생성원을 생성원으로 대

응하므로 $f(\bar{0}, \bar{0})=\bar{0}$과 $f(\bar{1}, \bar{1})=\bar{1}$이다. 예를 들어서 $(\bar{2}, \bar{3})$은 $(\bar{1}, \bar{1})$을 $k>0$번 거듭 연산하여

$$(\bar{2},\bar{3})=\underbrace{(\bar{1}, \bar{1})+\cdots+(\bar{1}, \bar{1})}_{k}=(\bar{k}, \bar{k})\in\mathbb{Z}_3\times\mathbb{Z}_5$$

표현된다고 하자. 그러면 합동연립방정식

$$k\equiv 2(\mathrm{mod}3);\qquad k\equiv 3(\mathrm{mod}5)$$

가 되므로 중국인의 나머지 정리에 의해

$$\begin{aligned}k&=(2\cdot 5\cdot (5^{-1}\mathrm{mod}3)+3\cdot 3\cdot (3^{-1}\mathrm{mod}5))(\mathrm{mod}15)\\&=(2\cdot 5\cdot 2+3\cdot 3\cdot 2)\\&=38\equiv 8(\mathrm{mod}15)\end{aligned}$$

가 되어, 함수 $f(\bar{2}, \bar{3})=\bar{8}$로 대응된다. 그러므로 임의의 $(a, b)\in\mathbb{Z}_3\times\mathbb{Z}_5$에 대해,

$$\begin{aligned}f(\bar{a}, \bar{b})&=a\cdot 5(5^{-1}\mathrm{mod}3)+b\cdot 3(3^{-1}\mathrm{mod}5)\\&=a\cdot 5\cdot 2+b\cdot 3\cdot 2=10a+6b(\mathrm{mod}15)\end{aligned}$$

로 정의된다.(참고. 합동연립방정식과 중국인의 나머지 정리는 정수론을 참고한다.)

정리 1.16.6 만일 $n=p_1^{m_1}\cdots p_t^{m_t}$($p_i$는 서로 다른 소수)이면 $\mathbb{Z}_m\cong\mathbb{Z}_{p_1^{m_1}}\times\cdots\times\mathbb{Z}_{p_t^{m_t}}$이다.

17 유한 가환군의 기본 정리

G가 유한 가환군이고 p가 소수라고 하자. G의 원소들 중에서 위수가 p의 거듭제곱의 형태인 원소들의 집합을 $G(p)$라고 하자.

$$G(p) = \{a \in G \mid o(a) = p^n,\ n \geq 0\}$$

$G(p)$는 G의 부분군 이다. 이때 G의 위수를 나누는 서로 다른 소수들 $p_1, \ldots, p_t$에 대하여 각각 $G(p_i)$를 생각하면

$$G = G(p_1) \times G(p_2) \times \cdots \times G(p_t)$$

와 같은 직적으로 표현된다. 한편 모든 $1 \leq i \leq t$에 대해 $G(p_i)$들은 순환군의 직적으로 표현될 수 있어서 **유한 가환군의 기본정리**(Fundamental theorem of finite abelian groups)라고 불리는 다음의 두 정리가 성립한다.

정리 1.17.1 유한 가환군 G의 위수가 $n = p_1^{r_1} p_2^{r_2} \cdots p_t^{r_t}$(여기서 p_i는 중복 가능한 소수들) 일 때,

$$G \cong \mathbb{Z}_{p_1^{r_1}} \times \mathbb{Z}_{p_2^{r_2}} \times \cdots \times \mathbb{Z}_{p_t^{r_t}}$$

이다. 이때, p_i는 G의 **기본 약수**(elementary divisor) 라고 부른다.

정리 1.17.2 유한 가환군 G의 위수가 $n = n_1 n_2 \cdots n_t$(여기서 $n_1 \mid n_2,\ n_2 \mid n_3,\ \cdots,\ n_{t-1} \mid n_t$)일 때,

$$G \cong \mathbb{Z}_{n_1} \times \mathbb{Z}_{n_2} \times \cdots \times \mathbb{Z}_{n_t}$$

이다. 이때, n_i는 G의 **불변인수**(invariant)라고 부른다.

예제 1.17.1 위수 36인 가환군 G를 모두 만들어라.

풀이 36을 소인수분해하여 소수의 거듭 제곱의 형태가 되도록 다음과 같이 쓸 수 있다.

$$36 = 2 \cdot 2 \cdot 3 \cdot 3 = 2 \cdot 2 \cdot 3^2 = 2^2 \cdot 3 \cdot 3 = 2^2 \cdot 3^2$$

그러면 유한 가환군의 기본정리에 의하여 G는 다음의 경우 중 하나와 동형이다.

$$\mathbb{Z}_2 \times \mathbb{Z}_2 \times \mathbb{Z}_3 \times \mathbb{Z}_3,\quad \mathbb{Z}_2 \times \mathbb{Z}_2 \times \mathbb{Z}_9,\quad \mathbb{Z}_4 \times \mathbb{Z}_3 \times \mathbb{Z}_3,\quad \mathbb{Z}_4 \times \mathbb{Z}_9$$

이 네 가지 군들은 서로 동형이 아니므로, 위수가 36인 가환군을 분류하는 방법이 된다.

예제 1.17.2 위수가 360인 가환군 G를 모두 만들어라.

풀이 $|G| = 360 = 2^3\, 3^2\, 5$이므로 기본약수들의 형태를 먼저 확인하면 다음과 같다.

$(2,2,2,3,3,5)$, $(2,4,3,3,5)$, $(8,3,3,5)$, $(2,2,2,9,5)$, $(2,4,9,5)$, $(8,9,5)$

따라서 다음과 같은 경우를 만들 수 있다.

(1) $(2,\ 2,\ 2,\ 3,\ 3,\ 5)$일 때, $G \cong \mathbb{Z}_2 \times \mathbb{Z}_2 \times \mathbb{Z}_2 \times \mathbb{Z}_3 \times \mathbb{Z}_3 \times \mathbb{Z}_5$

(2) $(2,\ 4,\ 3,\ 3,\ 5)$일 때, $G \cong \mathbb{Z}_2 \times \mathbb{Z}_4 \times \mathbb{Z}_3 \times \mathbb{Z}_3 \times \mathbb{Z}_5$

(3) $(8,\ 3,\ 3,\ 5)$일 때, $G \cong \mathbb{Z}_8 \times \mathbb{Z}_3 \times \mathbb{Z}_3 \times \mathbb{Z}_5$

(4) $(2,\ 2,\ 2,\ 9,\ 5)$일 때, $G \cong \mathbb{Z}_2 \times \mathbb{Z}_2 \times \mathbb{Z}_2 \times \mathbb{Z}_9 \times \mathbb{Z}_5$

(5) $(2,\ 4,\ 9,\ 5)$일 때, $G \cong \mathbb{Z}_2 \times \mathbb{Z}_4 \times \mathbb{Z}_9 \times \mathbb{Z}_5$

(6) $(8,\ 9,\ 5)$일 때, $G \cong \mathbb{Z}_8 \times \mathbb{Z}_9 \times \mathbb{Z}_5$

이것을 불변인수로 표현하면, 다음과 같다.

(1) $G \cong \mathbb{Z}_2 \times \mathbb{Z}_6 \times \mathbb{Z}_{30}$ (2) $G \cong \mathbb{Z}_6 \times \mathbb{Z}_{60}$ (3) $G \cong \mathbb{Z}_3 \times \mathbb{Z}_{120}$

(4) $G \cong \mathbb{Z}_2 \times \mathbb{Z}_2 \times \mathbb{Z}_{90}$ (5) $G \cong \mathbb{Z}_2 \times \mathbb{Z}_{180}$ (6) $G \cong \mathbb{Z}_{360}$

실제로 이 계산은 다음과 같은 표로 만들어 쉽게 할 수 있다.

(1)			(2)		(3)		(4)			(5)		(6)
2	2	2	2	4		8	2	2	2	2	4	8
	3	3	3	3	3	3			9		9	9
		5		5		5			5		5	5
2	6	30	6	60	3	120	2	2	90	2	180	360

예제 1.17.3 위수가 40인 가환군 G를 모두 만들어라.

풀이 $|G| = 40 = 5 \cdot 2^3$이므로,

$(2,\ 2,\ 2,\ 5)$일 때, $G \cong \mathbb{Z}_2 \times \mathbb{Z}_2 \times \mathbb{Z}_2 \times \mathbb{Z}_5 \cong \mathbb{Z}_2 \times \mathbb{Z}_2 \times \mathbb{Z}_{10}$

$(2,\ 4,\ 5)$일 때, $G \cong \mathbb{Z}_2 \times \mathbb{Z}_4 \times \mathbb{Z}_5 \cong \mathbb{Z}_2 \times \mathbb{Z}_{20}$

$(8,\ 5)$일 때, $G \cong \mathbb{Z}_8 \times \mathbb{Z}_5 \cong \mathbb{Z}_{40}$

예제 1.17.4 위수가 16인 가환군을 모두 만들어라.

풀이

유한 가환군의 기본 정리의 응용

정리 1.17.3 G는 유한 가환군이라고 하자. 만일 G의 위수가 어떤 소수의 제곱으로도 나누어지지 않는다면 G는 순환군이다.

증명 어떤 소수의 제곱도 G의 위수를 나누지 못하므로 $|G| = n = p_1 p_2 \cdots p_t$(여기서 p_i는 서로 다른 소수)이다. 유한 가환군의 기본 정리에 의해

$$G \cong \mathbb{Z}_{p_1} \times \mathbb{Z}_{p_2} \times \cdots \times \mathbb{Z}_{p_t}$$

이며 $\gcd(p_i, p_j) = 1$이므로 $G \cong \mathbb{Z}_{p_1 \cdots p_t} = \mathbb{Z}_n$인 순환군이다. ▮

예제 1.17.5 $|G| = 15$라고 하자. 15는 어떤 소수의 제곱으로도 나누어지지 않으므로 위수 15인 군은 순환군이다. 마찬가지로 $|G| = 19$처럼 위수가 소수인 군은 당연히 순환군이다.

예제 1.17.6 $|G| = 455$인 가환군을 분류하여라.

풀이

정리 1.17.4 G는 유한 가환군이라고 하자. 만일 m이 $|G|$를 나누면 G는 위수 m인 부분군을 갖는다.

증명 $|G| = n = p_1^{r_1} p_2^{r_2} \cdots p_t^{r_t}$ (여기서 p_i는 중복 가능한 소수들) 라고 하자. 그러면

$$G \cong \mathbb{Z}_{p_1^{r_1}} \times \mathbb{Z}_{p_2^{r_1}} \times \cdots \times \mathbb{Z}_{p_t^{r_t}}$$

이다. $m \mid n$이므로

$$m = p_1^{s_1} p_2^{s_2} \cdots \ p_t^{s_t} (0 \le s_i \le r_i, \ i = 1, \cdots, t)$$

로 쓸 수 있다. 그런데 $\mathbb{Z}_{p_i^{s_i}}$가 $\mathbb{Z}_{p_i^{t_i}} (i = 1, \cdots, t)$의 부분군이므로

$$H = \mathbb{Z}_{p_1^{s_1}} \times \mathbb{Z}_{p_2^{s_1}} \times \cdots \times \mathbb{Z}_{p_t^{s_t}}$$

라고 하면, $H < G$이며 $|H| = p_1^{s_1} p_2^{s_2} \cdots \ p_t^{s_t} = m$이다. ▮

정리 1.17.5 코시 정리(Cauchy theorem)
G는 유한군이다. 만일 소수 p가 $|G|$를 나누면 G는 위수 p인 부분군을 갖는다.

증명은 참고문헌(「즐거운 현대대수」, 김주필·최은미, 교우사)를 참조하자.

확인문제

1. G가 유한 가환군일 때 옳은 것을 모두 찾아라.

(1) $G \cong \mathbb{Z}_{m_1} \times \mathbb{Z}_{m_2} \times \cdots \times \mathbb{Z}_{m_t}$ 이 때 $m_{i-1} \mid m_i \ (i = 1, \cdots, t)$이다.

(2) $G \cong \mathbb{Z}_{m_1} \times \mathbb{Z}_{m_2} \times \cdots \times \mathbb{Z}_{m_t}$ 이 때 $\gcd(m_{i-1}, m_i) = 1 \ (i = 1, \cdots, t)$이다.

(3) $G \cong \mathbb{Z}_{p_1^{r_1}} \times \mathbb{Z}_{p_2^{r_1}} \times \cdots \times \mathbb{Z}_{p_s^{r_s}}$ 이 때 $p_i \ (i = 1, \cdots, s)$는 소수이다.

(4) $G \cong \mathbb{Z}_{p_1^{r_1}} \times \mathbb{Z}_{p_2^{r_1}} \times \cdots \times \mathbb{Z}_{p_s^{r_s}}$ 이 때 $p_i \ (i = 1, \cdots, s)$는 서로 다른 소수이다.

2. $H, K < G$일 때, 옳지 않은 것을 모두 찾아라.

(1) $HK = KH$이면 $HK < G$이다.

(2) $HK < G$이면 $HK = KH$이다.

(3) $HK < G$이면 $H \cup K < HK$이다.

(4) $H \cup K < M < G$이면 $HK < M$이다.

(5) $H < G$, $K \lhd G$이면 $HK = KH \lhd G$이다.

3. $G = G_1 \times G_2$일 때, $a \in G_1$, $b \in G_2$이면 $|(a, b)| = \gcd(|a|, |b|)$임을 증명하여라.

4. $|(a, b)| = \mathrm{lcm}(|a|, |b|) = \dfrac{|a||b|}{\gcd(|a|, |b|)}$임을 증명하여라.

해답

2. (5) 풀이: $H < G$, $K \lhd G$이면 $HK = KH$이다. 그러나 $HK \lhd G$인 것은 아니다

3, 4. 5장 내용 참고하자.

연습문제

1. 위수를 계산하여라.

(1) 원소 $(\overline{3}, \overline{5}) \in \mathbb{Z}_{12} \times \mathbb{Z}_{15}$

(2) 원소 $(\overline{4}, \overline{3}, \overline{5}) \in \mathbb{Z}_{60} \times \mathbb{Z}_{12} \times \mathbb{Z}_{15}$

(3) 상군 $(\mathbb{Z}_4 \times \mathbb{Z}_{12}) / (\langle \overline{2} \rangle \times \langle \overline{2} \rangle)$

2. 서로 동형이 아닌 위수가 360인 가환군은 모두 몇 개 존재하는가.

3. 옳지 않은 것을 모두 찾아라.

(1) $\mathbb{Z}_9 \times \mathbb{Z}_5 \times \mathbb{Z}_{10} \times \mathbb{Z}_7$는 위수가 1260인 순환군이다.

(2) $\mathbb{Z} \times \mathbb{Z}_2$ 는 무한위수의 순환군이다.

(3) $S_3 \times \mathbb{Z}_4 \times \mathbb{Z}_5$는 위수 120으로 비가환군이다.

(4) $\mathbb{Z}_2 \times \mathbb{Z}_2 \times \mathbb{Z}_2 \times \mathbb{Z}_2$는 위수 16인 비순환군이다.

(5) $\mathbb{Z}_2 \times \mathbb{Z}_2 \times \mathbb{Z}_2 \times \mathbb{Z}_2$에 속하는 원소 $(1, 0, 1, 1)$의 위수는 2이다.

해답

1. (1) $|\bar{3}| = \dfrac{12}{\gcd(3,\ 12)} = 4$ 또한 $|\bar{5}| = 3$ 이므로 $|(\bar{3},\ \bar{5})| = \dfrac{4 \cdot 3}{\gcd(4,\ 3)} = 12$.

   (2) $|\bar{4}| = 15$, $|\bar{3}| = 4$, $|\bar{5}| = 3$. 따라서 $|(\bar{4},\ \bar{3},\ \bar{5})| = \mathrm{lcm}(15,\ 4,\ 3) = 60$.

   (3) $\mathbb{Z}_4$와 $\mathbb{Z}_{12}$에서 $\langle\bar{2}\rangle$의 위수는 각각 2, 6이므로 $|\mathbb{Z}_4/\langle\bar{2}\rangle| = 2$이고 $|\mathbb{Z}_{12}/\langle\bar{2}\rangle| = 2$. 그러므로 $|(\mathbb{Z}_4 \times \mathbb{Z}_{12})/(\langle\bar{2}\rangle \times \langle\bar{2}\rangle)| = 4$이다.

2. 6개. 풀이: $360 = 2^3 3^2 5$이므로, 6가지의 동형이 아닌 가환군을 생각할 수 있다. 실제로

   $\mathbb{Z}_2 \times \mathbb{Z}_2 \times \mathbb{Z}_2 \times \mathbb{Z}_3 \times \mathbb{Z}_3 \times \mathbb{Z}_5 (\cong \mathbb{Z}_2 \times \mathbb{Z}_6 \times \mathbb{Z}_{30})$

   $\mathbb{Z}_2 \times \mathbb{Z}_4 \times \mathbb{Z}_3 \times \mathbb{Z}_3 \times \mathbb{Z}_5 (\cong \mathbb{Z}_6 \times \mathbb{Z}_{60})$

   $\mathbb{Z}_2 \times \mathbb{Z}_2 \times \mathbb{Z}_2 \times \mathbb{Z}_9 \times \mathbb{Z}_5 (\cong \mathbb{Z}_2 \times \mathbb{Z}_2 \times \mathbb{Z}_{90})$

   $\mathbb{Z}_2 \times \mathbb{Z}_4 \times \mathbb{Z}_9 \times \mathbb{Z}_5 (\cong \mathbb{Z}_2 \times \mathbb{Z}_{180})$

   $\mathbb{Z}_8 \times \mathbb{Z}_3 \times \mathbb{Z}_3 \times \mathbb{Z}_5 (\cong \mathbb{Z}_3 \times \mathbb{Z}_{120})$

   $\mathbb{Z}_8 \times \mathbb{Z}_9 \times \mathbb{Z}_5 (\cong \mathbb{Z}_{360})$

3. (2) 풀이: $\mathbb{Z} \times \mathbb{Z}_2$는 무한위수이지만 순환군은 아니다. 만약 $\mathbb{Z} \times \mathbb{Z}_2$이 순환군이면 $\mathbb{Z} \times \mathbb{Z}_2 \cong \mathbb{Z}$이다. 그러나 $\mathbb{Z} \times \mathbb{Z}_2$에는 위수가 2인 원소가 있는데, $\mathbb{Z}$에 속하는 모든 원소의 위수는 1이거나 ∞이어서 모순이 된다.

종합문제

1. 만약 $\gcd(m,\ k) = 1$이면 $\mathbb{Z}_m \times \mathbb{Z}_k \cong \mathbb{Z}_{mk}$임을 증명하여라.

2. 다음 물음에 답하여라.

(1) 위수가 360인 (서로 동형이 아닌) 모든 가환군을 구하여라.

(2) G의 위수가 p^2(p: 소수)이면 G는 가환군이다.

(3) G는 가환군일 때, 만일 G의 위수를 나누는 소수의 거듭제곱이 없다면 순환군이다.

(4) (3)에서 '가환군'의 가정이 없으면 성립하지 않음을 예제를 들어 설명하여라.

3. 유한 가환군의 기본정리에 의해 $(\mathbb{Z}_{12} \times \mathbb{Z}_{20})/\langle(4,\ 5)\rangle$의 구조를 말하여라.

해답

1. (1) $|\mathbb{Z}_m \times \mathbb{Z}_k| = |\mathbb{Z}_m||\mathbb{Z}_k| = mk$이다. 원소 $(1,\ 1) \in \mathbb{Z}_m \times \mathbb{Z}_k$의 위수를 $o(1,\ 1) = t$라고 하자. 그러면 $t \mid mk$이다. 또한 $t(1,\ 1) = (0,\ 0)$이므로, $(0,\ 0) = (t,\ t)$로부터 $m \mid t$, $k \mid t$이다. 가정에서 $\gcd(m,\ k) = 1$이므로 $mk \mid t$이며,

$$o(1,\ 1) = t = mk = |\mathbb{Z}_m \times \mathbb{Z}_k|$$

이다. 따라서 $\mathbb{Z}_m \times \mathbb{Z}_k = \langle(1,\ 1)\rangle$인 순환군이다. 따라서 위수가 mk인 순환군인 $\mathbb{Z}_m \times \mathbb{Z}_k$는 $\mathbb{Z}_{mk}$와 동형이 된다. ($\mathbb{Z}_m \times \mathbb{Z}_k \to \mathbb{Z}_{mk}$인 동형사상을 잘 정의할 수도 있다.)

2. (1) $|G| = 360 = 2^3 3^2 5$이므로,

i) $\mathbb{Z}_2 \times \mathbb{Z}_2 \times \mathbb{Z}_2 \times \mathbb{Z}_3 \times \mathbb{Z}_3 \times \mathbb{Z}_5 \cong \mathbb{Z}_2 \times \mathbb{Z}_6 \times \mathbb{Z}_{30}$ (2, 2, 2, 3, 3, 5)

ii) $\mathbb{Z}_2 \times \mathbb{Z}_4 \times \mathbb{Z}_3 \times \mathbb{Z}_3 \times \mathbb{Z}_5$ (2, 4, 3, 3, 5)

iii) $\mathbb{Z}_2 \times \mathbb{Z}_2 \times \mathbb{Z}_2 \times \mathbb{Z}_9 \times \mathbb{Z}_5$ (2, 2, 2, 9, 5)

iv) $\mathbb{Z}_2 \times \mathbb{Z}_4 \times \mathbb{Z}_9 \times \mathbb{Z}_5$ (2, 4, 9, 5)

v) $\mathbb{Z}_8 \times \mathbb{Z}_3 \times \mathbb{Z}_3 \times \mathbb{Z}_5$ (8, 3, 3, 5)

vi) $\mathbb{Z}_8 \times \mathbb{Z}_9 \times \mathbb{Z}_5 \cong \mathbb{Z}_{360}$ (8, 9, 5)

(2) $|G| = p^2$에서 중심군 $Z(G)$는 $|Z(G)| = 1, p$ 또는 p^2이다. $p-$군은 자명하지 않은 중심군을 가지므로 (류 방정식), $|Z(G)| \neq 1$이다. 만약 $|Z(G)| = p$이면, $Z(G) \cong Z_p$이며 $G/Z(G) \cong \mathbb{Z}_p$이므로 G는 가환군이다. (이유: $G/Z(G)$가 순환군이면 G는 가환군이기 때문이다. 부록 참고) 만약 $|Z(G)| = p^2$이면, $G = Z(G)$이므로 G는 가환군이다.

(3) $|G| = p_1^{n_1} p_2^{n_2} \cdots p_t^{n_t}$(모든 p_i는 소수이며, $n_i > 0$이다.) 그런데 $|G|$는 어떠한 소수의 제곱으로도 나누어지지 못하므로, 모든 $n_i = 1$이며 $|G| = p_1 p_2 \cdots p_t$이다. 모든 $\gcd(p_i,\ p_j) = 1$이므로, 유한가환군의 정리에 의해 $G \cong \mathbb{Z}_{p_1} \times \mathbb{Z}_{p_2} \times \cdots \mathbb{Z}_{p_t} \cong \mathbb{Z}_{p_1 p_2 \cdots p_t}$인 순환군이다.

(4) S_3의 위수는 $6 = 2 \cdot 3$이며, 이것은 어떤 소수의 제곱으로 나누어지지 못한다.

그러나 S_3는 가환군이 아니며 순환군도 아니다.

3. $\langle(4,\ 5)\rangle = H$라 하자. $(\mathbb{Z}_{12}\times\mathbb{Z}_{20})/H$는 가환군의 상군이므로 가환군이다. 그런데 $|\mathbb{Z}_{12}\times\mathbb{Z}_{20}| = 240$이며, $|H| = |\langle(4,\ 5)\rangle| = 12$이므로, $(\mathbb{Z}_{12}\times\mathbb{Z}_{20})/H$의 위수는 20이다. 따라서 유한 가환군의 기본정리에 의해,

$$(\mathbb{Z}_{12}\times\mathbb{Z}_{20})/H \cong \mathbb{Z}_4\times\mathbb{Z}_5$$

또는

$$(\mathbb{Z}_{12}\times\mathbb{Z}_{20})/H \cong \mathbb{Z}_2\times\mathbb{Z}_2\times\mathbb{Z}_5\ (\cong \mathbb{Z}_2\times\mathbb{Z}_{10})$$

이다. 그런데 $\mathbb{Z}_4\times\mathbb{Z}_5 \cong \mathbb{Z}_{20}$는 순환군이며 (왜냐하면 $\gcd(4,\ 5) = 1$) 또한 위수 4인 순환부분군을 갖는다. 한편 $\mathbb{Z}_2\times\mathbb{Z}_2\times\mathbb{Z}_5$는 비순환군이며 위수 4인 부분군을 갖지 못한다.

$\langle(1,\ 0)H\rangle$는 $(\mathbb{Z}_{12}\times\mathbb{Z}_{20})/H$의 위수 4인 부분군이므로,

$$(\mathbb{Z}_{12}\times\mathbb{Z}_{20})/H \cong \mathbb{Z}_4\times\mathbb{Z}_5 \cong \mathbb{Z}_{20}$$

이다.

18 실로우 정리

실로우 정리(Sylow theorem)는 유한군의 위수로부터 군의 구조를 알아내는데 아주 중요한 역할을 한다. 실로우 정리는 정리 1.17.5의 **코시 정리**(Cauchy theorem)를 폭넓게 일반화한 것이면서, 또한 라그랑주 정리의 부분적 역을 제공하고 있다는 점에서 추상대수학의 발전사에서 큰 위치를 점하고 있다. 또 이 정리를 이용하여 유한 단순군의 중요한 성질을 유도할 수 있다. 노르웨이의 수학자 실로우(P.L.M. Sylow, 1832-1918)의 연구(1872년)이다.

p-군

정의 군 G의 임의의 원소의 위수가 p^k(p: 소수)의 형태일 때 군 G를 p**-군**이라고 부른다. 또한 G의 부분군 H가 p-군일 때 H를 G의 p**-부분군**이라고 부른다.

정리 1.18.1 유한군 G가 p-군일 필요충분조건은 $|G|=p^n$ $(n\in\mathbb{N})$의 형태이다.

증명 ($\Leftarrow$) 만일 $|G|=p^n(n\in\mathbb{N})$의 형태라고 하자. 라그랑주 정리에 의하면 군의 원소의 위수는 군의 위수를 나눈다. 그러므로 임의의 $g\in G$에 대해 $o(g)\mid|G|$, 즉 $o(g)\mid p^n$이다. 따라서 $o(g)=p^k(0\le k\le n)$의 형태가 되어 G는 p-군이다.

($\Rightarrow$) $|G|=p_1p_2\cdots p_j$(모든 p_i는 소수)라고 가정하자. 그러면 $p_1\mid|G|$이므로, 코시 정리에 의해 위수 p_1인 원소 $g_1\in G$에 존재한다. 마찬가지로 $p_2\mid|G|$이므로, 위수 p_2인 원소 $g_2\in G$가 존재한다. 그러므로 모든 $p_i(1\le i\le j)$에 대해 $o(g_i)=p_i$인 원소 $g_i\in G$가 존재한다. 그런데 가정에서 G가 p-군이므로 $o(g_i)$는 p의 거듭 연산의 형태이므로

$$o(g_i)=p_i=p^{k_i}\quad(k_i\in\ )$$

가 된다. 따라서

$$|G|=p_1p_2\cdots p_j=p^{k_1}p^{k_2}\cdots p^{k_j}=p^{k_1+k_2+\cdots+k_j}$$

이다. ▮

코시 정리(정리 1.17.5)를 이용하면, 위 정리를 쉽게 할 수 있다.

만일 어떤 소수 q에 대해 $q \mid |G|$라고 하자. 그러면 코시 정리에 의해 q를 위수로 하는 원소 $g \in G$가 존재한다. 가정에서 G는 $p-$군이므로 G의 모든 원소의 위수는 p의 거듭 연산이므로 $p = q$가 된다. 그러므로 $|G|$를 나누는 소수는 p가 유일하며, $|G| = p^n$이다. ▮

실로우 정리는 편의상 제1 정리, 제2 정리, 제3 정리로 구성되어 있다. 이 교재에서는 실로우 정리의 증명은 모두 생략한다. 증명은 참고문헌(「즐거운 현대대수」, 김주필·최은미, 교우사)를 사용하기를 바란다.

정리 1.18.2 실로우 제1 정리

$|G| = p^n m$이며 $p \nmid m$이라고 하자. 그러면 다음이 성립한다.

(1) 모든 $1 \le i \le n$에 대해 $|H_i| = p^i$인 부분군 $H_i < G$가 존재한다.

(2) 모든 $1 \le i \le n$에 대해 H_i는 H_{i+1}의 정규부분군이다.

(1)에 의해 $|H_n| = p^n$인데, 이러한 부분군 H_n을 G의 **실로우 $p-$부분군**이라고 부른다.

정의 유한군 G의 실로우 $p-$부분군이란 G의 극대(maximal) $p-$부분군을 말한다. 다시 말해서 p가 소수일 때, G의 어떤 부분군 P가

(1) $|P| = p^n \ (n \ge 1$ 정수)이며

(2) $p^n \mid |G|$이지만 $p^{n+1} \nmid |G|$

일 때, P를 G의 **실로우 $p-$부분군**이라고 부른다.

따름정리 1.18.3 유한군 $|G| = p^n m$이며 $p \nmid m$이라고 하자. 그러면 다음이 성립한다.

(1) H가 G의 실로우 $p-$부분군일 필요충분조건은 H의 켤레(conjugate)도 G의 실로우 $p-$군이다. 그러므로
"H는 G의 실로우 $p-$부분군"인 필요충분조건은
"$g^{-1}Hg$(임의의 $g \in G$)는 G의 실로우 $p-$부분군이다."

(2) 만일 H가 G의 단 하나의 실로우 $p-$부분군이면 H는 G의 정규부분군이다.

정리 1.18.4 실로우 제2 정리

(1) 유한군 G의 임의의 p−부분군은 실로우 p−부분군의 켤레(conjugate)의 부분군이다. 다시 말해서 만일 H는 G의 p−부분군이며 K는 G의 실로우 p−군이라면 H는 K의 켤레군의 부분군이다. (즉, 적당한 원소 $g \in G$가 존재하여 H는 gKg^{-1}의 부분군이다.)

(2) 유한군 G의 모든 실로우 p−부분군들은 서로 켤레이다. 다시 말해서 만일 P_1과 P_2가 G의 실로우 p−부분군이라면, 적당한 원소 $g \in G$가 존재하여 $P_1 = g^{-1}P_2 g$이다.

정리 1.18.5 실로우 제3 정리

유한군 G에 속하는 실로우 p−부분군의 개수를 n_p라고 하자. 그러면 $n_p \equiv 1(\mathrm{mod} p)$이며 n_p는 $|G|$의 약수이다. 다시 말해서 $n_p = 1 + kp$ $(k > 0)$ 이며 $n_p \mid |G|$이다.

실로우 정리의 응용

정리 1.18.6 p와 q는 소수이며 $p < q$라고 하자. 만일 $|G| = pq$이며 $p \nmid q-1$이면 G는 순환군이다.

증명 $|G| = pq$인 군 G에 실로우 정리를 적용하자. G의 실로우 q−부분군은 위수 q이며, 실로우 q−부분군의 개수는 $1 + kq(k > 0)$이며 $1 + kq \mid pq$이다. 여기서 $1 + kq$는 q를 나누지 못하므로 $1 + kq \mid p$이다. 그런데 가정에서 $p < q$이므로 $k = 0$이 되어 실로우 q−부분군은 단 하나 존재하다. 따라서 G의 정규부분군이다. 이 실로우 q−부분군을 K라고 하면 $|K| = q$이므로 $K \cong \mathbb{Z}_q$이다.

마찬가지로, 실로우 p−부분군의 위수는 p이며, 실로우 p−부분군의 개수는 $1 + kp$ $(k > 0)$이며 $1 + kq \mid pq$이다. p와 q가 서로소이므로 $1 + kp \mid q$이다. 만일 $k \neq 0$이면 $kp \mid q-1$. 다시 말해서 $p \mid q-1$이 되어, 가정에 모순이 생긴다. 따라서 $k = 0$이 되어, 실로우 p−군은 정확히 한 개 존재한다. 그것을 H라고 하면 H는 G의 정규부분군이며 $H \cong \mathbb{Z}_p$이다. 그러면 다음이 성립한다.

(i) HK는 G의 부분군이다. 실제로, H가 G의 정규부분군이므로 HK가 군이 된다.

(ii) $H \cap K = \{e\}$이다. 실제로, $H \cap K$는 H의 부분군이므로, 라그랑주 정리에 의해 $H \cap K$의 위수는 H의 위수인 p의 약수가 된다. 마찬가지로 $H \cap K$는 K의 부분군이므로, 라그랑주 정리에 의해 $H \cap K$의 위수는 K의 위수인 q의 약수이기도 하다. 따라서 $H \cap K$의 위수는 1, 즉 $H \cap K = \{e\}$이다. 그러므로 제2 동형정리 $HK/H \cong K/(H \cap K)$를 적용하면

$$|HK| = \frac{|H||K|}{|H \cap K|} = |H||K| = pq = |G|$$

가 되어 $HK = G$이다. 따라서

$$G = HK \cong H \times K \cong \mathbb{Z}_p \times \mathbb{Z}_q \cong \mathbb{Z}_{pq}$$

가 되어 G는 순환군이다. ▮

예제 1.18.1 위수가 165인 유한군 G라고 하자. 다음을 보여라.

(1) 위수가 11인 정규부분군 N이 존재한다.

(2) G/N은 순환군이다.

풀이 $165 = 11 \cdot 5 \cdot 3$이다. 실로우 정리에 의해 G는 위수 11인 실로우 11-부분군을 갖는다. 또한 실로우 11-부분군의 개수는 $1 + 11k(k \in \mathbb{Z})$의 형태로서 $5 \cdot 3 = 15$를 나눈다. 그러므로 $k = 0$이다. 따라서 실로우 11-부분군의 개수는 정확히 1개이다. 이 군을 N이라고 표시하자. 실로우 정리에 의해 유일한 실로우 p-부분군은 정규부분군이므로, N이 바로 위수 11인 정규부분군이 된다.

$N \lhd G$이므로 상군 G/N이 존재하며 위수는 15이다. 실로우 정리를 G/N에 적용하면 G/N은 위수 5인 실로우 5-부분군을 가지며 이 부분군의 개수는 $1 + 5k$ $(k \in \mathbb{Z})$의 형태로서 3을 나눈다. 그러므로 $k = 0$이며 G/N의 실로우 5-부분군은 단 하나 존재한다. 그것을 A라고 하자. 마찬가지로 G/N은 위수 3인 실로우 3-부분군을 가지며 이 부분군의 개수는 $1 + 3k(k \in \mathbb{Z})$의 형태로서 5를 나눈다. 이 경우에도 $k = 0$이 되어 G/N은 위수 5인 단 하나의 부분군을 갖는다. 그것을 B라고 하자. 그러면 $G/N \cong A \times B$이다. 그런데 $A \cong \mathbb{Z}_5$, $B \cong \mathbb{Z}_3$이며 $\gcd(5, 3) = 1$이므로

$$G/N \cong \mathbb{Z}_5 \times \mathbb{Z}_3 \cong \mathbb{Z}_{15}$$

인 순환군이다.

예제 1.18.2 정규부분군을 갖지 않는 군 G의 위수가 168일 때, G는 위수 7인 원소를 모두 몇 개 포함하는지 알아보자.

풀이 $|G| = 168 = 2^3 \times 3 \times 7$이다. $7 \mid |G|$이므로 실로우 7-부분군이 존재하는데 그 개수는 $1+7k$의 형태이며 $1+7k \mid 168$이다. 그러므로 $1+7k \mid 2^3 \times 3$이다. 따라서 $1+7k \mid 24$가 되려면 $k=0$ 또는 $k=1$이 된다. 만일 $k=0$이면 실로우 7-부분군은 단 하나 존재하므로 정규부분군이 되는데, 이것은 가정에 모순이 된다. 그러므로 실로우 7-부분군은 8개 존재한다. 그 각각을 $P_1, \cdots, P_8$이라고 하면, 각각의 P_i에서 항등원을 제외한 모든 원소는 위수가 7이므로, P_i는 위수 7인 원소를 모두 6개 포함한다. 따라서 G에는 위수 7인 원소가 모두 $8 \times 6 = 48$개 존재한다.

실로우 정리에 의하면 임의의 군 G에서 실로우 p-군은 항상 동일한 위수 p^n을 갖는다. 반대로 만일 어떤 부분군의 위수가 p^n이라면 그것은 실로우 p-군이며, 다른 실로우 p-군과 동형이다. 극대(maximality)라는 성질에 의해, 만일 H가 임의의 p-부분군이면 H는 위수 p^n인 p-부분군의 부분군이다.

종합문제

1. 다음 물음에 답하여라.

(1) $|G| = 165 = 11 \cdot 5 \cdot 3$일 때, 위수 11인 $N \triangleleft G$이 존재함을 보여라

(2) (1)의 N에 대해, G/N은 순환군임을 보여라.

2. 위수가 45인 군 G는 가환군임을 보여라.

해답

1. (1) 실로우 정리에 의해 G는 위수 11인 실로우 11-부분군을 가진다. 실로우 11-부분군의 개수는 $1+11k \mid 15$이므로, $k=0$이다. 즉 유일한 실로우 11-부분

군이 존재하며 N이라 하자. 실로우 정리에 의해 유일한 실로우 부분군은 정규부분군이다.

(2) (1)에 의해 G/N의 위수는 15이다. G/N은 위수 5인 실로우 5-부분군을 가지며, 이 부분군의 개수는 $1+5k \mid 3$으로서 $k=0$, 즉 유일한 실로우 5-부분군 A을 갖는다. 또한 위수 3인 실로우 3-부분군을 가지며 이 부분군의 개수는 $1+3k \mid 5$로서 유일한 실로우 3-부분군 B를 갖는다. 그러면 $G/N \cong A \times B$이다.

그런데 $A \cong \mathbb{Z}_5$이며 $B \cong \mathbb{Z}_3$이므로

$$G/N \cong \mathbb{Z}_5 \times \mathbb{Z}_3 \cong \mathbb{Z}_{15}$$

인 순환군이다.

2. $45 = 3^2 \cdot 5$. 실로우 정리에 의해 위수 9인 실로우 3-부분군이 존재한다. 또한 그 개수는 $1+3k \mid 5\,(k \geq 0)$인 형태이므로 $k=0$, 즉 실로우 3군은 유일하게 존재한다. 이것을 H라 하면 $|H|=9$이며 실로우 정리에 의해 $H \lhd G$이다. 그런데 위수가 p^2(p 소수)인 군은 가환군이므로, H는 유한 가환군이며, 유한 가환군의 기본정리에 의해

$$H \cong \mathbb{Z}_{3^2} \text{이거나 } H \cong \mathbb{Z}_3 \times \mathbb{Z}_3$$

이다.

한편 실로우 정리에 의해 위수 5인 실로우 5-부분군도 유일하게 존재한다($1+5k \mid 9$이므로 $k=0$). 그것을 K라 하면, $|K|=5$이며 $K \lhd G$이다. 그러므로 $K \cong \mathbb{Z}_5$인 순환군이다.

이제 $H \lhd G$, $K \lhd G$이므로 $HK < G$이다. 또한
$\gcd(|H|, |K|) = \gcd(9, 5) = 1$이므로, $H \cap K = \{e\}$이다. 따라서 $HK = G$이며, 임의의 $h \in H$, $k \in K$에 대해, $h^{-1}k^{-1}hk \in H \cap K$이다. 그러므로

$$h^{-1}k^{-1}hk = e, \text{ 즉 } hk = kh$$

이다. 임의의 두 원소 hk, $ab \in HK$에 대해,

$$(hk)(ab) = h(ak)b = (ha)(kb) = (ah)(bk) = a(bh)k = (ab)(hk)$$

이므로, HK는 가환군이다. 따라서 G는 가환군이다.

19 부록

1) 중심부분군

군 G에서 $Z(G)=\{g\in G \mid gx=xg,\ \forall x\in G\}$라고 하자.

정리 1.19.1 $Z(G)$는 G의 부분군이다.

증명

이러한 부분군 $Z(G)$를 G의 **중심부분군**(center)이라고 부른다.

정리 1.19.2 $Z(G)$는 G의 정규부분군이다.

증명 임의의 원소 $a\in G$에 대해 $aZ(G)a^{-1}=Z(G)$를 보이자. 실제로 $aZ(G)$에 속하는 임의의 원소를 $ag\,(g\in Z(G))$라고 하면, 중심부분군의 정의에 의해 원소 g는 G의 모든 원소와 교환법칙이 성립하므로 $ag=ga\in Z(G)a$이다. ▮

정리 1.19.3 $Z(G)$는 가환군이다.

증명

예제 1.19.1 다음의 군에 대해 중심부분군을 말하여라.

(1) $G=\mathbb{Z}_n$

(2) $G=D_4$ 정이면체군

(3) $G=S_3$ 대칭군

풀이 (1) $\mathbb{Z}_n$은 순환군이므로 가환군이다. 그러므로 $\mathbb{Z}_n$의 모든 원소는 서로 교환법칙 $gx = xg\,(g,\ x \in Z_n)$을 만족하므로 중심부분군 $Z(\mathbb{Z}_n) = \mathbb{Z}_n$이다.

(2) $D_4 = \{e,\ a,\ a^2,\ a^3,\ b,\ ab,\ a^2b,\ a^3b\}$, $a^4 = e$, $ba = a^3b$이므로 $a^i\,(1 \le i \le 3)$은 b와 교환법칙이 되지 않으므로 $a \notin Z(D_4)$이다. 마찬가지로 $b \notin Z(D_4)$이다. 그러므로 $Z(D_4) = \{e\}$이다.

(3) $S_3 = \{e,\ a,\ a^2,\ b,\ ab,\ a^2b\}$, $a^3 = b^2 = e$, $ba = a^2b$이므로, 위와 같은 이유에 의해 $Z(S_3) = \{e\}$이다.

예제 1.19.2 다음의 군에 대해 중심부분군을 말하여라.

(1) $G = K_4$ 클라인 4-군

(2) $G = M_2(\mathbb{R})$ 실수성분 행렬군

풀이

2) 교환자부분군

군 G에 속하는 임의의 원소 a와 b에 대하여 $aba^{-1}b^{-1}$을 **교환자**(commutator)라고 부르며 기호 $[a,\ b]$로 나타낸다. G의 교환자들의 집합을 $U = \{aba^{-1}b^{-1} \mid a,\ b \in G\}$라고 할 때, U에 의해 생성되는 군을 G의 **교환자부분군**이라고 부르고 보통 G'으로 표시한다.

임의의 원소 $a,\ b \in G$에 대해 교환자 $[a,\ b] = aba^{-1}b^{-1}$는 다음의 성질을 갖는다.

정리 1.19.4 $a,\ b \in G$라고 하자. 그러면 다음이 성립한다.

(1) $[a,\ b] = e$일 동치조건은 $ab = ba$이다.

(2) $N \lhd G$일 때, $[aN,\ bN] = [a,\ b]N$이다. 여기서 $aN,\ bN \in G/N$인 원소들이다.

(3) 교환자의 역원은 교환자이다. 즉, $[a,\ b]^{-1} = [b,\ a]$이다.

증명 (1) $[a,\ b]=e \Leftrightarrow aba^{-1}b^{-1}=e \Leftrightarrow ab=ba$이다.

(2) $N \lhd G$이므로 상군 G/N이 존재하며, aN, $bN \in G/N$인 원소들이다. 그러면 G/N의 교환자 $[aN,\ bN]$에 대해

$$\begin{aligned}[aN,\ bN] &= aNbN(aN)^{-1}(bN)^{-1} \\ &= aNbNa^{-1}Nb^{-1}N \\ &= (aba^{-1}b^{-1})N \\ &= [a,\ b]N\end{aligned}$$

이 성립한다.

(3) $[a,\ b]=aba^{-1}b^{-1}$이므로

$$[a,\ b]^{-1}=(aba^{-1}b^{-1})^{-1}=bab^{-1}a^{-1}=[b,\ a]$$

이다. ▮

참고로 교환자들의 곱은 일반적으로 교환자가 되지 않는다. 그러므로 교환자들의 집합은 부분군이 되지 않는다.

정리 1.19.5 군 G의 교환자들의 곱셈들로 구성된 집합 C는 G의 부분군이다.

증명 $C=\{x_1x_2\cdots x_n \mid n \geq 1,\ \forall x_i:\ G\text{의 교환자}\}$이므로 G의 부분집합이다. 군이 됨을 보이자.

(i) 닫혀있다.: 만일 $c,\ d \in C$이면 $c=x_1x_2\cdots x_n$이며 $d=y_1y_2\cdots y_m$으로 표시되는데, 여기서 x_i와 y_j는 모두 G의 교환자이다. 그러면

$$cd=x_1x_2\cdots x_ny_1y_2\cdots y_m \in C$$

이다.

(ii) 결합법칙이 성립하는 것은 쉽게 확인할 수 있다.

(iii) 항등원: $e=eee^{-1}e^{-1}\in C$이다.

(iv) 역원: c의 역원은

$$c^{-1}=(x_1x_2\cdots x_n)^{-1}=x_n^{-1}\cdots x_2^{-1}x_1^{-1}$$

이다. 그런데 x_i가 교환자이므로 $x_i=a_ib_ia_i^{-1}b_i^{-1}$로 표현되는 어떤 원소 a_i, $b_i \in G$가 존재하므로, $x_i^{-1}=b_ia_ib_i^{-1}a_i^{-1}$ 역시 교환자이다. 따라서 c^{-1}

는 교환자들의 곱셈이므로 집합 C에 포함된다.

그러므로 C는 군이다. ▮

C는 군 G의 모든 교환자들의 유한 곱들의 군인데, 이것을 G의 **교환자부분군**이라고 부르며, 기호 G'로 표시한다. 교환자부분군의 원소들은 교환자들의 곱의 형태이므로, 교환자부분군의 모든 원소가 반드시 교환자인 것은 아님을 주의하자.

정리 1.19.6 교환자부분군 G'은 G의 정규부분군이다.

증명 임의의 원소 $g \in G$와 임의의 원소 $c = x_1 x_2 x_3 \cdots x_n \in G'$이라고 하자.

$$\begin{aligned} gcg^{-1} &= g(x_1 x_2 x_3 \cdots x_n)g^{-1} \\ &= (gx_1 g^{-1} g x_2 g^{-1} g x_3 \cdots g^{-1} g x_n) g^{-1} \\ &= (gx_1 g^{-1})(gx_2 g^{-1})(gx_3 g^{-1}) \cdots (gx_n g^{-1}) \end{aligned}$$

이다. 그런데 모든 x_i들이 교환자이므로, $x_i = a_i b_i a_i^{-1} b_i^{-1}$ $(a_i, b_i \in G)$로 나타낼 수 있어서

$$\begin{aligned} gx_i g^{-1} &= g(a_i b_i a_i^{-1} b_i^{-1})g^{-1} \\ &= (ga_i g^{-1})(gb_i g^{-1})(ga_i^{-1} g^{-1})(gb_i^{-1} g^{-1}) \\ &= (ga_i g^{-1})(gb_i g^{-1})(ga_i g^{-1})^{-1}(gb_i g^{-1})^{-1} \end{aligned}$$

이 되어 $gx_i g^{-1}$도 G의 교환자이다. 그러므로 교환자 $gx_i g^{-1}$들의 곱인 gcg^{-1}는 G'에 속한다. 따라서 G'은 G의 정규부분군이다. ▮

정리 1.19.7 상군 G/G'은 가환군이다.

증명 임의의 두 원소 gG', $xG' \in G/G'$라고 하자. $g, x \in G$이므로 x^{-1}, $g^{-1} \in G$이며, 교환자 $x^{-1}g^{-1}xg \in G'$을 생각할 수 있다. 그러면 $x^{-1}g^{-1}xgG' = G'$이므로

$$\begin{aligned} gG'xG' &= gxG' \\ &= gx(x^{-1}g^{-1}xg)G' \\ &= (gxx^{-1}g^{-1})xgG' \\ &= xgG' = xG'gG' \end{aligned}$$

이 되어 G/G'은 가환군이다. ▮

위의 두 정리를 일반화하여 다음의 정리를 만들 수 있다.

정리 1.19.8 $N \lhd G$일 때, G/N이 가환군일 필요충분조건은 $G' < N$이다.

증명 $G/N = \{gN \mid g \in G\}$이 가환군이라고 가정하자. 그러면 임의의 $g,\ x \in G$에 대하여 $gNxN = xNgN$이다. 그러므로 $gxN = xgN$이 되어

$$gxg^{-1}x^{-1} \in N$$

이다. 따라서 $G' \subseteq N$이다.

만일 $G' \subseteq N$라고 가정하자. G/N에 속하는 임의의 $gN,\ xN \in G/N(g,\ x \in G)$를 생각하자. 가정에 의해 $g,\ x$의 교환자 $x^{-1}g^{-1}xg \in N$이다. 그러므로

$$\begin{aligned} gNxN &= gxN \\ &= gx(x^{-1}g^{-1}xg)N \\ &= xgN = xNgN \end{aligned}$$

이 되어 G/N은 가환군이다. ▮

위 정리에 의하면 G의 교환자부분군 G'은 상군 G/G'이 가환군이 될 수 있는 최소의 정규부분군이다.

예제 1.19.3 $G = S_4$는 위수 $4! = 24$인 대칭군이며, 위수 12인 부분군 A_4를 갖는다. 그리면 상군 S_4/A_4가 위수 2인 군으로서 가환군이므로 위 정리에 의해 $A_4 \subseteq S_4{}'$이다.

정리 1.19.9 G가 가환군일 때, 교환자부분군 G'은 자명한 군이다.

증명 G가 가환군라고 하자. G의 임의의 교환자는 G의 임의의 원소 $a,\ b \in G$에 대해

$$aba^{-1}b^{-1} = aa^{-1}bb^{-1} = e$$

이다. 그러므로 $G' = \{e\}$이다. ▮

예제 1.19.4 대칭군 $S_3 = \{e,\ x,\ x^2,\ y,\ xy,\ xy^2\}$에서 교환자부분군 S_3'을 말하여라.

풀이 원소 $x,\ x^2$이 교환자는 $xx^2x^{-1}x^{-2} = e \in S_3'$이다. 또한 $x,\ y$의 교환자는

$$xyx^{-1}y^{-1} = xyx^2y = x(xy)y = x^2 \in S_3'$$

이다. 한편 $x^2,\ y$의 교환자는

$$x^2yx^{-2}y^{-1} = x^2yxy = x^2(x^2y)y = x \in S_3'$$

이다. 따라서 $S_3' = \{e,\ x,\ x^2\} = A_3$인 교대군이 된다.

정리 1.19.10 임의의 $n \geq 3$에 대해, 대칭군 S_n의 교환자부분군은 교대군 A_n이다.

정리 1.19.11 임의의 $n \geq 3$에 대해 교대군 A_n의 교환자부분군은 자기 자신인 A_n이다.

증명 A_n은 단순군이므로 A_n은 자명한 군 $\{e\}$과 자기자신 A_n만을 정규부분군으로 갖는다. 그런데 교환자부분군 A_n'은 A_n의 정규부분군이므로 $A_n' = \{e\}$이거나 $A_n' = A_n$이다.

만일 $A_n' = \{e\}$이면 정리 1.19.8에 의해 상군

$$A_n/A_n' = A_n/\{e\} = A_n$$

이 가환군이다. 그러나 A_n은 가환군이 아니므로 모순이다. 따라서 $A_n' = A_n$이 된다. ∎

3) 사원수군

사원수는 하나의 실수와 제곱하여 -1이 되는 세 허수의 일차결합으로 표시되는 수이다.

사원수

정의 제곱하여 -1이 되는 서로 다른 허수를 $i,\ j,\ k$라고 하자. 하나의 실수와 $i,\ j,\ k$의 일차결합인

$$q = a + bi + cj + dk$$

를 **사원수**(quaternion)라고 부른다. 계수 $a,\ b,\ c,\ d$는 실수이다.

사원수는 복소수(complex number)의 확장된 개념인데, 하나의 실수 a와 제곱하여 -1이 되는 하나의 허수 i의 일차결합 $a+bi$ (b: 실수)으로 표현되는 복소수를 일반화한 것이다.

역사 제곱하여 -1이 되는 허수의 개념은 1545년에 카르다노(Cartano)에 의해 알려졌으며, 오일러(L. Euler, 1707-1783)는 $\sqrt{-1}$을 기호 i로 표시했다. 가우스(K. Gauss, 1777-1855)에 이르러 복소수라는 이름으로 실수축과 허수축을 기본으로 하는 2차원 복소수 평면이 연구되었다. 실수축과 하나의 허수축으로 만들어진 2차원의 복소수 개념을 확장하여, 해밀턴(Hamilton)은 실수축과 두 개의 허수축으로 만들어지는 3차원 공간을 표현하기 위해 많은 노력했다.

그러나 해밀턴이 최종적으로 발견한 것은 실수축과 세 개의 허수축으로 구성된 4차원이었다. 바로 $q=a+bi+cj+dk$이며, 이것이 사원수이다. 오랜 실패를 거듭한 끝에 우연히, 그리고 갑자기 3차원이 아닌 4차원의 표현이 가능한 사원수를 발견하게 된 것이다. 그는 1843년 10월 16일에 자신이 살던 마을의 브로햄 다리(Brougham Bridge)를 걷다가 갑자기 생각난 아이디어를 $i^2=j^2=k^2=ijk=-1$이라고 다리 난간에 새겨놓았다고 한다. 사원수의 발견자인 해밀턴의 이름을 사용하여 사원수를 **해밀턴 수**라고 부르기도 한다.

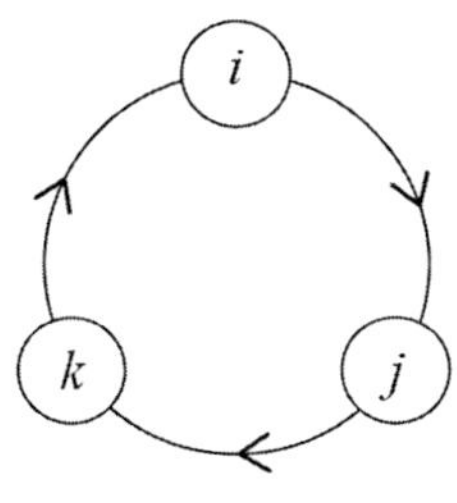

Hamilton 원

3) 사원수 군

사원수 i와 j는 곱셈연산에 의해

$$i^2=-1,\ i^4=1,\ i^2=j^2,\ ji=-k=i^2(ij)=i^3j$$

이므로 모두 8개의 원소를 생성한다.

정의 집합

$$\langle i,\ j\rangle = \{1,\ i,\ i^2,\ i^3,\ j,\ ij,\ i^2j,\ i^3j\}$$

을 **사원수 군**(quaternion group)이라 부르며 기호 Q_8으로 표시한다.

i와 j의 역원은 $i^{-1}=i^3$과 $j^{-1}=i^2j$ 이며, 1은 곱셈의 항등원으로서, Q_8은 위수 8인 군이다. 사원수는 교환법칙을 만족하지 못하므로, 사원수 군은 위수가 8인 비가환군이다.

사원수의 행렬 표현

복소수 계수를 갖는 2×2 행렬 $A=\begin{bmatrix}0 & 1\\ -1 & 0\end{bmatrix}$와 $B=\begin{bmatrix}0 & i\\ i & 0\end{bmatrix}$를 생각하자. 여기서 $i^2=-1$이다. A, B의 행렬식은 1이므로 가역행렬이며, 역행렬은 $A^{-1}=\begin{bmatrix}0 & -1\\ 1 & 0\end{bmatrix}$와 $B^{-1}=\begin{bmatrix}0 & -i\\ -i & 0\end{bmatrix}$이다. 또한 간단한 행렬 계산에 의해

$$A^2=\begin{bmatrix}-1 & 0\\ 0 & -1\end{bmatrix}=-I,\ A^3=\begin{bmatrix}0 & -1\\ 1 & 0\end{bmatrix},\ A^4=\begin{bmatrix}1 & 0\\ 0 & 1\end{bmatrix}=I,\ B^2=\begin{bmatrix}-1 & 0\\ 0 & -1\end{bmatrix}=A^2$$

이다. 또한

$$AB=BA^3,\ A^2B=BA^2,\ A^3B=BA$$

임을 확인할 수 있다. 그러므로 두 행렬 A와 B의 곱셈연산에 의해 만들어지는 원소들은 모두 8개로서

$$\langle A,\ B\rangle = \{I,\ A,\ A^2,\ A^3,\ B,\ AB,\ A^2B,\ A^3B\}$$

와 같다. 여기서 A와 B의 연산규칙

$$A^2=-I,\ A^4=I,\ A^2=B^2,\ BA=A^3B$$

은 사원수 i, j, k의 연산규칙

$$i^2=-1,\ i^4=1,\ ji=-k=i^2(ij)=i^3j$$

과 동일하므로

$$\begin{aligned}\langle A,\ B\rangle &= \{I,\ A,\ A^2,\ A^3,\ B,\ AB,\ A^2B,\ A^3B\}\\ &\cong \langle i,\ j\rangle = \{1,\ i,\ i^2,\ i^3,\ j,\ ij,\ i^2j,\ i^3j\}\end{aligned}$$

이 된다.

사원수와 복소수의 비교

켤레사원수: $u=a+bi$의 켤레복소수가 $\overline{u}=a-bi$인 것처럼, $q=a+bi+cj+dk$의 켤레사원수는 $\overline{q}=a-bi-cj-dk$이다.

사원수의 크기: $u=a+bi$의 크기가 $\sqrt{u\overline{u}}=\sqrt{a^2+b^2}$ 인 것처럼, $q=a+bi+cj+dk$의 크기는 $\sqrt{q\overline{q}}=\sqrt{a^2+b^2+c^2+d^2}$ 이다.

클라인 사원군과 사원수 군의 비교

사원수 군 $Q_8=\{1,\ -1,\ i,\ -i,\ j,\ -j,\ k,\ -k\}$를 중심부분군 $Z(Q_8)=\{1,\ -1\}$로 나눈 상군은 클라인 4–군 K_4와 동형이다. 즉 $Q_8/Z(Q_8)\cong K_4$

팔원수

2차원을 만드는 복소수를 확장하여 4차원을 만드는 사원수로 발전되었던 것처럼, 이것을 다시 확장하여 8차원을 만드는 대수 구조를 팔원수(octonion)라고 한다. 사원수와 마찬가지로 팔원수는 교환법칙을 만족하지 않는다. 그러나 사원수에서는 잘 성립하던 결합법칙이 팔원수에서는 성립하지 않는다. 팔원수는 그레이브스(Graves)가 처음 발견했음에도 불구하고, 케일리(Cayley)의 이름을 따서 케일리 수(Cayley number)라고 불린다.

종합문제

1. G는 항등원이 아닌 군, $Z(G)$는 중심군, 또한 $D(G) = \langle aba^{-1}b^{-1} \mid a,\ b \in G \rangle$는 $aba^{-1}b^{-1}$ $(a,\ b \in G)$에 의해 생성된 교환자부분군이라 하자.

(1) $Z(G)$와 $D(G)$가 각각 G의 정규부분군임을 보여라.

(2) 잉여류의 개수 $|G/Z(G)|$이 소수라면, G는 가환군임을 보여라.

(3) G가 비가환군으로서 위수가 35이면 G이면, 중심군 $Z(G)$는 자명함을 보여라.

(4) 정규부분군 $N \lhd G$에 대해, 상군 G/N이 아벨일 동치조건은 $D(G) \subseteq N$ 임을 보여라.

(5) G가 가환군일 때, $Z(G)$와 $D(G)$를 말하여라.

(6) $G = S_3$ 대칭군일 때, $Z(G)$와 $D(G)$를 말하여라.

2. 비가환군 G와 부분군 H라고 하자.

(1) $|G : H| = 2$이면 H는 G의 정규부분군임을 증명하여라.

(2) $|G : H| = 3$이면 H는 G의 정규부분군인가? 증명 또는 반례를 들어 설명하여라.

(3) $|G : H| = 5$이면 H는 G의 정규부분군인가? 증명 또는 반례를 들어 설명하여라.

(4) $|G : H| = p$(소수)이면 H는 G의 정규부분군인가? 이에 관해 설명하고, 언제 $H \lhd G$ 인지의 일반적인 결론을 유도해라.

3. G는 군이며 $H,\ K$는 G의 부분군이라고 하자.

(1) $K \le H \le G$ 일 때, $H \lhd G$이고 H가 순환군이면 $K \lhd H$이며 $K \lhd G$ 임을 증명하여라.

(2) $K \lhd H \lhd G$이지만 $K \ntriangleleft G$ 인 예제를 만들어라.

4. $N_G(H) = \{g \in G \mid gHg^{-1} = H\}$라고 하자.

(1) $H \lhd N_G(H) < G$ 임을 보여라. ($N_G(H)$를 G에서 H의 **정규화부분군**(normalizer)이라고 부른다.)

(2) $G = \langle a,\ b \mid a^6 = b^2 = e,\ ba = a^{-1}b \rangle$는 정이면체군이고, $H = \{1,\ a^3,\ b,\ a^3b\}$라 할 때, $N_G(H)$를 찾아라.

(3) $H \neq K$ 이며, 적당한 $a \in G$ 에 대해 $aHa^{-1} = K$ 라고 할 때,
집합 $\{g \in G \mid gHg^{-1} = K\}$ 을 원소 a 와 $N_G(H)$ 를 사용하여 설명하여라.

해답

1. (1) 임의의 $g \in G$ 와 $z \in Z(G)$ 에 대해,

$$gzg^{-1} = zgg^{-1} = z \in Z(G)$$

이므로 $Z(G) \lhd G$ 이다. 한편, 임의의 $g \in G$ 와 $aba^{-1}b^{-1} \in D(G)$ 에 대해,

$$\begin{aligned} gaba^{-1}b^{-1}g^{-1} &= gaba^{-1}(g^{-1}b^{-1}bg)b^{-1}g^{-1} \\ &= (ga)b(ga)^{-1}b^{-1} \cdot bgb^{-1}g^{-1} \in D(G) \end{aligned}$$

이므로 $D(G) \lhd G$ 이다.

(2) (1)에서 $Z(G)$ 가 G 의 정규부분군이므로, $G/Z(G)$ 는 군이다. 또한 $G/Z(G)$ 의 위수가 잉여류의 개수 $|G/Z(G)|$ 와 같으며, 가정에서 $|G/Z(G)|$ 가 소수라고 하였으므로, $G/Z(G)$ 는 순환군이다. 따라서 적당한 생성원 $gZ(G)$ 이 존재하여

$$G/Z(G) = \langle gZ(G) \rangle$$

가 된다. 이제 G 가 가환군임을 보이기 위해 임의의 두 원소 $a,\ b \in G$ 에 대해, $ab = ba$ 임을 보이자. 그런데

$$aZ(G),\ bZ(G) \in G/Z(G) = \langle gZ(G) \rangle$$

이므로, 적당한 $k,\ t > 0$ 에 의해

$$aZ(G) = (gZ(G))^k = g^k Z(G),\ bZ(G) = (gZ(G))^t = g^t Z(G)$$

즉, $a = g^k z_1,\ b = g^t z_2\ (z_1,\ z_2 \in Z(G))$ 로 나타낼 수 있다. 따라서

$$ab = g^k(z_1 g^t)z_2 = g^k(g^t z_1)z_2 = g^t g^k(z_2 z_1) = g^t(z_2 g^k)z_1 = (g^t z_2)(g^k z_1) = ba$$

이다.

(3) $Z(G) < G$ 이며 $|G| = 35$ 이므로, 라그랑주 정리에 의해 $Z(G)$ 의 위수는 1, 5, 7 또는 35 이다. G 가 비가환군이므로 $G \neq Z(G)$ 로서 $|Z(G)| \neq 35$ 이다. 만약 $|Z(G)| = 5$ 또는 7 이라면, 상군 $G/Z(G)$ 의 위수는 7 또는 5 이다. 5 와 7 이 모두 소수이므로 (2)에 의해 G 는 가환군이 되어 모순이다. 따라서 $Z(G)$ 는 자명한 군이다.

(4) G/N이 가환군이면, $gN\cdot xN = xN\cdot gN(g,\ x\in G)$이므로 $gxN = xgN$, 즉

$$gxg^{-1}x^{-1}\in N$$

가 되어 $D(G)\subseteq N$이다.

한편, $D(G)\subseteq N$라고 하자. 그러면 임의의 두 원소 $aN,\ bN\in G/N$에 대해,

$$aN\cdot bN = abN = ab(b^{-1}a^{-1}ba)N = baN = bN\cdot aN$$

이므로 G/N은 가환군이다.

(5) G가 가환군이면, $Z(G)=G$이며 $D(G)=\{e\}$이다.

(6) $Z(S_3)=\{e\}$이다. 한편, $S_3=\langle x,\ y \mid x^3=y^2=e,\ yx=x^2y\rangle$일 때,

$$xyx^{-1}y^{-1}=xyx^2y=x(xy)y=x^2\in D(S_3),$$

$$x^2yx^{-2}y^{-1}=x^2yxy=x^2(x^2y)y=x\in D(S_3)$$

이므로, $D(S_3)=\{x,\ x^2,\ e\}=A_3$ (교대군)이다.

2. (1) $|G:H|=2$이므로 $G=H\cup Ha\,(\forall a\in G-H)$이다. 임의의 $g\in G$에 대해, 만약 $g\in H$이면 $Hg=gH$이다. 만약 $g\in G-H$이면 gH는 g를 포함하는 H-잉여이다. 그런데 잉여는 단 두 개밖에 없으므로, $gH=H$이거나 $gH=Hg$이다. 그러나 전자의 경우는 $g\in H$가 되어 모순이다. 따라서 $gH=Hg$, 즉 $H\lhd G$이다.

(2) $G=S_3=\langle x,\ y \mid x^3=y^2=e,\ yx=x^2y\rangle$이고 $H=\{e,\ y\}$라 하자. 그러면 G는 위수 6인 치환군이며 또한 $|H|=2$이므로 $|G:H|=3$이다. 그러나

$$xyx^{-1}=xyx^2=xxy=x^2y\notin H$$

이므로, H는 G의 정규가 아니다.

(3) $G=D_5=\langle x,\ y \mid x^5=y^2=(xy)^5=e\rangle$이고 $H=\langle y\rangle$라 하자. 그러면 G는 위수 10인 정이면체군이며 또한 $|H|=2$이므로 $|G:H|=5$이다. 그러나

$$xyx^{-1}=xyx^4=xxy=x^2y\notin H$$

이므로 $H\not\lhd G$이다.

(4) 앞서 (2), (3)에서 보았듯이, $|G:H|=p$ 소수이지만 H는 G의 정규부분군은 아니다. 그러나 p가 $|G|$를 나누는 최소의 소수일 때 $|G:H|=p$인 H인 G의 정규부분군임을 다음의 정리 1.19.12에서 알 수 있다.

3. (1) 순환군 $H=\langle h\rangle$ 라 하자. H 의 부분군인 K 도 순환군으로서 $K=\langle h^t\rangle\ (t>0)$ 로 표현된다. 또한 순환군(가환군)의 부분군은 정규부분군이므로 $K \triangleleft H$ 이다. 이제 $K \triangleleft G$ 를 보이기 위해, 임의의 $k\in K$ 와 $g\in G$ 를 택하자. 그러면

$$k=(h^t)^i=h^{ti}\ \ (i>0)$$

으로 표현되며

$$g^{-1}kg=g^{-1}h^{ti}g=(g^{-1}hg)^{ti}$$

이다. 그런데 $H \triangleleft G$ 이므로, $g^{-1}hg\in H=\langle h\rangle$ 이며 $g^{-1}hg=h^n\,(n>0)$이다. 따라서

$$g^{-1}kg=(g^{-1}hg)^{ti}=(h^n)^{ti}=(h^t)^{ni}\in\langle h^t\rangle=K$$

가 되어 $K \triangleleft G$ 이다.

(2) 정이면체군 $G=D_8=\langle a,\ b\mid a^4=b^2=e,\ ba=a^3b\rangle$ 에서, H 와 K 를 다음과 같이 하자.

$$H:=\langle a^2,\ b\rangle,\ \ K:=\langle b\rangle$$

그러면 $H=\{a^2,\ b,\ a^2b,\ e\}$ 는 위수 4인 부분군이므로, $|G:H|=2$ 가 되어 $H \triangleleft G$ 이다. 또한 K 는 위수 2인 부분군으로서 $|H:K|=2$ 이므로 $K \triangleleft H$ 이다. 그러나 $a\in G,\ b\in K$ 에 대해

$$aba^{-1}=ba^3a^{-1}=ba^2\not\in\langle b\rangle=K$$

이므로 $K \ntriangleleft G$ 이다.

4. (1) 만약 $g,\ x\in N_G(H)$ 이면

$$gxH(gx)^{-1}=g(xHx^{-1})g^{-1}=gHg^{-1}=H$$

이므로, $gx\in N_G(H)$ 이다. 또한 $gHg^{-1}=H$ 로부터 $g^{-1}Hg=H$ 이므로, $g^{-1}\in N_G(H)$ 이며, $eHe^{-1}=H$ 이므로 $e\in N_G(H)$ 가 되어 $N_G(H)$ 는 G 의 부분군이다.

임의의 $h\in H$ 는 $hHh^{-1}=H$ 를 만족하므로 $h\in N_G(H)$ 이다. 따라서 $H\leq N_G(H)$ 이다.

또한 임의의 $x \in N_G(H)$에 대해, $xHx^{-1} = H$이므로 $H \lhd N_G(H)$임이 분명하다.

(2) (1)에 의해 $H \le N_G(H) \le G$이다. 그런데 $|G| = 12$, $|H| = 4$이므로, $|G:H| = 3$이며, 따라서 $H = N_G(H)$이거나 $N_G(H) = G$이다. 그런데 원소 $a \in G$에 대해,

$$aHa^{-1} = \{e,\ a(a^3)a^5,\ aba^5,\ a(a^3b)a^5\} = \{e,\ a^3,\ a^2b,\ a^5b\}$$

이므로, $a \notin N_G(H)$이다. 따라서 $N_G(H) = H = \{1,\ a^3,\ b,\ a^3b\}$이다.

(3) 집합 $\{g \in G \mid gHg^{-1} = K\} := S$라고 하자.

임의의 원소 $g \in S$를 택하자. 적당한 $a \in G$에 대해 $aHa^{-1} = K$이므로,

$$(a^{-1}g)H(a^{-1}g)^{-1} = a^{-1}gHg^{-1}a = a^{-1}Ka = H$$

가 되어서, $a^{-1}g \in N_G(H)$이다. 따라서 $g = aa^{-1}g \in aN_G(H)$이다.

한편, 만약 $g \in aN_G(H)$이면, 적당한 $b \in N_G(H)$에 의해 $g = ab$로 표현된다. 그러므로

$$gHg^{-1}abHb^{-2}a^{-1} = aHa^{-1} = K$$

가 되이, $g \in S$이다. 그러므로 집합 S는 $N_G(H)$의 좌잉여류(left coset) $aN_G(H)$이다.

정리 1.19.12 G의 위수가 n이고 p는 n을 나누는 최소의 소수이면, 지수를 p로 갖는 부분군은 항상 정규부분군이다. 즉, $|G:H|=p$가 최소의 소수일 때, H는 G의 정규부분군이다.

증명 $H<G$로서 $|G:H|=p$가 최소의 소수라고 하자. $H \ntriangleleft G$라고 가정해보자. $|G:H|=p$이므로 잉여류 $aH\,(a\in G)$는 p개 존재한다. 집합 $T=\{aH \mid a\in G\}$라 하자. 함수

$$G\to T\times T,\ (g,\,aH)\mapsto gaH$$

는, 케일리정리에 의해 준동형사상

$$f:\ G\to S_p\ \text{(여기서 } S_p\text{는 } \{1,\,2\,\cdots,\,p\}\text{ 위에서의 치환군이다.)}$$

을 만든다. $\mathrm{Ker}f$는 H의 부분군이며 $|H:\mathrm{Ker}f|>1$이다 (이유: $H \ntriangleleft G$를 가정했으므로) 즉,

$$\mathrm{Ker}f<H<G$$

이다. 그런데 $G/\mathrm{Ker}f\cong \mathrm{Im}f<S_p$이며,

$$\begin{aligned}|\mathrm{Im}f|&=|G:\mathrm{Ker}f|\\&=|G:H||H:\mathrm{Ker}f|\\&=p|H:\mathrm{Ker}f|\end{aligned}$$

이다. 또한 $|S_p|=p!$이므로,

$$p|H:\mathrm{Ker}f|\ |\ p!\ \text{ 이며 } |H:\mathrm{Ker}f|\ |\ (p-1)!$$

이다. $|H:\mathrm{Ker}f|>1$로부터, $|H:\mathrm{Ker}f|$를 나누는 소수 q가 존재하여,

$$q\ |\ |H:\mathrm{Ker}f|\ |\ (p-1)!$$

이다. 그런데 $(p-1)!$의 모든 소인수는 p보다 작으므로, 특별히 $q<p$이며,

$$q\ |\ |H:\mathrm{Ker}f|\ |\ |G:\mathrm{Ker}f|\ |\ n$$

이므로, p가 n을 나누는 최소의 소인수라는데 모순이 된다. 따라서 $H\triangleleft G$이다. ∎

II 환론

II 환론

Modern Algebra

1 환

정수의 집합 $\mathbb{Z}$는 덧셈연산 아래서 군(group)의 구조를 갖는다. 마찬가지로 0을 제외한 유리수의 집합 $\mathbb{Q}^* = \mathbb{Q} - \{0\}$는 곱셈연산에서 군이 된다. 정수의 집합이나 유리수의 집합에는 덧셈과 곱셈 연산이 동시에 잘 정의되어 있는데, 이것은 실수, 복소수의 집합에서도 마찬가지이다. 이러한 집합은 덧셈연산 아래서 가환군이 되고, 한편 곱셈연산에서는 닫혀 있으며 결합법칙이 성립하고, 덧셈과 곱셈연산 사이에 분배법칙이 성립하는 것을 쉽게 확인할 수 있다. 이러한 성질을 갖는 집합을 **환**이라고 부르며, 나눗셈을 제외한 덧셈, 뺄셈, 곱셈이 자유로운 집합이라고 할 수 있다.

정의 어떤 집합 R에 두 개의 연산 $+$와 $\cdot$가 정의되어 다음을 만족할 때 R을 **환**(ring)이라고 부른다. 임의의 원소 $a,\ b,\ c \in R$라고 하자.

(1) $+$에 대해 닫혀있다: $a+b \in R$이다.

(2) $+$에 대한 결합법칙: $a+(b+c)=(a+b)+c$이다.

(3) $+$의 항등원: $a+0=0+a=a$인 원소 $0 \in R$이 존재한다.

(4) $+$의 역원: $a+x=x+a=0$인 원소 $x \in R$이 존재한다. $x=(-a)$로 표시한다.

(5) $+$에 대한 교환법칙: $a+b=b+a$이다.

(6) $\cdot$ 에 대해 닫혀있다: $a \cdot b \in R$이다.

(7) $\cdot$ 에 대한 결합법칙: $a \cdot (b \cdot c)=(a \cdot b) \cdot c$ 이다.

(8) 분배법칙: $(a+b) \cdot c=(a \cdot c)+(b \cdot c)$, $a \cdot (b+c)=(a \cdot b)+(a \cdot c)$이다.

기호 환 R의 연산을 확실히 표기해야 될 때, $(R,\ +,\ \cdot\ )$를 환의 기호로 쓴다. 연산 $+$과 $\cdot$ 는 각각 덧셈, 곱셈이라고 읽는다. 이것은 연산을 그렇게 읽는다는 것이지, 수 집합에서 말하는 덧셈과 곱셈을 의미하는 것은 아니다. 수 집합이 아닌 추상집합일 때는 덧셈과 곱셈의 기호를 사용하더라도 집합의 원소에 따라 연산의 의미가 달라질 수 있다. 특별히 혼돈이 생기지 않을 때는 곱셈의 기호 $\cdot$ 는 보통 생략하여 표기한다.

환(ring)과 군(group)의 서로 다른 점을 알아보자.

제일 큰 차이점은, 군은 단 하나의 연산을 갖지만 환은 두 개의 연산을 갖는다는 것이다. 또한 환의 정의에서는, 항등원과 역원 그리고 교환법칙은 덧셈연산에 대하여만 정의되어 있음을 눈여겨보자. 곱셈연산에는 항등원의 조건이 없다. 그러므로 역원이 존재할 필요가 없다. 마찬가지로 곱셈연산에서는 교환법칙이 성립할 필요가 없다.

정의 곱셈의 교환법칙을 만족하는 환을 **가환환**(commutative ring)이라 부른다.

예제 2.1.1 정수의 집합 $\mathbb{Z}$는 보통의 덧셈과 곱셈연산 아래서 환이 된다. 마찬가지로 유리수의 집합 $\mathbb{Q}$, 실수의 집합 $\mathbb{R}$, 복소수의 집합 $\mathbb{C}$도 모두 환이 된다. 물론 이러한 집합들은 곱셈에 대해 교환법칙이 성립하므로 가환환도 된다.

예제 2.1.2 정수의 집합 $\mathbb{Z}$에서 계수를 갖는 다항식들의 집합을 $\mathbb{Z}[x]$라고 하자.

$$\mathbb{Z}[x] = \{f(x) = a_n x^n + a_{n-1}x^{n-1} + \cdots + a_1 x + a_0 \mid a_i \in \mathbb{Z},\ 0 \le i \le n\}$$

$\mathbb{Z}[x]$는 보통의 다항식 덧셈과 다항식 곱셈연산에 대하여 환이 된다.

풀이 (1) $\mathbb{Z}[x]$는 덧셈연산에 대하여 가환군이다.

$$(2x+3) + (5x^3 + 3x^2 - 1) = 5x^3 + 3x^2 + 2x + 2$$

와 같이 $\mathbb{Z}[x]$의 두 다항식을 더하면 여전히 계수가 정수인 다항식이므로 다시 $\mathbb{Z}[x]$의 원소가 된다. 즉, 덧셈연산에 대하여 닫혀 있다. 영(zero) 다항식은 덧셈연산에 대한 항등원이다. 임의의 원소 $g(x) \in \mathbb{Z}[x]$에 대하여 모든 계수의 부호를 바꾼 다항식 $-g(x)$는 덧셈연산에서 $g(x)$의 역원이다. 또한 두 다항식의 덧셈은 더하는 순서에 상관이 없으므로, 덧셈의 교환법칙이 성립한다.

(2) $\mathbb{Z}[x]$의 두 다항식의 곱도 정수를 계수로 하는 다항식이므로 곱셈연산에서 닫혀 있다. 예를 들면,

$$(2x+3)(5x^3 + 3x^2 - 1) = 10x^4 + 21x^3 + 9x^2 - 2x - 3$$

과 같이 전개되므로 정수 계수를 갖는 다항식이 된다.

(3) 다항식들의 결합법칙이나 분배법칙은 잘 알려져 있다.

예제 2.1.3 어떤 환 R에서 계수를 갖는 다항식들의 집합을 $R[x]$라고 할 때, $R[x]$는 환이 된다.

풀이

$\mathbb{Z}[x]$나 $R[x]$를 **다항식환**(polynomial ring)이라고 부른다. 그러므로 $\mathbb{Z}[x]$는 정수의 집합위에서 다항식환, $\mathbb{R}[x]$는 실수의 집합위에서의 다항식환이라고 부른다. 다항식환은 9장에서 다시 배운다.

예제 2.1.4 법 n에 대한 잉여계 $\mathbb{Z}_n = \{\overline{0}, \overline{1}, \cdots, \overline{n-1}\}$은 법 n에 대한 덧셈연산 $+$와 곱셈연산 $\cdot$ 아래서 환이 됨을 보여라.

풀이

$(\mathbb{Z}_n, +, \cdot)$는 **법 n에 대한 정수환**이라고 부른다.

2 가환환

곱셈연산의 교환법칙이 성립하는 환을 **가환환**(commutative ring)이라고 부르는데, 가환환에 대한 연구는 정수론(number theory)에 기반을 두고 있다. 가환의 성질을 갖지 않는 환을 **비가환환**(noncommutative ring)이라고 부른다.

다음의 예제는 쉽게 볼 수 있다.

(1) 정수의 집합 $\mathbb{Z}$는 가환환이다. $\mathbb{Z}$를 **정수환**이라고 부른다.

(2) 법 n에 대한 잉여계 $\mathbb{Z}_n = \{\overline{0}, \overline{1}, \cdots, \overline{n-1}\}$은 법 n의 덧셈과 곱셈연산 아래서 가환환이다.

(3) R이 가환환이면 R에서 계수를 갖는 다항식들의 집합 $R[x]$도 가환환이다.

그러면 비가환환에는 어떤 것들이 있는지 알아보자. 곱셈의 교환법칙이 성립하지 않는 대표적인 예제는 행렬에서 볼 수 있다.

예제 2.2.1 실수 $\mathbb{R}$를 성분으로 하는 $n \times n$ 정사각행렬들의 집합을 $M_n(\mathbb{R})$이라고 하자.

(1) $M_n(\mathbb{R})$은 행렬 덧셈연산에 대하여 가환군이다.

풀이

(2) $M_n(\mathbb{R})$은 행렬 곱셈연산에 대하여 닫혀있다. 또한 곱셈의 결합법칙이 성립한다.

풀이

(3) 그러나 임의의 $A, B \in M_n(\mathbb{R})$일 때, 교환법칙 $AB = BA$는 일반적으로 성립하지 않는다. 그러므로 $M_n(\mathbb{R})$는 비가환환이다. 환 $M_n(\mathbb{R})$은 $\mathbb{R}$ **성분을 갖는 행렬환**이라고 부른다.

비가환환인 또 하나의 예로, 사원수를 생각할 수 있다. I−19장의 사원수를 참고하자.

예제 2.2.2 $i^2=j^2=k^2=-1$ 인 $i,\ j,\ k$ 로부터 만들어지는 사원수 $a+bi+cj+dk$ $(a,\ b,\ c,\ d\in\mathbb{R})$들의 집합을

$$Q=\{q=a+bi+cj+dk \mid a,\ b,\ c,\ d\in\mathbb{R}\}$$

라고 하자. Q에 속하는 임의의 두 원소 $q_1=a_1+b_1i+c_1j+d_1k$과 $q_2=a_2+b_2i+c_2j+d_2k$에 대해 다음과 같이 연산을 정의하자.

$$q_1+q_2=(a_1+a_2)+(b_1+b_2)i+(c_1+c_2)j+(d_1+d_2)k$$

$$\begin{aligned}q_1\,q_2=&(a_1a_2-b_1b_2-c_1c_2-d_1d_2)+(b_1a_2+a_1b_2+c_1d_2-d_1c_2)i\\&+(c_1a_2+a_1c_2+d_1b_2-b_1d_2)j+(d_1a_2+a_1d_2+b_1c_2-b_2c_1)k\end{aligned}$$

여기서 q_1과 q_2의 곱셈은 사원수 곱셈의 성질인

$$ij=k,\ jk=i,\ ki=j,\ ji=-k,\ kj=-i,\ ik=-j$$

로부터 정의되었다.

(1) $(Q,\ +,\ \cdot\ )$는 환이다.

풀이

(2) Q는 비가환환이다.

풀이

환 $(Q,\ +,\ \cdot\ )$를 **사원수환**이라고 부른다. 사원수 또한 사원수 군과 함께 비교해 보자.

곱셈의 항등원과 가역원

정의 환 R에 속하는 모든 원소 a에 대하여

$$ax=a=xa$$

을 만족하는 원소 x를 R의 **곱셈의 항등원**(identity) 또는 **단위원**(unity)이라 부른다. 보통 1 또는 1_R로 표시한다. 또한 R이 곱셈의 항등원 1을 가질 때, $1 \in R$로 표시한다.

정의 가환환 R이며 $1 \in R$라고 하자. 원소 $0 \neq u \in R$에 대해

$$ua = au = 1$$

이 되는 $a \in R$가 존재할 때, u를 **가역원**(invertible element) 또는 **단원**(unit)이라고 부른다. 실제로 a는 u의 곱셈에 대한 역원이며, 기호 $a = u^{-1}$로 표시한다.

예제 2.2.3 정수환 $\mathbb{Z}$의 곱셈의 항등원을 찾아라. 또한 가역원을 찾아라.

풀이

예제 2.2.4 유리수환 $\mathbb{Q}$의 곱셈의 항등원을 찾아라. 또한 가역원을 찾아라.

풀이

예제 2.2.5 실수 성분을 갖는 행렬환 $M_2(\mathbb{R})$의 곱셈의 항등원을 찾아라. 또한 가역원을 찾아라.

풀이

예제 2.2.6 짝수들로 이루어진 집합을 S라고 하자.

(1) S는 환인지 말하여라. 가환환인지 알아보자.

풀이

(2) S 의 곱셈의 항등원을 알아보자. 가역원을 알아보자.

풀이 곱셈의 항등원을 갖지 않는다. 그러므로 가역원도 존재하지 않는다.

예제 2.2.7 법 5에 대한 정수환 $\mathbb{Z}_5 = \{\overline{0}, \overline{1}, \overline{2}, \overline{3}, \overline{4}\}$ 의 가역원을 모두 찾아라. 또한 법 8에 대한 정수환 $\mathbb{Z}_8 = \{\overline{0}, \overline{1}, \overline{2}, \overline{3}, \overline{4}, \overline{5}, \overline{6}, \overline{7}\}$ 의 가역원을 찾아라.

풀이

3 영인자와 정역

자연수나 정수, 유리수, 무리수, 실수, 복소수와 같은 수 체계에서는 0이 아닌 두 수를 곱한 값은 0이 될 수 없다. 그러나 어떤 특별한 대수구조에서는 0이 아닌 두 수를 곱했을 때 그 결과로 0이 되는 경우도 있다. 이와 같이 0이 아닌 두 원소를 곱해 0이 되는 바로 그 두 원소를 모두 **영인자**(zero divisor)라고 부른다.

정의 R은 환, $0 \neq a \in R$라고 하자. 어떤 원소 $b \neq 0$가 존재하여

$$ab = 0 \text{ 또는 } ba = 0$$

이 될 때 a를 **영인자**라고 부른다. 마찬가지로 b도 **영인자**가 된다.

이러한 성질은 우리가 잘 알고 있는 수 체계인 자연수, 정수, 유리수, 실수 또한 복소수에서는 존재하지 않는다. 다음의 예제를 생각해보자.

예제 2.3.1 법 8에 대한 곱셈환 $\mathbb{Z}_8 = \{\overline{0}, \overline{1}, \overline{2}, \overline{3}, \overline{4}, \overline{5}, \overline{6}, \overline{7}\}$에서 $\overline{0}$이 아닌 원소 $\overline{2}$와 $\overline{4}$를 생각해보자. $\overline{2} \cdot \overline{4} = \overline{8} = \overline{0} \in \mathbb{Z}_8$이므로 $\overline{2}$는 $\mathbb{Z}_8$의 영인자이다. 마찬가지로 $\overline{4}$도 영인자이다.

예제 2.3.2 $\mathbb{Z}_8$에는 또 다른 영인자가 있는지 생각해 보자.

풀이 $\mathbb{Z}_8$에 속하는 $\overline{0}$이 아닌 두 원소 $\overline{6}$과 $\overline{4}$를 생각해 보면 $\overline{6} \cdot \overline{4} = \overline{24} = \overline{0} \in \mathbb{Z}_8$이므로 $\overline{6}$은 영인자이다. 마찬가지로 $\overline{4}$도 영인자이다.

예제 2.3.3 실수에서 성분을 갖는 행렬환 $M_2(\mathbb{R})$에서 $A = \begin{bmatrix} 0 & 1 \\ 0 & 1 \end{bmatrix}$와 $B = \begin{bmatrix} 1 & 1 \\ 0 & 0 \end{bmatrix} \in M_2(\mathbb{R})$는 모두 0이 아닌 행렬들이다. 그러나 $AB = \begin{bmatrix} 0 & 0 \\ 0 & 0 \end{bmatrix}$가 0행렬이므로 A와 B는 모두 영인자이다.

영인자의 성질들

위의 예제에서 $\mathbb{Z}_8$에서 영인자인 원소들은 $\overline{2},\ \overline{4},\ \overline{6}$ 임을 보았다. 이 원소들의 공통점은 $\mathbb{Z}_8$의 위수 8과 서로소가 아니라는 것이다.

정리 2.3.1 임의의 $\overline{a} \in \mathbb{Z}_n$일 때, $\overline{a}$가 $\mathbb{Z}_n$의 영인자일 필요충분조건은 $\gcd(a,\ n) \neq 1$이다.

증명 $\gcd(a,\ n) = d > 1$라고 하자. 그러면

$$a = da_0 \text{ 이며 } n = dn_0$$

인 정수 a_0, n_0가 존재하여

$$\begin{aligned} \overline{a}\,\overline{n_0} &= \overline{(da_0)}\,\overline{n_0} \\ &= \overline{a_0}(\overline{d}\,\overline{n_0}) \\ &= \overline{a_0}\,\overline{n} \\ &= \overline{0} \in \mathbb{Z}_n \end{aligned}$$

이다. 그런데 $\overline{a} \neq 0$이며 $\overline{n_0} \neq 0$이므로 $\overline{a}$는 $\mathbb{Z}_n$의 영인자이다.

만일 $\overline{a}$가 $\mathbb{Z}_n$의 영인자이면, 영이 아닌 원소 $\overline{b} \in \mathbb{Z}_n$가 존재하여

$$\overline{ab} = \overline{a}\,\overline{b} = \overline{b}\,\overline{a} = \overline{0} \in \mathbb{Z}_n$$

이다. 그러므로 $n \mid ab$이다. 민일 $\gcd(a,n) - 1$이면 법 n에 관한 $\overline{a}$의 역원 $\overline{a}^{-1} \in \mathbb{Z}_n$이 존재한다. $\overline{a}^{-1}$를 식 $\overline{a}\,\overline{b} = \overline{0}$에 곱하면

$$\overline{a}^{-1}(\overline{a}\,\overline{b}) = \overline{a}^{-1}\overline{0},$$

즉 $\overline{b} = \overline{0}$이 된다. 그런데 $\overline{b}$는 영이 아닌 원소이므로 모순이다. 따라서 $\gcd(a,\ n) \neq 1$이다. ■

법 n에 관한 정수환 $\mathbb{Z}_n$에서의 영인자에 대한 성질을 임의의 환 R에서의 영인자의 성질로 확장할 수 있다.

정리 2.3.2 환 $1 \in R$라고 하자. 어떤 원소 $a \in R$가 가역원이면 a는 영인자가 아니다.

증명 원소 a가 R의 가역원이면 $ax = xa = 1$인 원소 $x \in R$이 존재한다. 그러므로 a는 적어도 0은 될 수 없다. 만일 a가 영인자이면 0이 아닌 어떤 원소 $b \in R$가 존재하여 $ab = 0$ 또는 $ba = 0$이 된다. 만일 $ab = 0$이면

$$\begin{aligned} b &= 1b \\ &= (xa)b \\ &= x(ab) \\ &= x0 = 0 \end{aligned}$$

이 되어 $0 \neq b$에 모순이 된다. 만일 $ba = 0$인 경우에도 마찬가지 결과를 만든다. 그러므로 a는 영인자가 될 수 없음을 확인할 수 있다. ▮

법 n에 관한 정수환 $\mathbb{Z}_n$으로 돌아가서, 가역원을 알아보자.

정리 2.3.3 환 $\mathbb{Z}_n$에서 $\overline{a}$는 $\overline{0}$이 아닌 원소라고 하자. 그러면 다음은 서로 동치이다.
(1) $\overline{a}$ 는 가역원이다.
(2) a와 n은 서로소이다.
(3) $\overline{a}$는 영인자가 아니다.

증명 (1) ⇔ (3)은 정리 2.3.2이다.

(1) ⇔ (2)를 보이자. $\overline{a} \in \mathbb{Z}_n$이 가역원일 필요충분조건은

$$\overline{a}\,\overline{b} = \overline{b}\,\overline{a} = \overline{1} \in \mathbb{Z}_n$$

인 원소 $\overline{b} \in \mathbb{Z}_n$이 존재한다. 그러면 $ab = 1 + kn\,(k \in \mathbb{Z})$이므로, 관계식

$$ab + (-k)n = 1$$

로부터 $\gcd(a,\ n) = 1$임을 알 수 있다. ▮

그러므로 위의 정리들로 부터 다음과 같은 정리를 만들 수 있다.

정리 2.3.4 법 n에 관한 정수환 $\mathbb{Z}_n$에서, 0이 아닌 임의의 원소는 영인자이거나 가역원이다.

정역

수학에서 중요한 문제 중 하나는 다항식의 근을 찾는 일이다. 다항식을 인수분해 하여 근을 찾고자 할 때 필요한 수학적 근거는 $ab=0$이면 $a=0$ 또는 $b=0$라는 성질이다. 그런데 어떤 환 R에 영인자가 있으면 $ab=0$이지만 $a=0$ 또는 $b=0$라고 결정할 수 없다. 그러므로 영인자가 없는 환이 필요한데, 그러한 환을 **정역**이라고 부른다.

정의 가환환 R이며 $1\in R$이라 하자. 임의의 원소 $a,\ b\in R$에 대하여

$$\text{만일 } ab=0 \text{ 이면 } a=0 \text{ 또는 } b=0$$

가 될 때 R을 **정역**(integral domain)이라고 부른다.

예제 2.3.4 수 체계의 환 $\mathbb{Z}$, $\mathbb{Q}$, $\mathbb{R}$ 그리고 $\mathbb{C}$는 모두 정역이다.

예제 2.3.5 $\mathbb{Z}_8=\{\overline{0},\ \overline{1},\ \overline{2},\ \overline{3},\ \overline{4},\ \overline{5},\ \overline{6},\ \overline{7}\}$은 정역이 아니다. $\overline{2}$, $\overline{4}$, $\overline{6}$는 $\mathbb{Z}_8$의 영인자이기 때문이다.

예제 2.3.6 $\mathbb{Z}_5=\{\overline{0},\ \overline{1},\ \overline{2},\ \overline{3},\ \overline{4}\}$가 정역인지 아닌지 알아보자.

풀이 $\overline{0}$이 아닌 원소들인 $\overline{1}$, $\overline{2}$, $\overline{3}$, $\overline{4}$ 중에서, 어느 것을 서로 곱해 $\mathbb{Z}_5$에서 $\overline{0}$이 되는 원소가 존재하지 않는다. 그러므로 $\mathbb{Z}_5$는 정역이다.

위 예제에서 보듯이 $\mathbb{Z}_5$는 정역이지만 $\mathbb{Z}_8$는 정역이 아니다. 그러면 임의의 정수 n에 대해 $\mathbb{Z}_n$이 정역인 경우를 알아보자.

정리 2.3.5 임의의 양수 n에 대하여, 법 n에 관한 정수환 $\mathbb{Z}_n$이 정역이 필요충분조건은 n이 소수이다.

증명 $\mathbb{Z}_n$이 정역이라고 하자. 만일 $d\mid n$이면 $n=dd'\ (d'\in\mathbb{Z})$이다. $\mathbb{Z}_n$에서

$$\overline{d}\,\overline{d'}=\overline{n}=\overline{0}$$

이다. 정역의 성질에 의해 $\overline{d}=0$이거나 $\overline{d'}=0$이다. $\overline{d}=0$이면 $n\mid d$가 되어

$d=n$ 이다. 한편 $\overline{d'}=0$ 이면 $d'=n$, 즉 $d=1$ 이다. 따라서 n 은 소수이다.

반대로 n 이 소수일 때, $\mathbb{Z}_n$ 에 속하는 두 원소 $\overline{a}$, $\overline{b}$ 의 곱셈 $\overline{a}\overline{b}=\overline{0}$ 이라 하자. 그러면 $n \mid ab$ 이다. 소수의 성질에 의해 $n \mid a$ 또는 $n \mid b$ 이다. 그러므로

$$\overline{a}=\overline{0} \text{ 이거나 } \overline{b}=\overline{0}$$

이 되어 $\mathbb{Z}_n$ 은 정역이다. ▮

일반적으로 환 R 이 정역이 되는 경우도 다음과 같다.

정리 2.3.6 가환환 $1 \in R$ 이다. 다음은 서로 동치이다.
(1) R 은 정역이다.
(2) 임의의 $a,\ b,\ c \in R$ 에서 만일 $a \neq 0$ 이고 $ab=ac$ 이면 $b=c$ 이다. 즉, 소거법이 성립한다.
(3) 임의의 $a,\ b \in R$ 에서 만일 $ab=0$ 이면 $a=0$ 이거나 $b=0$ 이다.

증명 R 은 정역이라고 하자. 만일 $ab=ac$ 이면

$$0=ab-ac=a(b-c)$$

이다. 만일 $b-c \neq 0$ 이면 a 는 영인자가 된다. 그러나 R 이 정역이므로 R 에서 0이 아닌 어떤 원소도 영인자가 될 수 없으므로 모순이다. 그러므로 $b-c=0$, 다시 말해서 $b=c$ 이다.

R 에서 소거법이 성립한다고 가정하자. 만일 $ab=0$ 이라면 $ab=0=a0$ 으로 표현할 수 있다. 만일 $a \neq 0$ 이면 소거법에 의해 $b=0$ 가 된다. 따라서 $a=0$ 이거나 $b=0$ 이다.

마지막으로 만일 $ab=0$ 이면 $a=0$ 이거나 $b=0$ 이라고 가정하자. 만일 R 에 어떤 영인자 c 가 존재한다면 $cx=0$ 또는 $xc=0$ 이 되는 $0 \neq x \in R$ 이 존재할 것이다. 그런데 가정에 의해 $c=0$ 이거나 $x=0$ 이어야 하므로 모순이다. 그러므로 R 은 영인자를 가질 수 없다. 다시 말해서 R 은 정역이다. ▮

4 나눗셈환과 체

환 R에서 덧셈연산에 대한 항등원과 역원은 존재하지만, 곱셈연산에 대해서는 항등원 뿐 만아니라 역원도 정의되어 있지 않다. 어떤 환 $1 \in R$에서 0이 아닌 모든 원소가 곱셈의 역원을 가질 때 R은 **나눗셈환**이라고 부른다.

정의 환 $1 \in R$에서 영이 아닌 임의의 원소 $a \neq 0 \in R$에 대해

$$ax = 1 \text{인 원소 } x \in R$$

이 존재할 때, R을 **나눗셈환**(division ring)라고 부른다. 다시 말해서 0이 아닌 모든 원소가 가역원인 환이 나눗셈환이다.

예제 2.4.1 유리수환 $\mathbb{Q}$, 실수환 $\mathbb{R}$은 모두 가환환이며 나눗셈환이다.

예제 2.4.2 정수환 $\mathbb{Z}$는 가환환이지만, 나눗셈환은 아니다.

예제 2.4.3 법 7에 대한 정수환 $\mathbb{Z}_7$은 가환환인가? 나눗셈환인가? 알아보아라.

풀이 $\mathbb{Z}_7$에 속하는 $\overline{0}$이 아닌 원소들 $\{\overline{1}, \overline{2}, \overline{3}, \overline{4}, \overline{5}, \overline{6}\}$의 각각의 역원을 찾을 수 있다.

$$\overline{1^{-1}} = \overline{1},\ \overline{2^{-1}} = \overline{4},\ \overline{3^{-1}} = \overline{5},\ \overline{4^{-1}} = \overline{2},\ \overline{5^{-1}} = \overline{3},\ \overline{6^{-1}} = \overline{6}$$

예제 2.4.4 법 6에 대한 정수환 $\mathbb{Z}_6$는 가환환인가? 나눗셈환인가? 알아보아라.

풀이 $0 \neq \overline{2} \in \mathbb{Z}_6$에는 $\overline{2}b = 1 \in \mathbb{Z}_6$인 원소 b는 존재하지 않는다.

예제 2.4.5 실수성분 2×2 행렬환 $M_2(\mathbb{R})$에서 $A = \begin{bmatrix} 1 & 2 \\ 3 & 6 \end{bmatrix}$의 역행렬이 존재하지 않으므로 $M_2(\mathbb{R})$은 나눗셈환이 아니다. 물론 가환환도 아니다.

정의 가환인 나눗셈환을 **체**(field)라고 한다.

체는, 유리수나 실수와 같이 사칙연산을 자유롭게 할 수 있는 수들의 집합이다. 사칙연산에서 뺄셈은 덧셈의 역원에 해당하며, 나눗셈은 곱셈의 역원을 찾는 과정이다. 그러므로 덧셈과 곱셈의 정의로 충분하며, 이들 연산에 대해 역원을 찾을 수 있어야 한다.

위의 정의에 의해 다음의 정리를 쉽게 생각할 수 있다.

정리 2.4.1 R이 환일 때 다음이 성립한다.
(1) R이 정역일 필요충분조건은 R은 영인자를 포함하지 않는다.
(2) R이 나눗셈환일 필요충분조건은 R에서 0이 아닌 모든 원소는 가역원이다.
(3) 체는 가환환이며 동시에 나눗셈환이다.

증명

영인자의 개념으로부터 정의된 정역은 어떤 환(ring)이 체(filed)가 되기 위한 가장 기본적인 성질이 된다. 이제 정억과 체의 관계를 알아보사.

정리 2.4.2 모든 체는 정역이다.

증명 체 F의 임의의 세 원소 $a,\ b,\ c \in F$에서 $a \neq 0$이고

$$ab = ac$$

라고 하자. $0 \neq a \in F$이며 F가 체이므로

$$ax = xa = 1$$

이 성립하는 원소 $x \in F$가 존재한다. 원소 x를 $ab = ac$의 양변에 연산하면 $x(ab) = x(ac)$이다. 이것은

$$(xa)b = (xa)c$$

즉, $b = c$이다. 이와 같이 소거법이 성립하므로 F는 정역이다. ▮

예제 2.4.6 그러나 정리의 역은 성립하지 않는다. 그 반례를 생각해 보자.

풀이 정수환 $\mathbb{Z}$에는 영인자가 없으므로 정역이다. 그러나 $\mathbb{Z}$에 속하는 원소들인 $2, 3, 4, \cdots$ 등은 그것들의 (곱셈연산)역원이 $\mathbb{Z}$에 존재하지 않는다. 따라서 $\mathbb{Z}$는 체가 아니다.

그럼에도 불구하고 다음의 정리는 흥미롭다. 정역이 체가 되는 것은 아니지만, 유한개의 원소를 갖는 유한 정역은 체가 된다.

정리 2.4.3 모든 유한 정역은 체이다.

증명 유한개의 원소를 갖는 정역

$$R = \{a_1,\ a_2,\ \cdots,\ a_n\}$$

라고 하자. R은 정역이어서 $1 \in R$이므로, 편의상 $a_1 = 1$라고 하자. R이 체가 되는 것을 보이기 위해, 임의의 원소 $0 \neq x \in R$라고 하자. x를 R의 모든 원소에 한번 씩 곱해 xR을 만들면

$$xR = \{xa_1,\ xa_2,\ \cdots,\ xa_n\}$$

이 된다. R과 xR을 비교해 보자. xR의 임의의 원소는 xa_i의 형태인데, x와 a_i가 모두 R의 원소이므로 $xa_i \in R$이다. 따라서 $xR \subseteq R$이다.

만일 xR에 속하는 어떤 두 원소 xa_i와 $xa_j (1 \leq i \neq j \leq n)$이 서로 같다고 가정하자. 그러면 R이 정역이므로 소거법이 성립하여

$$xa_i = xa_j \ \Rightarrow\ a_i = a_j \ \Rightarrow\ i = j$$

가 되어 모순이다. 따라서 xR에 속하는 모든 원소는 서로 다르며, $|xR| = n = |R|$이 된다. 따라서

$$xR = R$$

이다. 그런데 $1 = a_1 \in R$이므로 $1 \in xR$이 된다. 다시 말해서 $1 \leq k \leq n$인 적당한 k에 대해 $1 = xa_k$가 된다. 이것은 R에서 0이 아닌 임의의 원소 x가 가역원이 된다는 것이므로 R이 체가 된다. ∎

R이 나눗셈환이면 곱셈에 대한 항등원과 역원이 R에 존재하므로 다음을 쉽게 알 수 있다.

정리 2.4.4 환 $1\in R$이라 하자. R이 나눗셈환일 필요충분조건은 $R^*=R-\{0\}$이 곱셈연산에 대해 군이 된다.

증명 R은 나눗셈환이라고 하자. $(R^*, \cdot)$이 군이 됨을 보이기 위해, 임의의 두 원소 $a_1, a_2\in R^*$이라고 하자. 그러면

$$a_1b_1=b_1a_1=1$$

이며

$$a_2b_2=b_2a_2=1$$

인 $b_1, b_2\in R$이 존재한다. 그러므로 환의 결합법칙에 의해

$$(a_1a_2)(b_2b_1)=a_1(a_2b_2)b_1=a_1b_1=1$$

이 되므로 b_2b_1이 a_1a_2의 역원이다. 따라서 $a_1a_2\in R^*$이다. 또한 곱셈의 항등원 1이 있을 뿐만 아니라, R^*의 원소들은 곱셈연산에서 역원을 갖는다. 따라서 R^*은 곱셈연산 아래서 군이 된다.

반대로 $(R^*, \cdot)$는 군이며 $e\in R$은 항등원이라고 하자. 임의의 원소 $a\in R$에 대해 만일 $a=0$이면 $0e=e0=0$이다. 만일 $a\neq 0$이면 $a\in R^*$이므로

$$ae=ea=a$$

가 되어, $e\in R$이 R에서 곱셈의 항등원이다. 또한 R^*는 군이므로 모든 $a\in R^*$에 대해서 $ax=xa=a$인 원소 $x\in R^*$가 존재한다. 따라서 a는 가역원이며, R은 나눗셈환이다. ∎

예제 2.4.7 법 7에 대한 정수환 $\mathbb{Z}_7$는 가환환이며 나눗셈환이다.

$\mathbb{Z}_7^*=\mathbb{Z}_7-\{0\}=\{\overline{1}, \overline{2}, \overline{3}, \overline{4}, \overline{5}, \overline{6}\}$인데, 곱셈연산에 의해

$$\overline{3},\ \overline{3^2}=\overline{9}=\overline{2},\ \overline{3^3}=\overline{6},\ \overline{3^4}=\overline{4},\ \overline{3^5}=\overline{5},\ \overline{3^6}=\overline{1}$$

이므로 $\mathbb{Z}_7^*$는 $\overline{3}$에 의해 생성되는 위수 6인 군이다.

비가환환

체가 아닌 나눗셈환, 다시 말해서 나눗셈환이면서 비가환인 가장 대표적인 예제는 **사원수환**(quaternion) $H=\{a_0+a_1i+a_2j+a_3k \mid a_i \in R\}$ 이다.

나눗셈환은 체가 되지 못하지만, 유한인 나눗셈환은 체가 될 수 있다는 웨더번 정리(J. Wedderburn)는 아주 유명하다(1905년). 증명은 쉽지 않은데, 다른 참고문헌을 이용하자.

정리 2.4.5 웨더번 정리(Wedderburn theorem)
유한인 나눗셈환 R은 체이다. R이 유한이므로 유한체(finite field)이다.

이 성질은 유한인 정역이 체가 된다는 정리 2.4.3과 비교하여 생각할 수 있다.

정리 2.4.6 R이 나눗셈환일 때, S가 R의 유한 부분환이면 S는 유한체이다.

증명 나눗셈환 R의 부분환은 나눗셈환이므로 S는 나눗셈환이다. 가정에서 S가 유한이라 하였으므로, S는 유한인 나눗셈환이다. 그러므로 웨더번 정리 2.4.5에 의해 S는 유한체이다. ▮

확인문제

1. 옳은 것을 모두 찾아라.

(1) 모든 환은 덧셈연산 + 아래서 가환군이다.

(2) 환 R의 모든 가역원(단원)들의 집합은 곱셈연산 · 아래서 군이 된다.

(3) 체에서 0이 아닌 원소들의 집합은 곱셈 · 아래서 가환군이 된다.

(4) 체 F의 모든 원소는 가역원이다.

(5) 환 R에서 역원을 갖는 원소는 영인자가 될 수 없다.

2. 주어진 환에서, 가역원을 잘못 말한 것을 모두 찾아라.

(1) $\mathbb{Z}$; $\{1, -1\}$

(2) $\mathbb{Z}+\mathbb{Z}$; $\{(\pm 1, \pm 1), (\pm 1, 0), (0, \pm 1)\}$

(3) $\mathbb{Z}_5$; $\{1, 2, 3, 4\}$

(4) $\mathbb{Q}$; $\{\mathbb{Q}-\{0\}\}$ (5) $\mathbb{Z}_8$; $\{1, 3, 5, 7\}$

3. $\mathbb{Z}_6=\{0, 1, 2, 3, 4, 5\}$에서 영인자를 모두 찾아라.

4. 정역인 것을 모두 찾아라.

(1) $(\mathbb{Z}, +, \cdot)$,

(2) $(\mathbb{Q}(\sqrt{3}), +, \cdot)$ 여기서 $\mathbb{Q}(\sqrt{3})=\{a+b\sqrt{3} \mid a, b\in\mathbb{Q}\}$

(3) $(\mathbb{Z}_{10}, +, \cdot)$

(4) $(Mat_2(\mathbb{R}), +, \cdot)$ 여기서 $Mat_2(\mathbb{R})=\left\{\begin{pmatrix} a & b \\ c & d \end{pmatrix} \mid a, b, c, d\in\mathbb{R}\right\}$

(5) $2\mathbb{Z}_6$

5. $R=\left\{a+b\sqrt{2} \mid a, b\in\mathbb{Z}_6\right\}$ 라고 하자. 옳은 것을 모두 찾아라.

(1) $(R, +, \cdot)$는 가환환이다.

(2) $(R, +, \cdot)$는 곱셈의 항등원(단위원)을 갖는다.

(3) $1+\sqrt{2}$ 는 가역원이다.

(4) $\sqrt{2}$ 는 영인자이다.

해답

1. (1), (3), (5). 풀이: (2) 만일 R 이 곱셈의 항등원(단위원) 1을 갖는 환이라면, R 의 모든 가역원(단원)들의 집합은 곱셈연산 · 아래서 군이 된다. (4)에서 0을 제외한 모든 원소는 가역원이다.
2. (2) 풀이: (2) $\mathbb{Z}+\mathbb{Z}$ 의 가역원은 $\{(\pm1, \pm1)\}$ 이다.
3. 2, 3, 4 풀이: 6과 서로소가 아닌 원소들이 영인자가 된다.
4. (1), (2) 풀이: $\mathbb{Z}_{10}$ 은 정역이 아니다. 또한 $\begin{bmatrix} 3 & 3 \\ 3 & 3 \end{bmatrix}$, $\begin{bmatrix} 3 & -3 \\ -3 & 3 \end{bmatrix}$ 은 0이 아닌 원소로서 $\begin{bmatrix} 3 & 3 \\ 3 & 3 \end{bmatrix}\begin{bmatrix} 3 & -3 \\ -3 & 3 \end{bmatrix}=\begin{bmatrix} 0 & 0 \\ 0 & 0 \end{bmatrix}$ 이 되므로 $(Mat_2(3\mathbb{Z}), +, .)$는 정역이 아니다.
5. (1), (2), (3), (4) 풀이: $1+0\sqrt{2}$ 는 곱셈의 항등원이다.
$(1+\sqrt{2})(-1+\sqrt{2})=1$ 이므로 $1+\sqrt{2}$ 는 가역원이다. 또한 $\sqrt{2}\cdot 3\sqrt{2}=0$ 이므로 $\sqrt{2}$ 는 영인자이다.

연습문제

다음을 증명하여라.

1. 유한 환 R 이 $1_R \in R$ 이며 영인자를 포함하지 않으면, R 은 나눗셈환이다.

2. 유한 환 R 이 정역이면, R 은 체이다.

3. 모든 $a, b \in R$ 에 대해, $a^2-b^2=(a+b)(a-b)$ 가 성립하면 R 은 가환환이다.

종합문제

1. I가 유한 정역이면, 함수 $f: I \to I$, $f(x) = ax$ $(\forall x \in I)(0 \neq a \in I)$는 단사함수임을 보여라.

2. 1번의 성질을 사용하여, I는 체가 되는 것을 보여라.

3. $B = \left\{ \begin{bmatrix} a & b \\ -b & a \end{bmatrix} \mid a,\ b \in \mathbb{R} \right\}$는 체가 되는지 조사하여라.

해답

1. $x,\ y \in I$에서 $f(x) = f(y)$라고 하자. 그러면 $ax = ay$ 즉, $a(x-y) = 0$이다. $a \neq 0$이고 I는 정역이므로 $x - y = 0$. 따라서 f는 단사함수이다.
2. I가 유한이므로, f는 전사함수이다. 특별히 $1 = f(b) = ab$가 되는 $b \in I$가 존재한다. a는 0이 아닌 임의의 원소이므로 I의 0이 아닌 모든 원소는 곱셈에 관한 역원이 존재한다. 따라서 I는 체이다.
3. B가 환이 됨은 쉽게 보일 수 있다. (각자 확인해보자.) 또한 $i = \begin{bmatrix} 1 & 0 \\ 0 & 1 \end{bmatrix} \in B$는 곱셈의 항등원이다. B에 속하는 임의의 두 원소 $\begin{bmatrix} a & b \\ -b & a \end{bmatrix}$, $\begin{bmatrix} c & d \\ -d & c \end{bmatrix}$에 대해

$$\begin{bmatrix} a & b \\ -b & a \end{bmatrix}\begin{bmatrix} c & d \\ -d & c \end{bmatrix} = \begin{bmatrix} ac - be & ad + bc \\ -bc - ad & -bd + ac \end{bmatrix} = \begin{bmatrix} c & d \\ -d & c \end{bmatrix}\begin{bmatrix} a & b \\ -b & a \end{bmatrix}$$

이므로 가환이다. 이제 B에 속하는 0이 아닌 원소 $\begin{bmatrix} a & b \\ -b & a \end{bmatrix}$를 택하자. 그러면 $a,\ b \neq 0$이다. $\begin{bmatrix} a & b \\ -b & a \end{bmatrix}$의 행렬식이 $a^2 + b^2 > 0$이므로, $\begin{bmatrix} a & b \\ -b & a \end{bmatrix}$의 역행렬 $\dfrac{1}{a^2 + b^2}$ $\begin{bmatrix} a & -b \\ b & a \end{bmatrix}$는 다시 B에 속한다. 그러므로 B는 체이다.

5 부분환과 아이디얼

어떤 환의 부분집합으로서 그 환의 두 가지 연산에 대하여 이 부분집합 자체가 환이 될 때 이 부분집합을 **부분환**(subring)이라고 한다. 이것은 부분군의 정의와 같은 개념이다.

예제 2.5.1 정수환 $\mathbb{Z}$에서 짝수들의 집합을 $E=\{2n \mid n\in\mathbb{Z}\}$라고 하자. 그러면 $E\subset\mathbb{Z}$이며 덧셈과 곱셈연산에 대하여 환의 모든 성질을 만족한다. 그러므로 E는 $\mathbb{Z}$의 부분환이다.

예제 2.5.2 $\mathbb{Z}$의 홀수들의 부분집합을 O라고 할 때, O는 $\mathbb{Z}$의 부분환인지 말하여라.

풀이

예제 2.5.3 $\mathbb{Z}$의 3의 배수들의 부분집합을 X라고 할 때, X는 $\mathbb{Z}$의 부분환인지 말하여라.

풀이

예제 2.5.4 R이 곱셈의 항등원을 갖는 환이더라도 R의 부분환 S는 곱셈의 항등원을 가질 필요가 없는데, 그러한 예를 말하여라.

풀이 $E\subset\mathbb{Z}$를 생각해 보자.

아주 특별한 성질을 갖는 부분환으로서 아이디얼(ideal)이 있다.

정의 $(R, +, \cdot)$는 환이며, I는 R의 부분환이라고 하자. I가 다음의 성질을 만족할 때 I를 R의 **아이디얼(ideal)**이라고 부른다.

(1) $(I, +)$는 $(R, +)$의 부분군이다.

(2) 임의의 $x \in I$와 $r \in R$에 대하여 $rx \in I$이며 $xr \in I$이다.

독일어로 **이데알**이라고 읽기도 한다. 만일 $rx \in I$이며 $xr \in I$를 동시에 만족할 때 I는 **양쪽 아이디얼**(two sided ideal), 간단히 **아이디얼**이라고 부른다. 만일 $rx \in I$만 성립할 때 **좌(left) 아이디얼**, $xr \in I$만 성립할 때 **우(right) 아이디얼**이라고 부른다. 그러므로 만일 R이 가환환이면 양쪽 아이디얼, 좌아이디얼, 우아이디얼은 모두 동일한 개념이 된다.

예제 2.5.5 정수환 $\mathbb{Z}$에서 짝수들의 집합 $E = 2\mathbb{Z}$는 $\mathbb{Z}$의 아이디얼이다. $\mathbb{Z}$는 가환환이므로 좌아이디얼과 우아이디얼의 차이는 없다.

예제 2.5.6 정수환에서 홀수들의 집합은 부분환이 아니므로 아이디얼이 될 수 없다.

예제 2.5.7 정수환 $\mathbb{Z}$에서 m의 배수들의 집합 $m\mathbb{Z} = \{ma \mid a \in \mathbb{Z}\}$라고 하자. $m\mathbb{Z}$는 $\mathbb{Z}$의 부분환임을 보여라. $m\mathbb{Z}$는 $\mathbb{Z}$의 아이디얼인지 알아보자.

풀이

예제 2.5.8 실수 행렬환 $R = \left\{ \begin{bmatrix} a & b \\ c & d \end{bmatrix} \mid a, b, c, d \in \mathbb{R} \right\}$에서 두 개의 부분집합 $S = \left\{ \begin{bmatrix} 0 & b \\ 0 & d \end{bmatrix} \mid b, d \in \mathbb{R} \right\}$와 $T = \left\{ \begin{bmatrix} a & b \\ 0 & 0 \end{bmatrix} \mid a, b \in \mathbb{R} \right\}$를 생각하자. S는 좌아이디얼이며 T는 우아이디얼임을 보여라. 양쪽 아이디얼이 되는지 알아보자.

풀이

간단한 성질들

정리 2.5.1 환 R에서 $\{0\}$은 항상 R의 아이디얼이다. R은 자신의 아이디얼이다.

증명

정리 2.5.2 R은 환이며 I, J는 R의 아이디얼일 때 다음이 성립한다.
(1) 아이디얼들의 합 $I+J=\{a+b \mid a\in I,\ b\in J\}$은 아이디얼이다.
$I+J$는 I와 J를 동시에 포함하는 가장 작은 아이디얼이다.
(2) 아이디얼들의 교집합 $I\cap J=\{a \mid a\in I\cap J\}$은 아이디얼이다.
(3) 아이디얼들의 곱 $IJ=\left\{\sum_{i=1}^{n} a_i b_i \mid a_i\in I,\ b_i\in J\right\}$은 아이디얼이다.

증명 (1) 임의의 $r\in R$에 대해

$$\begin{aligned} r(I+J) &= r\{a+b \mid a\in I,\ b\in J\} \\ &= \{r(a+b) \mid a\in I,\ b\in J\} \\ &= \{ra+rb \mid a\in I,\ b\in J\} \\ &= \{a'r+b'r \mid a'\in I,\ b'\in J\} \\ &= \{(a'+b')r \mid a'\in I,\ b'\in J\} \\ &= \{(a'+b') \mid a'\in I,\ b'\in J\}\, r = (I+J)\, r \end{aligned}$$

이 되어 $I+J$는 R의 아이디얼이다.

(2) 임의의 $a\in I\cap J$, $r\in R$라고 하자. 그러면 $ar\in I$이며 $ra\in I$이다. 또한 $ar\in J$이며 $ra\in J$이다. 그러므로

$$ar\in I\cap J \text{이며 } ra\in I\cap J$$

가 되어 $I\cap J$는 R의 아이디얼이다.

(3)은 다음 예제에서 확인해보자. ∎

예제 2.5.9 I, J는 R의 아이디얼일 때 IJ는 R의 아이디얼임을 보여라.

풀이

정리 2.5.3 환 $1 \in R$이며 I는 R의 아이디얼이라고 하자. 다음은 서로 동치이다.
(1) $1 \in I$이다.
(2) $I = R$이다.
(3) I는 가역원(단원)을 포함한다.

증명 (1) $\Rightarrow$ (2): $1 \in I$라고 하자. 임의의 원소 $r \in R$이라고 하자. 아이디얼의 정의에 의해 $r = r1 \in I$이므로 $R \subseteq I$이다. $I \subseteq R$은 당연하므로 $I = R$이 성립한다.

(2) $\Rightarrow$ (1): $I = R$라고 하자. 가정에서 R은 1을 포함하므로 $1 \in R = I$이다.

(1) $\Rightarrow$ (3): $1 \in I$인데, 곱셈의 항등원 1은 가역원이므로 I는 가역원을 포함한다.

(3) $\Rightarrow$ (1): I는 가역원 u를 포함한다고 가정하자. 그러면 $1 = ux$인 원소 $x \in R$가 존재한다. $u \in I$이므로 $ux \in I$, 즉 $1 \in I$이다. ▮

그러므로 곱셈의 항등원을 갖는 환 R에서, I가 R의 진(proper) 아이디얼이 될 동치조건은 I가 가역원을 포함하지 않는 것이다.

정리 2.5.4 만일 R이 나눗셈환이거나 체이면, R의 아이디얼은 $\{0\}$과 R, 단 두 개뿐이다.

증명 I는 R의 아이디얼이라고 하자. 만일 $I \neq \{0\}$라고 하자. 그러면 0이 아닌 원소 $x \in I$가 존재한다. $x \in R$이며 R은 나눗셈환이거나 체이므로 x의 역원 $x^{-1} \in R$이 존재한다. 아이디얼의 정의에 의해

$$xx^{-1} \in I, \text{ 즉, } 1 \in I$$

이다. 따라서 정리 2.5.3에 의해 $I = R$이 된다. ▮

아이디얼의 종류

자주 사용되는 아이디얼을 알아보자.

정의 단 하나의 원소에 의해 생성되는 아이디얼을 **주아이디얼**(principal ideal)이라고 한다. 그러므로 환 R에 속하는 어떤 원소 $a \in R$로 생성되는 주아이디얼은

$$\{ax \mid x \in R\}$$

이며, 간단히 $\langle a \rangle$로 표시한다.

예제 2.5.10 아이디얼 $2\mathbb{Z}$는 2로 생성되는 주아이디얼 $\langle 2 \rangle$이다. 마찬가지로 주아이디얼 $\langle 5 \rangle$는 5의 배수들의 집합 $5\mathbb{Z}$를 의미한다.

예제 2.5.11 $\mathbb{Z}_{12}$에서 주아이디얼을 찾아보자.

$\langle \overline{1} \rangle = \mathbb{Z}_{12}$, $\langle \overline{2} \rangle = \{\overline{2}, \overline{4}, \overline{6}, \overline{8}, \overline{10}, \overline{0}\}$, $\langle \overline{3} \rangle = \{\overline{3}, \overline{6}, \overline{9}, \overline{0}\}$ $\langle \overline{4} \rangle = \{\overline{4}, \overline{8}, \overline{0}\}$,

$\langle \overline{5} \rangle = \{\overline{5}, \overline{10}, \overline{3}, \overline{8}, \overline{1}, \cdots\} = \mathbb{Z}_{12}$, $\langle \overline{6} \rangle = \{\overline{6}, \overline{0}\}$

정의 환 R에서 영원소 0만을 갖는 부분집합 $\{0\}$은 아이디얼이 되며, 이것을 **영아이디얼**(zero ideal)이라고 부른다. 모든 환은 항상 영아이디얼과 자기 자신을 아이디얼로 갖는다.

확인문제

1. 환 R에 대해, 옳은 것을 모두 찾아라.

(1) $S<R$의 부분환에서, S의 항등원은 R의 항등원과 같다.

(2) $S<R$의 부분환에서, S의 단위원(곱셈의 항등원)은 R의 단위원과 같다.

(3) S가 R의 부분환일 필요충분조건은 S가 R의 부분집합으로서 곱셈에 관해 닫혀있다.

2. A, B가 환 R의 아이디얼일 때, 옳지 않은 것을 모두 찾아라.

(1) AB와 $A\cap B$는 R의 아이디얼이다.

(2) $AB\subseteq A\cap B$이다.

(3) $A+B$는 R의 아이디얼이다.

(4) $A\subseteq A+A$, $A\subset AA$이다.

3. 옳은 것을 모두 찾아라.

(1) $\mathbb{Z}$는 $\mathbb{Q}$의 아이디얼이다.

(2) $\mathbb{Q}$는 $\mathbb{R}$의 아이디얼이다.

(3) $\{0\}$는 $\mathbb{Z}$의 아이디얼이다.

(4) F가 체이면 F의 아이디얼은 F이거나 $\{0\}$ 둘 중의 하나이다.

(5) R이 곱셈의 항등원을 갖는 환으로 R의 아이디얼이 R 또는 $\{0\}$이면 R은 체이다.

(6) $\mathbb{Z}_4$는 $4\mathbb{Z}$의 아이디얼이다.

4. 옳지 않은 것을 모두 찾아라.

(1) 환 R에서 소거법이 성립한다면 그 환은 정역이다.

(2) 임의의 체 F는 유한정역이다.

(3) 유한 정역 D는 체이다.

(4) 환 R이 정역이면 소거법이 성립한다.

해답

1. (1) 풀이: (2) $R = \mathbb{Z} + \mathbb{Z}$ 이고 $S = \mathbb{Z} + \{0\}$ 라 하면, $S < R$ 이며, R 의 곱셈의 항등원은 $(1,\ 1)$ 이지만 S 의 곱셈의 항등원은 $(1,\ 0)$ 이다. (3) S 가 R 의 부분환일 필요충분조건은 S 가 R 의 부분군으로서 곱셈에 관해 닫혀있는 것이다.
2. (4) 풀이: (4) $A + A = A$, $AA \subset A$ 이다. 이것은 (2) $AB \subseteq A \cap B$ 의 특별한 경우 $AA \subset A \cap A = A$ 로 쉽게 이해할 수 있다.
3. (3), (4) 풀이: (1) 임의의 원소 $q \in \mathbb{Q}$ 와 $n \in \mathbb{Z}$ 에 대해 $qn \notin \mathbb{Z}$ 이므로 $\mathbb{Z}$ 는 $\mathbb{Q}$ 의 아이디얼이 아니다.

   (2) 마찬가지로 $\mathbb{Q}$ 는 $\mathbb{R}$ 의 아이디얼이 아니다.

   (3) 임의의 $n \in \mathbb{Z}$ 일 때, $n\{0\} = \{0\}$ 이므로 $\{0\}$ 는 $\mathbb{Z}$ 의 아이디얼이다.

   (4) I 는 F 에서 $\{0\}$ 이 아닌 아이디얼이면 임의의 $a \in I$ 는 가역원이므로 $I = F$ 가 된다.

   (5)가 성립하려면, R 이 가환이라는 조건이 있어야 한다.

   (6) 아이디얼이 되려면 우선 부분환이 되어야하는데 $\mathbb{Z}_4$ 는 $4\mathbb{Z}$ 의 부분환이 아니다.
4. (2) 체는 정역이 된다. 그러나 체가 무한히 많은 원소를 갖는다면 유한정역일 수 없다.

6 소아이디얼과 극대아이디얼

환론에서 중요한 역할을 하는 아이디얼을 알아보자.

정의 가환환 R의 아이디얼 P가 다음을 만족할 때 **소아이디얼**(prime ideal)이라고 부른다.

(1) $P \neq R$이다.

(2) 임의의 $a, b \in R$에 대해 만일 $ab \in P$이면 $a \in P$이거나 $b \in P$이다.

R이 임의의 환일 때도 소아이디얼이 정의되지만, 위의 정의와 다소 차이가 있다. 여기서는 가환인 경우로 제한하여 생각하자.

정리 2.6.1 정수환 $\mathbb{Z}$에서 $\{0\}$은 소아이디얼이다.

증명 분명히 $\{0\} \neq \mathbb{Z}$이다. 원소 $a, b \in \mathbb{Z}$에 대해 $ab \in \{0\}$라고 하자. 그러면 $ab = 0$인데, 정수에서는 $a = 0$ 또는 $b = 0$이다. 그러므로

$$a \in \{0\} \text{ 또는 } b \in \{0\}$$

이 되어 $\{0\}$은 소아이디얼이다.

예제 2.6.1 정수환 $\mathbb{Z}$에서 $2\mathbb{Z} = \langle 2 \rangle$는 소아이디얼이다. 그러나 $4\mathbb{Z} = \langle 4 \rangle$는 소아이디얼이 아니다.

풀이 원소 $a, b \in \mathbb{Z}$일 때 $ab \in \langle 2 \rangle$라고 하자. 그러면 ab는 2의 배수이므로 a 또는 b는 반드시 2의 배수이다. 그러므로 $a \in \langle 2 \rangle$ 또는 $b \in \langle 2 \rangle$이다. 만일 $ab \in \langle 4 \rangle$라고 하자. 그러면 ab는 4의 배수이지만, a 또는 b는 반드시 4의 배수일 필요는 없다. 실제로 $a = 2$, $b = 2$인 경우에 $ab \in \langle 4 \rangle$이지만 $a \notin \langle 4 \rangle$이며 $b \notin \langle 4 \rangle$이다.

예제 2.6.2 p가 소수일 때, $p\mathbb{Z} = \langle p \rangle$는 소아이디얼인지 확인하여라.

풀이

정리 2.6.2 정수환 $\mathbb{Z}$에서, $m\mathbb{Z} = \langle m \rangle$가 소아이디얼일 필요충분조건은 m이 소수이다.

증명 $m\mathbb{Z}$는 정수환 $\mathbb{Z}$의 아이디얼이다. 그러므로

$m\mathbb{Z}$는 소아이디얼이다.

$\Leftrightarrow$ 임의의 $a, b \in \mathbb{Z}$에서 $ab \in m\mathbb{Z}$이면 $a \in m\mathbb{Z}$ 또는 $b \in m\mathbb{Z}$이다.

$\Leftrightarrow$ 임의의 $a, b \in \mathbb{Z}$에서 $m \mid ab$이면 $m \mid a$ 또는 $m \mid b$

$\Leftrightarrow$ m은 소수이다. ▮

예제 2.6.3 $\mathbb{Z} \times \{0\}$는 $\mathbb{Z} \times \mathbb{Z}$의 소아이디얼이다. 그러나 $2\mathbb{Z} \times \{0\}$은 $\mathbb{Z} \times \mathbb{Z}$의 소아이디얼이 아니다. 마찬가지로 $\{0\} \times \{0\}$도 $\mathbb{Z} \times \mathbb{Z}$의 소아이디얼이 아니다.

정리 2.6.3 체 F 위의 다항식환 $F[x]$의 모든 아이디얼은 주아이디얼이다.

이 정리의 증명은 9장 다항식환에서 다시 배운다.

극대아이디얼

정의 가환환 R의 아이디얼 M이 다음을 만족할 때 **극대아이디얼**(maximal ideal)이라고 부른다.

(1) $M \neq R$

(2) 만일 $M \subset N \subset R$인 아이디얼 N이 존재한다면 $M = N$이거나 $N = R$이다.

예제 2.6.4 $2\mathbb{Z}$는 $\mathbb{Z}$의 극대아이디얼이다. 그러나 $4\mathbb{Z} \subset 2\mathbb{Z} \subset \mathbb{Z}$이므로, $4\mathbb{Z}$는 $\mathbb{Z}$의 극대아이디얼이 아니다.

정리 2.6.4 가환환 R이며 $1 \in R$일 때, R의 모든 극대아이디얼은 항상 소아이디얼이다.

증명 M는 환 R의 극대아이디얼이라고 하자. 만일 $a, b \in R$에 대해 $ab \in M$이지만 $a \notin M$이라고 가정하자. 그러면 $M + \langle a \rangle$는 R의 아이디얼으로서

$$M \subset M + \langle a \rangle \subset R$$

이다. M이 극대아이디얼이라는 가정에 의해 $M + \langle a \rangle = R$이다. 그러면 정리 2.5.3에 의해

$$1 \in M + \langle a \rangle$$

이다. 그러므로 원소 $m \in M$과 원소 $ra \in \langle a \rangle \ (r \in R)$이 존재하여 $1 = m + ra$이다. 양변에 b를 곱하면

$$b = mb + rab$$

가 된다. 여기서 $mb \in M$이며 $rab \in M$이므로 $b \in M$이 되어 증명이 끝난다. ∎

그러나 소아이디얼이라고 해서 극대아이디얼이라고 말할 수 없다.

예제 2.6.5 환 $\mathbb{Z}$에서, $\{0\}$은 소아이디얼이다. 그러나 $\{0\}$은 극대아이디얼이 아닌데,

$$\{0\} \subset 2\mathbb{Z} \subset \mathbb{Z}$$

인 아이디얼 $2\mathbb{Z}$가 존재하기 때문이다. 마찬가지로 $\{0\} \times \mathbb{Z}$는 $\mathbb{Z} \times \mathbb{Z}$의 소아이디얼이지만 극대아이디얼은 아니다.

그러나 정수환 $\mathbb{Z}$이나 다항식환 $F[x]$에서는 영아이디얼이 아닌 모든 소아이디얼은 극대아이디얼이다.

연습문제

1. 환 R에서 A는 우 아이디얼, B는 좌 아이디얼이며, $A \cap B = \{0\}$이면 $ab = 0(a \in A,$ $b \in B)$임을 보여라.

2. R_1과 R_2는 항등원을 갖는 환이며, I_i는 $R_i\ (i = 1,\ 2)$의 아이디얼이라 하자. $I_1 \times I_2$은 $R_1 \times R_2$의 아이디얼임을 보여라.

3. $\mathbb{Z}_{12}$의 아이디얼을 모두 찾아라.

해답

1. A가 우 아이디얼이므로 임의의 원소 $a \in A$, $b \in B$에 대해 $ab \in A$이다. 마찬가지로 B가 좌 아이디얼이므로, $ab \in B$이다. 그런데 $A \cap B = \{0\}$ 이므로 $ab = 0$ 이다.
2. $I_1 \times I_2$은 $R_1 \times R_2$의 부분환임을 확인한다. 또한 임의의 원소 $(r_1,\ r_2) \in R_1 \times R_2$에 대해,

   $(r_1,\ r_2)(I_1 \times I_2) = r_1 I_1 \times r_2 I_2 = I_1 \times I_2$ 이므로 아이디얼이다.
3. $I_1 = \{0\}$, $I_2 = \{0,\ 2,\ 4,\ 6,\ 8,\ 10\}$, $I_3 = \{0,\ 3,\ 6,\ 9\}$, $I_4 = \{0,\ 4,\ 8\}$, $I_5 = \{0,\ 6\}$, $I_6 = \mathbb{Z}_{12}$가 $\mathbb{Z}_{12}$의 모든 아이디얼이다.

7 상환 (잉여환)

군 G에서 특별한 성질을 갖는 부분군 H의 잉여류들의 집합에 연산을 잘 정의하여 군이 되도록 했을 때 그것을 **상군**(잉여군, quotient group)이라고 정의했다. 마찬가지로 환 R이 있을 때 특별한 성질을 갖는 부분환의 잉여류들의 집합에 연산을 정의하여 환이 될 때 **상환**이라고 부른다. 군론에서 상군을 만드는데 사용되는 특별한 부분군은 정규부분군인데, 상환을 만드는 사용되는 부분환은 아이디얼이다.

정의 R은 환이며 I는 R의 (양쪽) 아이디얼이라고 하자. 원소 $a \in R$에 대하여 집합

$$a+I=\{a+i \mid i \in I\}$$

를 a에 대한 I의 **잉여류**(coset)라고 부른다.

군에서 정의된 잉여류(Ⅰ-6장)를 다시 보자. 부분군 $H \leq G$일 때, 집합

$$gH=\{gh \mid h \in H\}$$

이 $g \in G$에 대한 H의 잉여류이다. 여기서 gH에는 군 $(G,*)$의 연산 $*$이 생략된 형태이므로, 사실은 $g*H$이 잉여류이다. 그런데 환 $(R, +, \cdot)$에서는 연산의 기호를 생략할 수 없으며, 잉여류 $a+I$는 R이 가지고 있는 연산 $+$를 사용한 것임을 알 수 있다.

정의 R은 환이며 I는 R의 (양쪽) 아이디얼이라고 하자. 임의의 원소 $a \in R$에 대해 $a+I$는 I의 잉여류이다. 잉여류들의 집합을

$$S=\{a+I \mid a \in R\}$$

라고 하자. S에 속하는 임의의 두 원소 $a+I$와 $b+I$에 대해 덧셈 $+$과 곱셈 $\cdot$을 다음과 같이 정의하자.

$$(a+I)+(b+I)=(a+b)+I$$

$$(a+I)\cdot(b+I)=ab+I$$

정리 2.7.1 $(S, +, \cdot)$은 환이 된다. 특별히 덧셈의 항등원은 $0+I=I$이며, 임의의 원소 $a+I$의 덧셈의 역원은 $-a+I$이다.

증명 덧셈연산이 잘 정의되어있음을 보이자. 만일 $a+I=a_0+I$이며 $b+I=b_0+I$

라고 하자. 그러면 $a-a_0$와 $b_0-b \in I$ 이다. 그러므로

$$(a-a_0)+I=(b_0-b)+I,$$

즉

$$(a+I)-(a_0+I)=(b_0+I)-(b+I)$$

이므로 $(a+I)+(b+I)=(a_0+I)+(b_0+I)$ 이다.

또한 $(a+I)+(0+I)=(a+I)$ 이므로 $0+I$는 덧셈의 항등원이다. 한편

$$(a+I)+(-a+I)=(a-a)+I=0+I$$

이므로 $-a+I$는 덧셈연산 아래서 $a+I$의 역원이다.

이제 곱셈연산이 잘 정의되어 있음을 보이자. 만일 $a+I=a_0+I$이며 $b+I=b_0+I$이라면 적당한 원소 $i,\ j \in I$에 대하여 $a=a_0+i$ 이며 $b=b_0+j$ 로 표현할 수 있다. 그러면

$$\begin{aligned}(a+I)(b+I) &= ab+I \\ &= (a_0+i)(b_0+j)+I \\ &= a_0b_0+a_0j+ib_0+ij+I\end{aligned}$$

이다. 그런데 아이디얼의 정의에 의해 $a_0j+ib_0+ij \in I$이므로

$$\begin{aligned}(a+I)(b+I) &= a_0b_0+a_0j+ib_0+ij+I \\ &= a_0b_0+I \\ &= (a_0+I)+(b_0+I)\end{aligned}$$

이다.

곱셈연산의 결합법칙에 관하여

$$\begin{aligned}(a+I)[(b+I)(c+I)] &= (a+I)(bc+I) \\ &= a(bc)+I \\ &= (ab)c+I \\ &= (ab+I)(c+I) \\ &= [(a+I)(b+I)](c+I)\end{aligned}$$

이 성립한다. 마찬가지로 분배법칙도 확인할 수 있다.

$$\begin{aligned}(a+I)[(b+I)+(c+I)] &= (a+I)(b+c+I)\\ &= a(b+c)+I\\ &= ab+ac+I\\ &= (ab+I)(ac+I)\\ &= (a+I)(b+I)+(a+I)(c+I)\end{aligned}$$

그러므로 집합 S는 환이 된다. ▮

이 때 S를 R/I로 표시하고 I에 의한 **상환**(잉여환, quotient ring)이라고 부른다.

> **예제 2.7.1** 환 R에서 자기 자신 R과 $\{0\}$은 R의 아이디얼이다. 아이디얼 $\{0\}$에 의한 상환 $R/\{0\}$은 R과 동일한 구조가 된다. 한편 아이디얼 R에 의한 상환은 $R/R=\{0\}$이다.

상환의 구조

환 R의 성질로부터 상환 R/I의 성질을 알 수 있다.

> **정리 2.7.2** 환 $1\in R$이면, R/I는 곱셈의 항등원 $1+I$를 갖는다. 더욱이 R이 가환환이면 R/I도 가환환이다.

증명 R/I에 속하는 임의의 원소 $r+I$에 대해

$$(1+I)(r+I)=1r+I=r+I$$

이므로 $1+I$는 R/I의 곱셈의 항등원이다. 또한 임의의 원소 $a+I$와 $b+I\in R/I$에 대해,

$$\begin{aligned}(a+I)(b+I) &= ab+I\\ &= ba+I=(b+I)(a+I)\end{aligned}$$

이 되므로 R/I도 가환환이다. ▮

그러나 R이 정역이라고 해서 R/I가 항상 정역인 것은 아니다. 예를 들어서 $R=\mathbb{Z}$ 정수환이라고 하자. 그러면 R은 정역이다. 만일 $I=\langle 6\rangle$는 6에 의해 생성되는 주아

이디얼이라고 하자. 상환 R/I에 속하는 $2+I$와 $3+I$는 0이 아닌 두 원소이다. 그러나

$$(2+I)(3+I)=6+I=0+I$$

이므로 R/I는 정역이 아니다.

아이디얼 I의 성질은 상환 R/I의 구조를 결정하는데 중요한 역할을 한다.

정리 2.7.3 R은 가환환이고 I는 R의 아이디얼이라고 하자. 그러면 R/I가 정역일 필요충분조건은 I가 소아이디얼이다.

증명 R/I가 정역이라고 가정하자. 그러면 R/I 안에서 $1 \neq 0$이므로 $I \neq R$이다. I가 소이아디얼임을 보이기 위해 $ab \in I$라고 가정하자. 그러면

$$(a+I)(b+I)=ab+I=I=0_{R/I}$$

이다. 그런데 R/I가 정역이므로

$$a+I=I \text{ 이거나 } b+I=I$$

이다. 다시 말해서 $a \in I$이거나 $b \in I$가 되어, I는 소아이디얼이 된다.

I가 소아이디얼이라고 가정하자. 그러면 R/I는 가환환이다. 이제 R/I가 정역임을 보이기 위해, 임의의 두 원소 $a+I,\ b+I \in R/I$에 대해

$$(a+I)(b+I)=I$$

라고 가정하자. 그러면 $ab+I=I$가 되어 $ab \in I$이다. 가정에서 I는 소아이디얼이므로 $a \in I$이거나 $b \in I$가 되어,

$$a+I=I \text{ 이거나 } b+I=I$$

이다. 따라서 R/I는 정역이다. ∎

소아이디얼이 유용한 점은 소아이디얼로 만들어진 상환에 영인자가 없기 때문이다.

정리 2.7.4 가환환 $1 \in R$이며 I는 R의 아이디얼이라고 하자. 그러면 R/I가 체가 될 필요충분조건은 I가 극대아이디얼이다.

증명 R/I가 체일 때 I가 극대아이디얼임을 보이자. $1 \in R/I$이므로 $I \neq R$이다. 만일

$$I \subset J \subset R$$

인 아이디얼 J가 존재한다고 가정하자. $I \neq J$라고 가정하자. 그러면 원소 $x \in J - I$가 존재한다. 그러므로 $x+I$는 R/I에 속하는 0이 아닌 원소이다. 가정에서 R/I가 체이므로,

$$(x+I)(y+I) = xy + I = 1 + I$$

가 되는 원소 $y \in R$가 존재한다. 특별히

$$xy = 1 + a \ \ (\text{여기서 } a \in I)$$

라고 하면 $1 = xy - a$이다. 그런데 $x \in J$이므로 $xy \in J$이다. 또한 $a \in I \subset J$이다. 따라서 $1 = xy - a \in J$가 되어 $J = R$이다. 따라서 I는 극대아이디얼이다.

반대로 I가 극대아이디얼이라고 가정하고 R/I가 체가 됨을 보이자. R이 가환환이므로 R/I는 가환환이다. 그러므로 R/I에 속하는 0이 아닌 임의의 원소 $r+I$의 역원이 존재하는 것을 보이면 충분하다. $0 \neq r+I$이므로 $r \notin I$이다. 그러므로

$$I \subset I + \langle r \rangle \subset R$$

이다. 가정에서 I가 극대아이디얼이므로 $I + \langle r \rangle = R$이다. $1 \in R$이므로

$$1 = a + rx \ \ (\text{여기서 } a \in I,\ x \in R)$$

로 표현할 수 있다. 따라시

$$\begin{aligned} 1 + I &= (a + rx) + I \\ &= (a + I) + (rx + I) \\ &= (rx + I) \\ &= (r + I)(x + I) \end{aligned}$$

이 되어 $r+I$의 역원 $x+I$가 존재한다. ▮

확인문제

1. 상환 R/I 에 대해, 옳은 것을 모두 찾아라.

(1) R/I 는 집합으로서 $\{r+I \mid r \in R\}$ 이다.

(2) R/I 는 R 의 부분환이다.

(3) R/I 는 R 과 동일한 연산 아래서 환이다.

(4) R 이 가환이지만 R/I 는 비가환일 수 있다.

(5) R 이 곱셈의 항등원(단위원)을 포함하면 R/I 도 동일한 단위원을 갖는다.

2. 가환환 R 과 아이디얼 I 에 대해, 옳지 않은 것을 모두 찾아라.

(1) R/I 가 정역일 필요충분조건은 I 가 소아이디얼이다.

(2) R/I 가 체일 필요충분조건은 I 가 극대아이디얼이다.

(3) I 가 극대아이디얼일 때, I 는 소아이디얼이 될 수 있다.

(4) I 가 소아이디얼일 때, I 는 극대아이디얼이 될 수 있다.

(5) 극대아이디얼은 가장 큰 아이디얼로서 유일하게 존재한다.

3. 옳지 않은 것을 모두 찾아라.

(1) 가환환 R 이 정역이 될 필요충분조건은 $\{0\}$ 이 소아이디얼인 것이다.

(2) 가환환 R 이 체가 될 필요충분조건은 $\{0\}$ 이 유일한 소아이디얼인 것이다.

(3) 가환환 R 이 체가 될 필요충분조건은 $\{0\}$ 이 극대아이디얼인 것이다.

(4) 체 F 의 아이디얼은 $\{0\}$ 과 F 이며, $\{0\} < F$ 이므로 F 가 극대아이디얼이다.

(5) 체 F 의 극대아이디얼은 유일하게 존재한다.

4. 옳지 않은 것을 모두 찾아라.

(1) R 이 체이면 R 은 단 하나의 아이디얼을 갖는다.

(2) $1_R \in R$ 인 가환환에서 R 이 정역이면 $\{0_R\}$ 은 소아이디얼이다.

(3) $1_R \in R$ 인 가환환에서 $\{0_R\}$ 이 소아이디얼이면 R 은 정역이다.

(4) $1_R \in R$ 인 가환환에서 R 이 체이면 $\{0_R\}$ 은 극대아이디얼이다.

(5) $1_R \in R$ 인 가환환에서 $\{0_R\}$ 이 극대아이디얼이면 R 은 체이다.

해답

1. (1) 풀이: (2) R/I 의 원소는 R 의 원소와 다른 형태를 가졌으므로 부분환이 될 수 없다.
   (2) R/I 의 연산은
   $$(r+I)+(a+I)=(r+a)+I$$
   이며
   $$(r+I)+(a+I)=ra+Ia+rI+I$$
   로서 R 이 연산과 다르다.
2. (5) 풀이: (3), (4) 일반적으로 모든 극대아이디얼은 소아이디얼이다. 그러나 소아이디얼이 극대아이디얼이 되는 경우도 있다. (5) 극대아이디얼이 유일하게 존재하는 것은 아니다.
3. (4) 풀이: (4), (5) 극대아이디얼은 정의로부터 극대아이디얼은 환과 동일한 것은 제외한다. 그러므로 체의 극대아이디얼은 $\{0\}$ 이며, 따라서 유일한 극대아이디얼이다.
4. (1) 풀이: 체이면, 단 두 개의 아이디얼 $\{0_R\}$과 R 이 존재한다.

연습문제

1. 환 R이 영인자를 가지면, R의 상환(잉여환)도 영인자를 가짐을 증명하여라.

2. $\mathbb{Z}\times\mathbb{Z}$의 소아이디얼이 아닌 것을 모두 찾아라.

(1) $\mathbb{Z}\times n\mathbb{Z}$ (n: 소수)　(2) $m\mathbb{Z}\times\mathbb{Z}$ (m: 소수)　(3) $\mathbb{Z}\times\{0\}$

(4) $\{0\}\times\mathbb{Z}$　(5) $\{0\}\times\{0\}$

3. 옳지 않은 것을 모두 찾아라.

(1) 환 $\mathbb{Z}_8$의 극대아이디얼은 $\langle 2\rangle$ 이다.

(2) 환 $\mathbb{Z}_{12}$의 극대아이디얼은 $\langle 2\rangle$, $\langle 3\rangle$, $\langle 6\rangle$ 이다.

(3) 환 $\mathbb{Z}+\mathbb{Z}$에서 $2\mathbb{Z}+\mathbb{Z}$는 극대아이디얼이다.

(4) 환 $\mathbb{Z}+\mathbb{Z}$에서 $\mathbb{Z}+\{0\}$는 극대아이디얼이 아닌 소아이디얼이다.

(5) 환 $\mathbb{Z}+\mathbb{Z}$에서 $4\mathbb{Z}+\{0\}$는 소아이디얼이 아닌 아이디얼이다.

해답

1. a가 R의 영인자이면 $a\neq 0$이며 $ab=0$이다($0\neq b\in R$). 그러므로 $(a+I)(b+I)=ab+I=0+I=I$가 되어 상환 R/I도 영인자를 갖는다.

2. (5) 풀이: $(\mathbb{Z}\times\mathbb{Z})/(\{0\}\times\{0\})\cong\mathbb{Z}\times\mathbb{Z}$로서 정역이 아니므로 $\{0\}\times\{0\}$는 소아이디얼이 될 수 없다. 한편 $(\mathbb{Z}\times\mathbb{Z})/(\mathbb{Z}\times\{0\})\cong\{0\}\times\mathbb{Z}\cong\mathbb{Z}$이므로 정역이다.

3. (2) 풀이: $\mathbb{Z}_{12}$의 극대아이디얼은 $\langle 2\rangle$, $\langle 3\rangle$ 이다. 실제로 "$\mathbb{Z}_n$에서 $\langle a\rangle$가 극대아이디얼이 될 필요충분조건은 $\gcd(n,a)=$소수이다." 그러므로 $\langle a\rangle$가 $\mathbb{Z}_8$의 극대아이디얼이려면 $\gcd(a,\ 8)$이 소수인 2가 되어야한다. 따라서 $a=2$이다. 또한 $\langle a\rangle$가 $\mathbb{Z}_{12}$의 극대아이디얼이려면 $\gcd(a,\ 12)=2$ 또는 3이 되어,
$a=2,\ 3,\ 9,\ 10$이다. 그런데 $\langle 2\rangle=\langle 10\rangle$, $\langle 3\rangle=\langle 9\rangle$이므로, $\mathbb{Z}_{12}$의 극대아이디얼은 $\langle\bar{2}\rangle$와 $\langle\bar{3}\rangle$이다.

8 환 준동형사상

두 개의 군 G와 H가 있을 때, 준동형사상 $f: G \to H$는 G에 속하는 임의의 두 원소 x, y에 대해 $f(xy)=f(x)f(y)$를 만족하는 함수를 말한다. 여기서 G의 연산을 $*$, H의 연산을 $\circ$ 라고 하면 $f(x*y)=f(x) \circ f(y)$로 표현되어야 하는데, 군에서는 연산이 하나 밖에 없으므로 연산의 기호를 생략하더라도 혼동되지 않는다.

군에서와 마찬가지로 두 개의 환 위에서 준동형사상을 정의할 수 있다. 그러나 환에는 연산이 두 개 있으므로 기호를 생략하지 않아야 한다.

정의 $(R, +, \cdot)$과 $(S, +, \cdot)$는 환이라고 하자. 함수 $f: R \to S$가 임의의 $a, b \in R$에 대해

$$f(a+b)=f(a)+f(b)$$

이며

$$f(ab)=f(a)f(b)$$

를 만족할 때, f는 **환 준동형사상(ring homomorphism)**이라고 부른다. 이것은 덧셈연산과 곱셈연산에 대해 환의 구조를 그대로 보존한다는 의미이다.

혼돈을 피하기 위해, 환 준동형사상이라고 부르는 것처럼 군에서 정의된 준동형사상을 **군 준동형사상**이라고 부른다.

정리 2.8.1 환 준동형사상은 덧셈에 대한 항등원과 덧셈에 대한 역원을 보존한다.

증명 군 준동형사상의 경우와 유사하게 증명할 수 있다.

환 동형사상

군에서의 동형사상과 마찬가지로, 환(ring)에서 동형사상을 정의할 수 있다.

정의 R과 S가 환일 때, 전단사인 준동형사상 $f: R \to S$를 **환 동형사상**(ring isomorphism)이라고 부른다. 이 때 R과 S는 **환동형**이라 부르고 기호 $R \cong S$로 표시한다.

$(\mathbb{Z}, +, \cdot)$는 정수환, $(\mathbb{Z}_n, +, \cdot)$는 법 n에 대한 정수환, $(\mathbb{C}, +, \cdot)$는 복소수환, 그리고 $M_2(\mathbb{R})$은 실수성분의 2×2 행렬환이라고 하자.

예제 2.8.1 $f: \mathbb{Z} \to \mathbb{Z}_n,\ x \mapsto \overline{x}$라고 하자. f는 환 준동형사상이다. f는 환 동형사상인가?

풀이

예제 2.8.2 $g: \mathbb{Z} \to \mathbb{Z},\ x \mapsto 2x$라고 하자. $(\mathbb{Z}, +)$를 정수군으로 생각할 때, g는 군 준동형사상인가? $(\mathbb{Z}, +, \cdot)$를 정수환으로 생각할 때, g는 환 준동형사상인가?

풀이 g는 군 준동형사상이다. 그러나 임의의 $x, y \in \mathbb{Z}$에 대하여,

$$g(xy) = 2xy \text{ 이며 } g(x)g(y) = (2x)(2y) = 4xy$$

인데, $g(xy) \neq g(x)g(y)$이므로 환 준동형사상이 아니다.

예제 2.8.3 복소수의 집합 $\mathbb{C}$에서 $h: \mathbb{C} \to M_2(\mathbb{R}),\ a+bi \mapsto \begin{bmatrix} a & b \\ -b & a \end{bmatrix}$로 정의된 함수는 환 동형사상임을 보여라.

풀이

예제 2.8.4 환 준동형사상 $\mathbb{Z} \to \mathbb{Z} \times \mathbb{Z}$을 모두 찾아라.

풀이 $f: \mathbb{Z} \to \mathbb{Z} \times \mathbb{Z}$를 환 준동형사상이라 하자. 그러면

$$f(a) = (h_1(a),\ h_2(a)) \in \mathbb{Z} \times \mathbb{Z}\ (\forall a \in \mathbb{Z})$$

인데, 여기서 $h_1: \mathbb{Z} \to \mathbb{Z}$과 $h_2: \mathbb{Z} \to \mathbb{Z}$는 환 준동형사상이다.

만일 h_1이 자명한 준동형사상이면 $h_1(a)=0\ (\forall a\in\mathbb{Z})$이다. 그렇지 않다면, 적당한 $a\in\mathbb{Z}$가 존재하여 $h_1(a)\neq 0$이다. 그러면

$$h_1(a)=h_1(1a)=h_1(1)h_1(a)$$

가 되어 $h_1(1)=1$이 된다. 그러므로

$$\begin{aligned} h_1(a) &= h_1(1+1+\cdots+1) \quad (a\text{번 덧셈}) \\ &= h_1(1)+h_1(1)+\cdots+h_1(1) \\ &= ah_1(1)=a \end{aligned}$$

이다. 따라서 환 준동형사상 $f:\mathbb{Z}\to\mathbb{Z}\times\mathbb{Z}$는 4가지 가능성이 있어서 실제로, 임의의 원소 $a\in\mathbb{Z}$에 대해

$$f_1(a):=(0,0)\ ;\ f_2(a):=(0,a)\ ;\ f_3(a):=(a,0)\ ;\ f_4(a):=(a,a)$$

이다.

다음과 같이 생각할 수도 있다. 만약 $f:\mathbb{Z}\to\mathbb{Z}\times\mathbb{Z}$가 환 준동형사상이면, 적당한 환 준동형사상들 $\alpha:\mathbb{Z}\to\mathbb{Z}$와 $\beta:\mathbb{Z}\to\mathbb{Z}$에 의해

$$f(x)=(\alpha(x),\ \beta(x))\in\mathbb{Z}\times\mathbb{Z}$$

가 된다. 그런데 환 준동형사상 α와 β는 각각 2가지 가능성이 있으므로, $f:\mathbb{Z}\to\mathbb{Z}\times\mathbb{Z}$는 다음의 4가지 가능성이 있다.:

$$f_1(x)=(0,0),\ f_2(x)=(0,x),\ f_3(x)=(x,0),\ f_4(x)=(x,x)\ \ (\forall x\in\mathbb{Z})$$

환 동형정리

군에서와 마찬가지로 환에서도 세 종류의 동형정리를 말 할 수 있다. 군에서 정규부분군의 역할을 대신하여 환에서는 아이디얼(ideal)을 사용하여 설명하게 된다. 증명은 군 동형정리와 유사하게 할 수 있다.

정리 2.8.2 제1 동형정리

R과 S는 환이며 $f:R\to S$는 환 준동형사상이라고 하자. 그러면 $\mathrm{Ker}(f)$는 R의 아이디얼이며 $R/\mathrm{Ker}(f)$과 $\mathrm{Im}(f)$는 환 동형이다.

정리 2.8.3 제2 동형정리
환 R의 두 개의 부분환 A와 I에 대해, I는 R의 아이디얼이라고 하자. 그러면 $A/(A \cap I)$와 $(A+I)/I$는 환 동형이다.

정리 2.8.4 제3 동형정리
환 R의 두 개의 아이디얼 A와 I에 대해, I가 A에 포함된다고 하자. 그러면 R/A는 $(R/I)/(A/I)$과 환 동형이다.

예제 2.8.5 제 1, 제 2, 제 3 동형정리를 다이어그램으로 나타내어라.

풀이

예제 2.8.6 환 $R=\mathbb{Z}$이며 R의 아이디얼 $I=n\mathbb{Z}$이라고 하자. 그러면 상환 $R/I=\mathbb{Z}/n\mathbb{Z}$에서 $\mathbb{Z}_n$으로 대응하는 환 동형사상이 존재한다. 다시 말해서 $\mathbb{Z}/n\mathbb{Z}$과 $\mathbb{Z}_n$은 환동형이다.

풀이 정의에 의해

$$\mathbb{Z}/n\mathbb{Z} = \{a+n\mathbb{Z} \mid a \in \mathbb{Z}\} = \{0+n\mathbb{Z},\ 1+n\mathbb{Z},\ 2+n\mathbb{Z},\ \cdots,\ (n-1)+n\mathbb{Z}\}$$

이다. 함수

$$f : \mathbb{Z}/n\mathbb{Z} \to \mathbb{Z}_n,\quad f(a+n\mathbb{Z}) = \overline{a}$$

라고 정의하자. 여기서 $a \in \mathbb{Z}$이며 $\overline{a}$는 법 n에 관한 잉여류이다.

그러면 f는 전단사함수임을 쉽게 확인할 수 있다. 또한

$$\begin{aligned} f((a+n\mathbb{Z})+(b+n\mathbb{Z})) &= f((a+b)+n\mathbb{Z}) \\ &= \overline{a+b} \\ &= \overline{a}+\overline{b} \\ &= f(a+n\mathbb{Z})+f(b+n\mathbb{Z}) \end{aligned}$$

이며, 마찬가지로

$$\begin{aligned} f((a+n\mathbb{Z})(b+n\mathbb{Z})) &= f(ab+n\mathbb{Z}) \\ &= \overline{ab} \\ &= \overline{a}\,\overline{b} \\ &= f(a+n\mathbb{Z})f(b+n\mathbb{Z}) \end{aligned}$$

이 성립한다. 따라서 $\mathbb{Z}/n\mathbb{Z}$과 $\mathbb{Z}_n$은 환동형이다.

간단한 성질을 알아보자.

정리 2.8.5 실수체 $\mathbb{R} \to \mathbb{R}$로 정의되는 환 동형사상은 항등함수이다.

증명

정리 2.8.6 F와 E가 체이며, $f: F \to E$가 환 준동형사상이면 f는 자명한 함수이거나 단사함수이다.

증명 환 준동형사상 $f: F \to E$의 $\mathrm{Ker}f$를 생각하면 $\mathrm{Ker}f$는 항상 F의 아이디얼이다. 그런데 F가 체이므로

$$\mathrm{Ker}f\text{는 } 0\text{이거나 } \mathrm{Ker}f = F,$$

즉 f는 단사함수이거나 자명한 함수이다. ∎

정리 2.8.7 $f: R \to S$가 환 준동형사상이라고 하자. 만일 R이 체이며 $f(1_R) \neq 0$이면 $f(R)$는 체이다.

증명 R이 체라고 하자. 그러면 $f(R)$은 가환환이다. $f(1_R) \neq 0$이므로 $f(R)$은 곱셈의 항등원 $f(1_R)$을 갖는다. 임의의 원소 $0 \neq f(x) \in f(R)$을 생각하자. R이 체이며 $0 \neq x \in R$이므로, $x^{-1} \in R$이 존재한다. 그러면

$$f(x)f(x^{-1}) = f(1_R)$$

이 곱셈의 항등원이다. 그러므로 $f(R)$은 체이다. ∎

정리 2.8.8 $f: R \to S$가 환 동형사상라고 하자. 1_R 이 R의 곱셈의 항등원이면 $f(1_R)$은 $f(R)$의 곱셈의 항등원이다. 또한 f는 R의 0원소를 S의 0원소로 대응시킨다.

증명 임의의 $y \in f(R)$은 $y = f(x)$ $(x \in R)$로 되어,

$$\begin{aligned} y \cdot f(1_R) &= f(x)(1_R) \\ &= f(x1_R) \\ &= f(x) = y \end{aligned}$$

이므로 $f(1_R)$은 $f(R)$의 곱셈의 항등원이다. ▮

정리 2.8.9 R과 S는 정역이며 1_R, 1_S를 각각의 항등원이라 하자. $f: R \to S$가 환 준동형사상이면 모든 $x \in R$에 대해 $f(x) = 0$이거나 $f(1_R) = (1_S)$이다.

증명 만약 $x \in R$, $f(x) \neq 0$이라 하자. 그러면

$$\begin{aligned} f(x)1_S &= f(x) \\ &= f(x1_R) \\ &= f(x)f(1_R) \end{aligned}$$

이다. 정역이므로 소거법이 성립하여, $1_S = f(1_R)$이다. ▮

동형사상의 응용

동형사상 정리를 사용하여, 아이디얼을 찾아보자.

예제 2.8.7 $\mathbb{Z}_m$의 아이디얼 I를 찾고, 상환 $\mathbb{Z}_m/I$을 설명하라.

풀이 $(\mathbb{Z}_m, +)$가 순환군이므로 모든 부분군은 순환군이다. 그러므로 $\mathbb{Z}_m$의 아이디얼은 $\langle a \rangle$ $(a \in \mathbb{Z}_m)$의 형태이다. 군에서처럼, $\mathbb{Z}_m$에서 $\langle a \rangle = \langle \gcd(a, m) \rangle$이며 $\gcd(a, m) \mid m$이다. 그러므로 $\mathbb{Z}_m$의 아이디얼은 $\langle a \rangle = a\mathbb{Z}_m$으로서 $a \mid m$이다. 또한

$$\mathbb{Z}_m/I \cong \mathbb{Z}_m/\langle a \rangle \cong \mathbb{Z}_a$$

이다.

예제 2.8.8 $\mathbb{Z}_{12}$의 아이디얼을 찾고, 그 중에서 소아이디얼과 극대아이디얼을 말하라.

풀이 $\mathbb{Z}_{12}$의 아이디얼은 12의 약수인 a에 대해 $a\mathbb{Z}_{12}$, 즉

$$\mathbb{Z}_{12},\ 2\mathbb{Z}_{12},\ 3\mathbb{Z}_{12},\ 4\mathbb{Z}_{12},\ 6\mathbb{Z}_{12},\ 12\mathbb{Z}_{12}=\{0\}$$

이다. 각각 아이디얼에 관한 상환은

$$\mathbb{Z}_1=\{0\},\ \mathbb{Z}_2,\ \mathbb{Z}_3,\ \mathbb{Z}_4,\ \mathbb{Z}_6,\ \mathbb{Z}_{12}$$

이다. 여기서 상환 $\mathbb{Z}_2$와 $\mathbb{Z}_3$만이 정역이므로, $\mathbb{Z}_{12}$의 소아이디얼은 $2\mathbb{Z}_{12}\cong\langle 2\rangle$와 $3\mathbb{Z}_{12}\cong\langle 3\rangle$이다. 또한 이것들만이 극대아이디얼이다.

확인문제

1. $f: R\to S$가 환 동형사상일 때, 옳은 것을 모두 찾아라.

(1) T가 R의 부분환이면 $f(T)$는 $f(R)$의 부분환이다.

(2) T가 R의 아이디얼이면 $f(T)$는 $f(R)$의 아이디얼이다.

(3) U가 S의 부분환이면 $f^{-1}(U)$는 R의 부분환이다.

(4) U가 S의 아이디얼이면 $f^{-1}(U)$는 R의 아이디얼이다.

2. 환 준동형사상 $0\neq f: R\to S$가 전사일 때, 옳지 않은 것을 모두 찾아라.

(1) I가 R의 아이디얼이면 $f(I)$는 S의 아이디얼이다.

(2) J가 S의 아이디얼이면 $f^{-1}(J)$는 R의 아이디얼이다.

(3) R이 곱셈의 항등원을 가지면 S도 곱셈의 항등원을 갖는다.

(4) S가 곱셈의 항등원을 가지면 R도 곱셈의 항등원을 갖는다.

3. 옳지 않은 것을 모두 찾아라.

(1) $n\neq m$ 일 때, 환 $\mathbb{Z}_n$과 $\mathbb{Z}_m$은 서로 동형이 될 수 없다.

(2) 환 준동형사상 $f: R\to S$는 R의 영인자를 S의 영인자로 대응시킨다.

(3) 환 준동형사상 $f: R\to S$는 $a\in R$의 역원을 $f(a)\in S$의 역원으로 대응시킨다.

4. 환 준동형사상 $f : R \to S$에 대한 설명으로 옳지 않은 것을 모두 찾아라.

(1) R이 가환이면 $f(R)$도 가환이다.

(2) 환 $1_R \in R$이며 $f(1_R) \neq 0$이면 $f(1_R)$은 $f(R)$의 곱셈의 항등원이다.

(3) 환 $1_R \in R$이며 $f(1_R) = 0$이면 $f(R) = \{0\}$이다.

(4) R이 정역이면 $f(R)$도 정역이다.

5. 환 준동형사상 $f : R \to S$ 일 때, 옳은 것을 모두 찾아라.

(1) T가 $f(R)$의 아이디얼이면 $f^{-1}(T)$가 R의 아이디얼이다.

(2) T가 S의 부분환이면 $f^{-1}(T)$가 R의 부분환이다.

(3) R이 체이면 f는 R과 $f(R)$ 위에서의 동형사상이거나 $f(x) = 0$(모든 $x \in R$)인 자명한 준동형사상이다.

해답

1. (1), (2), (3), (4) 풀이: 환 동형사상은 부분환과 아이디얼을 그대로 보존한다.

2. (4) 풀이: S가 곱셈의 항등원을 갖더라도 R이 곱셈의 항등원을 갖지 않을 수도 있다.

3. (2)

4. (4) 풀이: (4) $f : \mathbb{Z} \to \mathbb{Z}_6$, $x \mapsto x(\mathrm{mod}6)$는 준동형사상으로 $f(\mathbb{Z}) = \mathbb{Z}_6$이다. $\mathbb{Z}$는 정역이지만 $\mathbb{Z}_6$는 정역이 아니다. (2) $f(1_R)f(x) = f(1_R x) = f(x)$이므로 $f(1_R)$은 곱셈의 항등원이다. (3) $f(1_R) = 0$이므로 모든 $r \in R$에 대해

$$f(r) = f(r \cdot 1_R) = f(r)f(1_R) = 0$$

이므로 $f(R) = \{0\}$이다.

5. (1), (2), (3)

연습문제

1. $\mathbb{Z}/4\mathbb{Z}$는 $\mathbb{Z}_4$와 (환)동형임을 보여라.

2. $f: R \to R^*$를 환 준동형사상이고, I, J는 R의 아이디얼, 또한 I^*은 R^*의 아이디얼이라고 하자. 옳은 것을 모두 찾아라.

(1) $(I+J)/I \cong J/(I\cap J)$ 이다.

(2) $I \le J$ 이면 $R/J \cong (R/I)/(J/I)$이다.

(3) f는 새로운 환 준동형사상 $\overline{f}: R/I \to R^*/I^*$를 만든다.

(4) f가 전사일 때, u가 R의 가역원이면 $f(u)$는 R^*의 가역원이다.

3. F는 체, $R=\left\{\begin{bmatrix} a & b \\ 0 & c \end{bmatrix} \mid a,\ b,\ c \in F\right\}$, $I=\left\{\begin{bmatrix} 0 & d \\ 0 & 0 \end{bmatrix} \mid d \in F\right\}$

그리고 $J=\left\{\begin{bmatrix} a & 0 \\ 0 & c \end{bmatrix} \mid a,\ c \in F\right\}$라고 하자.

(1) R는 $M_2(F)$의 부분환, I는 R 아이디얼, 그리고 J는 $M_2(F)$의 부분환임을 보여라.

(2) $R/I \cong J$ 임을 보여라.

4. $2\mathbb{Z}/8\mathbb{Z}$의 덧셈표와 곱셈표를 써라. $2\mathbb{Z}/8\mathbb{Z}$는 $\mathbb{Z}_4$와 환 동형인지 조사하여라.

해답

1. $\mathbb{Z}/4\mathbb{Z} \to Z_4$, $0+4\mathbb{Z} \mapsto 0$, $1+4\mathbb{Z} \mapsto 1$, $2+4\mathbb{Z} \mapsto 2$, $3+4\mathbb{Z} \mapsto 3$로 정의하면 환 동형사상이다.
2. (1), (2)는 환 동형사상 정리에서 쉽게 볼 수 있다. (3)이 성립하려면, 조건 $f(I) \subseteq I^*$이 필요하다. (4)는 $u \notin \mathrm{Ker} f$ (즉, $f(u) \neq 0$)이라는 조건이 있을 때 성립한다.
3. R는 $M_2(F)$의 부분환이며, I는 R 아이디얼이 됨을 쉽게 확인할 수 있다. 또한 J는 $M_2(F)$의 부분환임을 쉽게 볼 수 있다.

함수 $f: R \to J$, $\begin{bmatrix} a & b \\ 0 & c \end{bmatrix} \mapsto \begin{bmatrix} a & 0 \\ 0 & c \end{bmatrix}$를 정의하자. 그러면

$$f\left(\begin{bmatrix} a & b \\ 0 & c \end{bmatrix} + \begin{bmatrix} a' & b' \\ 0 & c' \end{bmatrix}\right) = f\left(\begin{bmatrix} a+a' & b+b' \\ 0 & c+c' \end{bmatrix}\right)$$

$$= \begin{bmatrix} a+a' & 0 \\ 0 & c+c' \end{bmatrix} = \begin{bmatrix} a & 0 \\ 0 & c \end{bmatrix} + \begin{bmatrix} a' & 0 \\ 0 & c' \end{bmatrix} = f\left(\begin{bmatrix} a & b \\ 0 & c \end{bmatrix}\right) + f\left(\begin{bmatrix} a' & b' \\ 0 & c' \end{bmatrix}\right)$$

$$f\left(\begin{bmatrix} a & b \\ 0 & c \end{bmatrix} \begin{bmatrix} a' & b' \\ 0 & c' \end{bmatrix}\right) = f\left(\begin{bmatrix} aa' & ab'+bc' \\ 0 & cc' \end{bmatrix}\right)$$

$$= \begin{bmatrix} uu' & 0 \\ 0 & cc' \end{bmatrix} = \begin{bmatrix} a & 0 \\ 0 & c \end{bmatrix} \begin{bmatrix} a' & 0 \\ 0 & c' \end{bmatrix} = f\left(\begin{bmatrix} a & b \\ 0 & c \end{bmatrix}\right) f\left(\begin{bmatrix} a' & b' \\ 0 & c' \end{bmatrix}\right)$$

이므로 환준동형사상이다. 또한 전사함수인 것은 분명하다. 그런데

$$\ker f = \left\{\begin{bmatrix} a & b \\ 0 & c \end{bmatrix} \mid \begin{bmatrix} a & 0 \\ 0 & c \end{bmatrix} = 0\right\} = \left\{\begin{bmatrix} a & b \\ 0 & c \end{bmatrix} \mid -a = c = 0\right\} = \left\{\begin{bmatrix} 0 & b \\ 0 & 0 \end{bmatrix} \mid -b \in F\right\} = I$$

이므로, 제1 동형정리에 의해 $R/I \cong J$이다.

4.

$+$	$0+8\mathbb{Z}$	$2+8\mathbb{Z}$	$4+8\mathbb{Z}$	$6+8\mathbb{Z}$
$0+8\mathbb{Z}$	$0+8\mathbb{Z}$	$2+8\mathbb{Z}$	$4+8\mathbb{Z}$	$6+8\mathbb{Z}$
$2+8\mathbb{Z}$	$2+8\mathbb{Z}$	$4+8\mathbb{Z}$	$6+8\mathbb{Z}$	$0+8\mathbb{Z}$
$4+8\mathbb{Z}$	$4+8\mathbb{Z}$	$6+8\mathbb{Z}$	$0+8\mathbb{Z}$	$2+8\mathbb{Z}$
$6+8\mathbb{Z}$	$6+8\mathbb{Z}$	$0+8\mathbb{Z}$	$2+8\mathbb{Z}$	$4+8\mathbb{Z}$

$\cdot$	$0+8\mathbb{Z}$	$2+8\mathbb{Z}$	$4+8\mathbb{Z}$	$6+8\mathbb{Z}$
$0+8\mathbb{Z}$	$0+8\mathbb{Z}$	$0+8\mathbb{Z}$	$0+8\mathbb{Z}$	$0+8\mathbb{Z}$
$2+8\mathbb{Z}$	$0+8\mathbb{Z}$	$4+8\mathbb{Z}$	$0+8\mathbb{Z}$	$4+8\mathbb{Z}$
$4+8\mathbb{Z}$	$0+8\mathbb{Z}$	$0+8\mathbb{Z}$	$0+8\mathbb{Z}$	$0+8\mathbb{Z}$
$6+8\mathbb{Z}$	$0+8\mathbb{Z}$	$4+8\mathbb{Z}$	$0+8\mathbb{Z}$	$4+8\mathbb{Z}$

$\mathbb{Z}_4$는 곱셈의 항등원을 갖지만, $2\mathbb{Z}/8\mathbb{Z}$는 그렇지 못하므로 서로 환 동형이 아니다.

종합문제

1. 환 준동형사상 $\mathbb{Z}+\mathbb{Z} \to \mathbb{Z}$을 모두 찾아라.

2. 환 준동형사상 $\mathbb{Z}+\mathbb{Z} \to \mathbb{Z}+\mathbb{Z}$을 모두 찾아라.

3. 환 준동형사상 $\mathbb{Z} \to \mathbb{Z}$을 찾아라. 그 중 환 동형사상을 찾아라.

4. 함수 $f: \mathbb{Z}_{77} \to \mathbb{Z}_7 \times \mathbb{Z}_{11}$, $g: \mathbb{Z}_7 \times \mathbb{Z}_{11} \to \mathbb{Z}_{77}$가 각각

$$f(x) = (x \bmod 7,\ x \bmod 11),\quad g((x,\ y)) = 11x + 7y \pmod{77}$$

일 때, $f \circ g((x,\ y)) = (1,\ 1)$인 원소 $(x,\ y) \in \mathbb{Z}_7 \times \mathbb{Z}_{11}$를 찾아라.

5. 다음 물음에 답하여라.

(1) $\mathbb{Z}_5 \to \mathbb{Z}$인 환 준동형사상이 존재하면 찾고, 없으면 이유를 말하라.

(2) $\mathbb{Z}_5 \to \mathbb{Z}_7$인 환 준동형사상이 존재하면 찾고, 없으면 이유를 말하라.

(3) $\mathbb{Z}_m \to \mathbb{Z}_n$인 환 준동형사상이 존재할 수 있는 조건을 찾아라.

6. $\mathbb{Z}_6 \times \mathbb{Z}_8$의 극대아이디얼을 모두 찾아라. 또한 소아이디얼을 모두 찾아라.

해답

1. $f_1(1,\ 0) = 1,\ \ f_1(0,\ 1) = 0\ ;\ f_2(1,\ 0) = 0,\ \ f_2(0,\ 1) = 1\ ;$

$f_3(1,\ 0) = 0 = f_3(0,\ 1)$가 모든 환 준동형사상이며, 이것이 전부이다.

2. $f_1(1,\ 0) = (1,\ 0),\ \ f_1(0,\ 1) = (0,\ 1)\ ;\ f_2(1,\ 0) = (0,\ 1),\ \ f_2(0,\ 1) = (1,\ 0)\ ;$

$f_3(1,\ 0) = (0,\ 0),\ \ f_3(0,\ 1) = (1,\ 1)\ ;\ f_4(1,\ 0) = (0,\ 0),\ \ f_4(0,\ 1) = (1,\ 0)\ ;$

$f_5(1,\ 0) = (0,\ 0),\ \ f_5(0,\ 1) = (0,\ 1)\ ;\ f_6(1,\ 0) = (1,\ 1),\ \ f_6(0,\ 1) = (0,\ 0)\ ;$

$f_7(1,\ 0)=(1,\ 0)$, $f_7(0,\ 1)=(0,\ 0)$; $f_8(1,\ 0)=(0,\ 1)$, $f_8(0,\ 1)=(0,\ 0)$;

$f_9(1,\ 0)=(0,\ 0)=f_9(0,\ 1)$. 이와 같이 9개 모두가 모든 환 준동형사상이다.

3. 환 준동형사상 $f: \mathbb{Z} \to \mathbb{Z}$는 자명한 것과 자명하지 않은 것으로 나눌 수 있다.

i) f가 자명한 준동형사상이라면, $f(x)=0\ (\forall x \in \mathbb{Z})$이다.

ii) f가 자명하지 않은 준동형사상이라면, $f(x) \neq 0$인 $x \in \mathbb{Z}$이 존재한다. 그러면

$$f(x)=f(1x)=f(1)f(x)$$

로부터 $f(1)=1$이다. 그런데 $\mathbb{Z}=\langle 1 \rangle$이므로

$$f(x)=x \quad (\forall x \in \mathbb{Z})$$

인 항등함수이다. 따라서 $f: \mathbb{Z} \to \mathbb{Z}$인 환 준동형사상은 0-함수와 항등함수 두 가지가 있다. 이 중에서 항등함수가 환 동형사상이다.

4. $f \circ g: \mathbb{Z}_7 \times \mathbb{Z}_{11} \to \mathbb{Z}_7 \times \mathbb{Z}_{11}$은 임의의 $(x,\ y) \in \mathbb{Z}_7 \times \mathbb{Z}_{11}$을

$$f \circ g(x,\ y) = f(11x+7y\ (\mathrm{mod}77))$$
$$= (11x+7y(\mathrm{mod}7),\ 11x+7y(\mathrm{mod}11)) = (11x\ \mathrm{mod}7,\ 7y\ \mathrm{mod}11)$$

대응시킨다. 그러므로

$$(1,1)=f \circ g((x,y))=(11x\ (\mathrm{mod}7),\ 7y\ (\mathrm{mod}11))$$

는, 합동연립방정식

$$11x \equiv 1\ (\mathrm{mod}\ 7)$$
$$7y \equiv 1\ (\mathrm{mod}\ 11)$$

의 근이다. 즉 $4x \equiv 1\ (\mathrm{mod}\ 7)$ 에서 $4^{-1} \equiv 2\ (\mathrm{mod}\ 7)$, $7^{-1} \equiv 8\ (\mathrm{mod}\ 11)$이므로,
$7y \equiv 1\ (\mathrm{mod}\ 11)$

$$x=2 \in \mathbb{Z}_7,\ \ y=8 \in \mathbb{Z}_{11}$$

이다. 따라서 $(x,\ y)=(2,\ 8)$이다.

5. 기호: $[n]_k$는 $n \in \mathbb{Z}$의 $\mathbb{Z}_k$에 속하는 원소라고 하자.

(1) $f: \mathbb{Z}_5 \to \mathbb{Z}$를 환 준동형사상이라고 하자. 환 준동형사상은 곱셈의 항등원을 보존하므로, $f([1]_5)=1$이 된다. 그러므로 임의의 $n>0$에 대해

$$f([n]_5)=f([1]_5+[1]_5+\cdots+[1]_5)=nf([1]_5)=n$$

이다. 따라서 $0=f([0]_5)=f([5]_5)=5$가 되어 모순이다. 따라서 $f:\mathbb{Z}_5\to\mathbb{Z}$ 인 환 준동형사상은 존재하지 않는다.

(2) $f:\mathbb{Z}_5\to\mathbb{Z}_7$를 환 준동형사상이라고 하자. 그러면 (1)에서 처럼, 모든 $n>0$에 대해 $f([n]_5)=[n]_7$이다. 따라서

$$[0]_7=f([0]_5)=f([5]_5)=[5]_7$$

으로 모순이다. 그러므로 환 준동형사상이 존재하지 않는다.

(3) $f:\mathbb{Z}_m\to\mathbb{Z}_n$인 환 준동형사상이 있다면, 위에서처럼 모든 $x>0$에 대해 $f([x]_m)=[x]_n$이다. 따라서

$$[0]_n=f([0]_m)=f([m]_m)=[m]_n$$

이다. 이제 $m\equiv 0\in\mathbb{Z}_n$이 되려면 m는 n의 배수, 즉 $n\mid m$이어야 한다.

6. $\mathbb{Z}_6$의 아이디얼은 $a\mathbb{Z}_6\,(a=0,\ 1,\ 2,\ 3)$의 형태로서, $\mathbb{Z}_1=\{0\}$이며 $\mathbb{Z}_6/a\mathbb{Z}_6\cong\mathbb{Z}_a$이다. 유사하게 $\mathbb{Z}_8$의 아이디얼은 $b\mathbb{Z}_8\,(b=0,\ 1,\ 2,\ 4)$의 형태이며, $\mathbb{Z}_8/b\mathbb{Z}_8\cong\mathbb{Z}_b$이다. 그러므로 $\mathbb{Z}_6\times\mathbb{Z}_8$의 아이디얼은 $a\mathbb{Z}_6\times b\mathbb{Z}_8$ $(a=0,\ 1,\ 2,\ 3)\ (b=0,\ 1,\ 2,\ 4)$이다. 그런데

$$(\mathbb{Z}_6\times\mathbb{Z}_8)/(a\mathbb{Z}_6\times b\mathbb{Z}_8)\cong\mathbb{Z}_a\times\mathbb{Z}_b$$

이므로, 민약 $\gcd(a,\ b)=1$이면

$$(\mathbb{Z}_6\times\mathbb{Z}_8)/(a\mathbb{Z}_6\times b\mathbb{Z}_8)\cong\mathbb{Z}_a\times\mathbb{Z}_b\cong\mathbb{Z}_{ab}$$

가 된다. 만약 ab가 소수이면 $\mathbb{Z}_{ab}$는 체가 되므로, 극대아이디얼을 찾을 수 있다. 따라서 a와 b 순서쌍 $(a,\ b)$의 가능성은 $(a,\ b)=(1,\ 2),\ (2,\ 1),\ (3,\ 1)$이며, 극대아이디얼은

$$\mathbb{Z}_6\times 2\mathbb{Z}_8,\ 2\mathbb{Z}_6\times\mathbb{Z}_8,\ 3\mathbb{Z}_6\times\mathbb{Z}_8$$ 이다.

이 경우에만 $\mathbb{Z}_{ab}$가 정역이 되어, 역시 소아이디얼이 됨을 알 수 있다. 따라서 극대아이디얼=소아이디얼: $\mathbb{Z}_6\times 2\mathbb{Z}_8,\ 2\mathbb{Z}_6\times\mathbb{Z}_8,\ 3\mathbb{Z}_6\times\mathbb{Z}_8$이다.

9 다항식환

환 R의 성분을 계수로 하는 다항식들로 이루어진 집합에 다항식들의 덧셈연산과 곱셈연산을 정의하면 환의 구조를 갖게 되는데, 이러한 환을 **다항식환**이라고 부른다.

정의 환 R에 속하지 않은 원소 x에 대하여 다항식들
$f(x) = a_0 + a_1x + a_2x^2 + \cdots + a_nx^n\ (a_i \in R)$의 집합을 $R[x]$라고 하자. 임의의 두 원소

$$f(x) = a_0 + a_1x + \cdots + a_nx^n = \sum_{i=0}^{n} a_ix^i$$

와

$$g(x) = b_0 + b_1x + \cdots + b_mx^m = \sum_{i=0}^{m} b_ix^i \in R[x]$$

에 덧셈연산과 곱셈연산을 정의하자. 여기서 $n \geq m \geq 0$인 정수라고 하자.

$f(x) + g(x) = (a_0 + b_0) + (a_1 + b_1)x + \cdots + (a_n + b_n)x^n$ (모든 $b_i = 0\ \ (i \geq m)$으로 생각)

$f(x)\,g(x) = a_0b_0 + (a_1b_0 + a_0b_1)x + \cdots + (a_0b_i + a_1b_{i-1} + \cdots + a_ib_0)x^i + \cdots + a_nb_mx^{n+m}$

정리 2.9.1 집합 $(R[x], +, \cdot)$는 환이 된다.

증명 임의의 원소 $f(x) = \sum_{i=0}^{n} a_ix^i$, $g(x) = \sum_{i=0}^{m} b_ix^i$, $h(x) = \sum_{i=0}^{t} c_ix^i \in R[x]$라고 하자.

(1) 연산이 잘 정의된다.

임의의 $f'(x) = \sum_{i=0}^{n'} a_i'x^i$ 와 $g'(x) = \sum_{i=0}^{m'} b_i'x^i$에 대해 $f(x) = f'(x)$이며 $g(x) = g'(x)$라고 하자. 그러면 $n = n'$이며 $m = m'$이다. 또한 각각 i에 대해 $a_i = a_i'$이며 $b_i = b_i'$이다. 그러므로

$$\begin{aligned} f(x) + g(x) &= (a_0 + b_0) + (a_1 + b_1)x + \cdots + (a_n + b_n)x^n \\ &= (a_0' + b_0') + (a_1' + b_1')x + \cdots + (a_n' + b_n')x^n \\ &= f'(x) + g'(x) \end{aligned}$$

이므로 $R[x]$에서 덧셈연산이 잘 정의된다. 이와 유사하게 곱셈연산이 잘 정의

되는 것도 보일 수 있다.

(2) 덧셈의 결합법칙이 성립한다.

$$\begin{aligned}(f(x)+g(x))+h(x)\\ &=((a_0+b_0)+c_0)+((a_1+b_1)+c_1)x+\cdots+((a_n+b_n)+c_n)x^n\\ &=(a_0+(b_0+c_0))+(a_1+(b_1+c_1))x+\cdots+((a_n+(b_n+c_n))x^n\\ &=f(x)+(g(x)+h(x))\end{aligned}$$

이므로 덧셈연산의 결합법칙이 성립함을 알 수 있다.

(3) 덧셈연산의 항등원과 역원이 존재한다. 실제로 덧셈연산에서 항등원은 0이며, $f(x)$의 역원은 $-f(x)=-a_0+(-a_1)x+\cdots+(-a_n)x^n$이다.

(4) 덧셈의 교환법칙 $f(x)+g(x)=g(x)+f(x)$이 성립함을 쉽게 알 수 있다.

(5) 분배법칙 $f(x)(g(x)+h(x))=f(x)g(x)+f(x)h(x)$와 $(f(x)+g(x))h(x)=f(x)h(x)+g(x)h(x)$을 확인할 수 있다. ∎

정의 $R[x]$를 **다항식환**(polynomial ring)이라고 부른다. $f(x)=a_0+a_1x+\cdots+a_nx^n\in R[x]$ $(a_n\neq 0)$일 때, n은 $f(x)$의 **차수**(degree)이며 기호 $n=\deg f(x)$로 나타낸다. 또한 모든 $a_i\in R$은 각 항의 **계수**이며, 특별히 a_0는 **상수항**, a_n은 **최고차항**의 계수라고 부른다.

예제 2.9.1 $f(x)=3x^3+2x+1\in\mathbb{Z}[x]$이다. 이 때 계수들 3, 2, 1은 정수일 뿐만 아니라 유리수, 실수 또한 복소수로 생각할 수 있으므로 $f(x)\in\mathbb{Q}[x]$, $f(x)\in\mathbb{R}[x]$ 또한 $f(x)\in\mathbb{C}[x]$이다.

예제 2.9.2 $g(x)=\dfrac{1}{1-x}=1+x+x^2+x^3+\cdots$ 는 다항식이 아닌데, 차수가 유한이 아니기 때문이다.

환 R과 비교하여 다항식환 $R[x]$의 성질을 알아보자.

정리 2.9.2 R이 환일 때 다음이 성립한다.
(1) R이 가환환이면 다항식환 $R[x]$도 가환환이다.
(2) R이 항등원을 가지면 $R[x]$도 곱셈의 항등원은 갖는다.
(3) R이 정역이면 $R[x]$도 정역이다.

증명 (1) $R[x]$의 임의의 원소 $f(x)=\sum_{i=0}^{n}a_ix^i$와 $g(x)=\sum_{i=0}^{m}b_ix^i$라고 하자. $f(x)$의 모든 계수들 a_i와 $g(x)$의 모든 계수들 b_j는 R의 원소들인데, R이 가환환이므로 $a_ib_j=b_ja_i$이다. 그러므로

$$
\begin{aligned}
&f(x)g(x)\\
&=a_0b_0+(a_1b_0+a_0b_1)x+\cdots+(a_0b_i+a_1b_{i-1}+\cdots+a_ib_0)x^i+\cdots+a_nb_mx^{n+m}\\
&=b_0a_0+(b_0a_1+b_1a_0)x+\cdots+(b_ia_0+b_{i-1}a_1+\cdots+b_0a_i)x^i+\cdots+b_ma_nx^{m+n}\\
&=g(x)f(x)
\end{aligned}
$$

가 되어 $R[x]$는 가환환이다.

(2) 환 $1\in R$라고 하자. 그러면 1은 $R[x]$에서 상수항 다항식이며, $R[x]$에 속하는 임의의 원소 $f(x)$에 대해

$$f(x)1=1f(x)=f(x)$$

이다. 그러므로 1은 $R[x]$의 곱셈의 항등원이다.

(3) $f(x)=\sum_{i=0}^{n}a_ix^i$, $g(x)=\sum_{i=0}^{m}b_ix^i$는 $R[x]$에서 각각의 차수가 $\deg f(x)=n$, $\deg g(x)=m$라고 하자. (여기서 n, $m\neq 0$ 이다.) 그러면 최고차항의 계수는 각각

$$a_n\neq 0 \text{ 이며 } b_m\neq 0$$

이다. R이 정역이므로 0이 아닌 a_n, $b_m \in R$의 곱 $a_n b_m$은 0이 아니다. 따라서 $f(x)g(x)$는 최고차 항의 계수가 $a_n b_m$인 $n+m$차 다항식이다. 그러므로 $f(x)g(x) \neq 0$이다. ▮

그러나 만일 R이 $1 \in R$인 나눗셈환이라 하더라도 $R[x]$는 나눗셈환이 아니다. 실제로 $R[x]$에 속하는 원소 x는 최고차항의 계수가 1인 일차다항식이다. 그런데 x의 역원인 x^{-1}은 다항식이 아니므로 $x^{-1} \notin R[x]$이다. 따라서 x의 역원이 $R[x]$에 존재하지 않으므로 $R[x]$는 나눗셈환이 아니다. 마찬가지로 R이 체라고 하더라도 $R[x]$는 체가 되지 않는다.

다항식의 차수와 관련하여, 다항식 $f(x) = x+1$은 $\deg f(x) = 1$이다. 또한 $g(x) = 5$와 같은 다항식은 **상수다항식**이라 부르며 $\deg g(x) = 0$이다. $h(x) = 0$은 상수 다항식의 한 형태이지만, 많은 경우에 $\deg h(x) = -\infty$로 표시한다.

정리 2.9.3 $f(x)$, $g(x) \in R[x]$일 때, R이 정역이면 $\deg(f(x)g(x)) = \deg f(x) + \deg g(x)$이다.

증명 0이 아닌 다항식 $f(x) = \sum_{i=0}^{n} a_i x^i$와 $g(x) = \sum_{i=0}^{m} b_i x^i$이며 $\deg f(x) = n$, $\deg g(x) = m$라고 하자. 그러면 $a_n \neq 0$이며 $b_m \neq 0$인데, R이 정역이므로 $a_n b_m \neq 0$이다. 다항식의 곱셈에 의해

$$f(x)g(x) = a_0 b_0 + (a_1 b_0 + a_0 b_1)x + \cdots + (a_0 b_i + \cdots + a_i b_0)x^i + \cdots + a_n b_m x^{n+m}$$

으로부터, $a_n b_m \neq 0$이므로

$$\deg(f(x)g(x)) = n + m = \deg f(x) + \deg g(x)$$

이다.

만일 $f(x)$, $g(x)$ 중 어느 하나가 0이라고 하자. 그러면 $f(x)g(x) = 0$이므로 $\deg(f(x)g(x)) = -\infty$이며, $\deg f(x) + \deg g(x) = -\infty + 0 = -\infty$이다. 따라서

$$\deg(f(x)g(x)) = -\infty = \deg f(x) + \deg g(x)$$

가 성립한다. ▮

정리 2.9.3에서 R이 정역이라는 조건이 없으면 등식이 성립하지 않는다.

예제 2.9.3 법 6에 대한 정수환 $R=\mathbb{Z}_6$이며 $f(x)=\overline{1}+\overline{2}x+\overline{3}x^2$, $g(x)=\overline{2}+\overline{3}x^2+\overline{4}x^3 \in R[x]$라고 하자. $\deg f(x)=2$이며 $\deg g(x)=3$이므로

$$\deg f(x)+\deg g(x)=5$$

이다. 그런데 $f(x)g(x)$를 계산하면 x^5의 계수가 $3\times 4=12$인데, 이것은 $\mathbb{Z}_6$에서 0이므로 $f(x)g(x)$는 5차식이 될 수 없다. 실제로

$$\begin{aligned} f(x)g(x) &- 2+4x+9x^2+10x^3+17x^4+12x^5 \\ &= 2+4x+3x^2+4x^3+5x^4 \end{aligned}$$

으로서 $\deg(f(x)g(x))=4$이다.

연습문제

1. 옳지 않은 것을 모두 찾아라.

(1) R이 가환환이면 $R[x]$는 가환환이다.

(2) R이 정역이면 $R[x]$도 정역이다.

(3) R이 곱셈의 항등원을 가지면 $R[x]$도 곱셈의 항등원을 갖는다.

(4) R이 체이면 $R[x]$도 체이다.

2. 옳지 않은 것을 모두 찾아라.

(1) R이 정역이 아니지만, R의 상환(잉여환)은 정역이 될 수 있다.

(2) $\{(n, n) \mid n\in\mathbb{Z}\}$은 $\mathbb{Z}+\mathbb{Z}$의 부분환이지만 아이디얼이 아니다.

(3) 환 R에서 $R[x]$의 모든 아이디얼은 $\langle p(x)\rangle$의 형태이다.

3. 다항식환에 대한 설명으로 옳지 않은 것을 모두 찾아라.

(1) 다항식환 $\mathbb{Z}_2[x]$ 에서 기약인 이차다항식은 x^2+x+1 뿐이다.

(2) 다항식환 $\mathbb{Z}_3[x]$ 에서 이차다항식은 모두 18 개 존재한다.

(3) 다항식환 $\mathbb{Z}_4[x]$ 는 정역이다.

(4) 다항식환 $\mathbb{Z}_7[x]$ 의 가역원은 모두 6 개이다.

해답

1. (4) 풀이: R 이 체라 하더라도 $R[x]$ 에 속하는 원소, 예를 들어서 x^2+1 의 역원이 $R[x]$ 에 존재하지 않는다.

2. (3) 풀이: (1) $R=\mathbb{Z}+\mathbb{Z}$, $I=\{(0,\ n) \mid n\in\mathbb{Z}\}$, $R/I\cong\mathbb{Z}$ 로서 정역이 될 수 있다.

(2) $\mathbb{Z}+\mathbb{Z}$ 의 임의의 원소 $(x,\ y)$ 에 대해 $(x,\ y)$

$(x,\ y)\cdot\{(n,n) \mid n\in\mathbb{Z}\}\neq\{(n,\ n) \mid n\in\mathbb{Z}\}$ 이므로 $\{(n,\ n) \mid n\in\mathbb{Z}\}$ 는 아이디얼이 아니다. (3) R 이 체일 때 성립한다.

3. (3) 풀이: (1) $\mathbb{Z}_2[x]$ 에 속하는 이차다항식은 x^2+x+1, x^2+x, x^2+1, x^2 이다. 그런데 x^2+x, x^2+1, x^2 는 각각 근을 1, 1, 0 으로 갖기 때문에 가약이며, 단지 x^2+x+1 만 기약다항식이다.

(2) $\mathbb{Z}_3[x]$ 에 속하는 이차다항식 $ax^2+bx+c\,(a,\ b,\ c\in\mathbb{Z}_3,\ a\neq 0)$의 가능성은 $2\cdot 3\cdot 3=18$ 개다.

(3) $\mathbb{Z}_4$ 가 정역이 아니므로 $\mathbb{Z}_4[x]$ 도 정역이 아니다.

(4) $\mathbb{Z}_7[x]$ 의 가역원은 $\mathbb{Z}_7$ 의 가역원과 같아서, 1, 2, 3, 4, 5, 6 이다.

10 주아이디얼 정역

어떤 정역의 모든 진 아이디얼(proper ideal)이 **주아이디얼**일 때 그 정역을 **주아이디얼 정역**이라고 부른다. 정수환 $\mathbb{Z}$나 실수 $\mathbb{R}$ 위에서 정의된 다항식환은 주아이디얼 정역의 대표적인 예이다.

5장에서 배운 주아이디얼을 다시 기억해보자.

정리 2.10.1 가환환 $1 \in R$ 일 때, 임의의 원소 $a \in R$에 대해 집합 $aR = \{ax \mid x \in R\}$라고 하자. 그러면 aR은 R의 아이디얼이며, a를 포함하는 가장 작은 아이디얼이다.

증명 aR에 속하는 임의의 원소 $ax, ay \in aR$에 대해

$$\begin{aligned} ax + ay &= a(x+y) \\ &= a(y+x) \\ &= ay + ax \in aR \end{aligned}$$

이다. 또한 $-(ax) = a(-x) \in aR$이다. 그러므로 aR은 덧셈연산 아래서 R의 가환군이다.

또한 임의의 $ax \in aR$와 $r \in R$에 대하여

$$(ax)r = a(rx) \in aR$$

이며

$$r(ax) = (ra)x = a(rx) \in aR$$

이다. 그러므로 aR은 R의 아이디얼이다.

I는 R의 임의의 아이디얼로서 a를 포함한다고 가정하자. aR에 속하는 임의의 원소 ax를 생각하자. 그런데 $a \in I$이므로 $ax \in I$이다. 따라서 $aR \subseteq I$이다. ∎

정의 가환환 $1 \in R$이며 $a \in R$일 때,

$$aR = \{ax \mid x \in R\}$$

는 a에 의해 생성되는 **주아이디얼**(principal ideal generated by a)라고 부른다. 기호

$\langle a \rangle$ 또는 (a)로 표시한다. 정역의 모든 아이디얼이 주아이디얼일 때 **주아이디얼 정역**(principal ideal domain)이라고 부른다. 간단히 PID로 표시한다.

예제 2.10.1 $R=\mathbb{Z}$인 정수환이라고 하고 임의의 $n\in\mathbb{Z}$을 생각하자. 그러면 n의 배수들의 집합 $n\mathbb{Z}$는 n에 의해 생성되는 $\mathbb{Z}$의 주아이디얼이며,

$$\langle n \rangle = \{nk \mid k\in\mathbb{Z}\} = n\mathbb{Z}$$

이다.

예제 2.10.2 집합 I는 다항식환 $\mathbb{Z}[x]$에 속하는 상수항이 0인 다항식들의 집합이라고 하자. I는 R의 아이디얼임을 보여라.

풀이 집합 $I=\{f(x)\in\mathbb{Z}[x] \mid f(x)$는 상수항이 0인 다항식$\}$이다. $f(x)$, $g(x)$는 I에 속하는 임의의 두 원소라고 하자. $f(x)$와 $g(x)$의 상수항이 0이므로 $f(x)+g(x)$의 상수항도 0이다. 따라서 $f(x)+g(x)\in I$이다.

또한 $\mathbb{Z}[x]$에 속하는 임의의 다항식 $h(x)$에 대해 $f(x)h(x)$의 상수항은 0이며, 마찬가지로 $h(x)f(x)$의 상수항도 0이다. 따라서 $f(x)h(x)\in I$이며 $h(x)f(x)\in I$이다. 그러므로 I는 $\mathbb{Z}[x]$의 아이디얼이다.

더욱이

$$\begin{aligned} I &= \{f(x)\in\mathbb{Z}[x] \mid f(x)\text{는 상수항이 0인 다항식}\} \\ &= \left\{a_0+a_1x+a_2x^2+\cdots+a_nx^n \mid a_i\in\mathbb{Z},\, a_0=0\right\} \\ &= \left\{a_1x+a_2x^2+\cdots+a_nx^n \mid a_i\in\mathbb{Z}\right\} \\ &= \left\{x(a_1+a_2x+\cdots+a_nx^{n-1}) \mid a_i\in\mathbb{Z}\right\} \\ &= \langle x \rangle \end{aligned}$$

이 되어 I는 x에 의해 생성되는 $\mathbb{Z}[x]$의 주아이디얼이다.

예제 2.10.3 $R=\mathbb{Z}[x]$ 인 다항식환 $\mathbb{Z}[x]$ 에서, 집합 J 는 $\mathbb{Z}[x]$ 에 속하는 다항식들 중에서 상수항이 짝수인 다항식들의 집합이라고 하자. J 는 $\mathbb{Z}[x]$ 의 아이디얼인지 알아보자.

풀이 가정에 의해

$$J=\{f(x)\in\mathbb{Z}[x] \mid f(x)\text{는 상수항이 짝수인 다항식}\}$$

이다. 만일 J 가 주아이디얼이라고 가정하여 $J=\langle d(x)\rangle$ 라고 하자. 두 다항식 $f(x)=x+2$ 와 $g(x)=x+4$ 라고 하면

$$f(x),\ g(x)\in J=\langle d(x)\rangle$$

이다. 적당한 다항식 $h(x),\ k(x)\in\mathbb{Z}[x]$ 가 존재하여

$$f(x)=d(x)h(x)\text{ 이며 } g(x)=d(x)k(x)$$

이다. 그런데 $f(x)=x+2$ 와 $g(x)=x+4$ 의 공약수가 되는 $d(x)$ 는 1이므로

$$J=\langle d(x)\rangle=\langle 1\rangle=\mathbb{Z}[x]$$

가 되어 모순이다. 따라서 J 는 주아이디얼은 아니다.

정수환은 주아이디얼 정역이다.

정리 2.10.2 정수환 $\mathbb{Z}$ 의 모든 아이디얼은 주아이디얼이다. 그러므로 $\mathbb{Z}$ 는 주아이디얼 정역이다.

증명 $\mathbb{Z}$ 는 영인자를 갖지 않는 가환환이므로 $\mathbb{Z}$ 는 정역이다. I 는 $\mathbb{Z}$ 의 임의의 아이디얼이라고 하자. 만일 $I=\{0\}$ 이면 $I=\langle 0\rangle$ 인 주아이디얼이다. 만일 $I\neq\{0\}$ 라고 하자. 그러면 I 는 0이 아닌 원소를 포함하는데, m 을 I 에 속하는 최소의 양의 정수라고 하자. 이제 $I=\langle m\rangle$ 임을 보이자.

$m\in I$ 이므로 $\langle m\rangle\subseteq I$ 는 당연하다. I 에 속하는 임의의 원소 a 를 생각하자. 그러면 나눗셈 정리에 의해

$$a=mq+r$$

인 정수 $q,\ r$ 이 존재하며, $0\le r<m$ 이다. 그러면 $r=a-mq$ 이다. $a,\ m\in I$ 이므로

$$a-mq=r\in I$$

이다. 그런데 m은 I에 속하는 가장 최소의 양의 정수이므로 $r \notin I$이어야 하므로 $r=0$이어야 한다. 따라서 $a=mq \in \langle m \rangle$가 되어 $I \subseteq \langle m \rangle$이다. 따라서 $I=\langle m \rangle$가 되어 $\mathbb{Z}$는 주아이디얼 정역임을 알 수 있다. ▮

정리 2.10.2의 증명은 군론의 성질을 사용하면 다음과 같이 쉽게 할 수 있다. $\mathbb{Z}$의 임의의 아이디얼 I는 $\mathbb{Z}$의 부분환이므로, 덧셈연산 아래서 $\mathbb{Z}$의 부분군이다. $\mathbb{Z}$는 순환군이므로 $\mathbb{Z}$의 부분군인 I도 순환군이다. 따라서 적당한 정수 n에 대하여 $I=\langle n \rangle$로 표시할 수 있다. 따라서 I는 주아이디얼이다.

예제 2.10.3에서 보았듯이 정수위에서의 다항식환 $\mathbb{Z}[x]$는 주아이디얼 정역이 아니다. 그러나 체 F 위에서 정의된 다항식환 $F[x]$는 주아이디얼 정역이 됨을 알 수 있다.

체 위에서의 다항식환은 주아이디얼 정역이다.

정리 2.10.3 F가 체이면 다항식환 $F[x]$의 모든 아이디얼은 주아이디얼이다. 다시 말해서 $F[x]$는 주아이디얼 정역이다.

증명 $F[x]$는 영인자를 갖지 않는 가환환이므로 $F[x]$는 정역이다. I는 $F[x]$의 임의의 아이디얼이라고 하자. 만일 $I=\{0\}$이면 $I=\langle 0 \rangle$인 주아이디얼이다. 만일 $I \neq \{0\}$라고 하자. 그러면 I에 0이 아닌 다항식이 존재하는데, 그런 다항식들 중에서 가장 최소의 차수를 갖는 다항식을 $f(x)$라고 하자. 이제 I에 속하는 임의의 원소를 $g(x)$라고 하자. 나눗셈 정리를 $f(x)$와 $g(x)$에 적용하면

$$g(x)=f(x)q(x)+r(x)$$

인 다항식 $q(x)$와 $r(x) \in F[x]$이 존재하며, 이 때 $r(x)=0$이거나 $\deg r(x) < \deg f(x)$이다. 만일 $r(x) \neq 0$이면 $r(x)=g(x)-f(x)q(x)$이다. 그런데 $f(x), g(x) \in I$이며 I는 아이디얼이므로

$$g(x)-f(x)q(x) \in I$$

이다. 다시 말해서 $r(x) \in I$이다. 그런데 $f(x) \in I$인 최소 차수의 다항식이므로 $\deg r(x) < \deg f(x)$이며 $r(x) \in I$는 모순이 된다. 따라서 $r(x)=0$이다. 그러므로

$$g(x)=f(x)q(x)\in\langle f(x)\rangle$$

이 되어, $I\subseteq\langle f(x)\rangle$ 이다. 한편 $f(x)\in I$ 이므로 $\langle f(x)\rangle\subseteq I$ 는 당연하다. 그러므로 $I=\langle f(x)\rangle$ 가 되어, 아이디얼 I 는 주아이디얼이다. ∎

참고. 그러나 정수 위에서의 다항식환 $\mathbb{Z}[x]$ 는 주아이디얼 정역이 아니다.

예제 2.10.4 $R=\mathbb{R}[x]$ 는 실수계수 다항식 환이라고 하자. 다항식 x^2+1 으로 생성되는 주아이디얼을 I 라고 하자. $I=\langle x^2+1\rangle=\{(x^2+1)f(x)\mid f(x)\in R[x]\}$ 로 표현된다. 이 때 상환 $R/I=R[x]/\langle x^2+1\rangle$ 는 복소수 체 $\mathbb{C}$ 와 동형임을 보여라.

풀이 상환의 정의

$$R/I=R[x]/\langle x^2+1\rangle=\{f(x)+\langle x^2+1\rangle\mid f(x)\in R[x]\}$$

로부터, 각각의 원소의 모습을 표현해보자.

동반원

정의 정역 R 이고 $a,\ b\in R$ 라고 하자.

$$b=au$$

인 가역원 u 가 존재할 때, a 와 b 는 **동반원**(associate element)이라고 부르고, 기호 $a\sim b$ 로 표시한다.

정리 2.10.4 $1\in R$ 인 가환환이며 $a,b\in R$ 라고 하자. 그러면 다음이 성립한다.

(1) $a\mid b \Leftrightarrow b\in\langle a\rangle \Leftrightarrow \langle b\rangle\subseteq\langle a\rangle$

(2) a 가 가역원이다. $\Leftrightarrow$ $\langle a\rangle=R$ 이다.

(3) $a,\ b$ 는 서로 동반원이다. $\Leftrightarrow$ $\langle a\rangle=\langle b\rangle$ 이다.

증명 (1) 만일 $a\mid b$ 라고 하자. 그러면 $b=ax$ 인 $x\in R$ 이 존재하므로 $b\in\langle a\rangle$ 이다. 반대로 만일 $b\in\langle a\rangle$ 라고 하자. $\langle b\rangle$ 에 속하는 임의의 원소를 y 라고 하면, $y=bb'$ $(b'\in R)$이다. $b\in\langle a\rangle$ 이므로 $b=aa'$ 인 $(a'\in R)$이다. 따라서

$$y = bb' = aa'b' = a(a'b') \in \langle a \rangle$$

가 되어 $\langle b \rangle \subseteq \langle a \rangle$ 이다.

한편 $\langle b \rangle \subseteq \langle a \rangle$ 라고 가정하자. 그러면 $b \in \langle b \rangle \subseteq \langle a \rangle$ 이므로 $b = ac\,(c \in R)$이다. 따라서 $a \mid b$ 이다.

(2) a가 가역원일 필요충분조건은 a로 생성된 아이디얼 $\langle a \rangle$가 전체 환과 같다. (정리 2.5.3). 다시 말해서 $\langle a \rangle = R$ 이다.

(3) a, b는 서로 동반원이라고 하자. $a \mid b$이므로 (1)에 의해 $\langle b \rangle \subseteq \langle a \rangle$ 이다. 동시에 $b \mid a$이므로 $\langle a \rangle \subseteq \langle b \rangle$ 이다. 따라서 $\langle a \rangle = \langle b \rangle$ 이다.

마찬가지로 만일 $\langle a \rangle = \langle b \rangle$ 이면, $a \in \langle b \rangle$ 이므로 (1)에 의해 $b \mid a$이다. 또한 $b \in \langle a \rangle$ 이므로 $a \mid b$이다. 그러므로 a, b는 서로 동반원이다. ▮

예제 2.10.5 $\mathbb{Z}_{12}$에서 $\overline{2}$는 $\overline{4}$를 나눈다. $\overline{5}$는 $\overline{4}$의 약수임을 보여라. $\overline{8}$은 $\overline{4}$의 약수인가? 그러면 $\mathbb{Z}_{12}$에서 $\overline{4}$의 약수를 모두 찾아라.

풀이 $\mathbb{Z}_{12}$에서 $\overline{5} \cdot \overline{8} = \overline{4}$를 생각해보자.

예제 2.10.6 정수환 $\mathbb{Z}$에서 (1) $\mathbb{Z}$의 가역원을 말하여라. (2) $\mathbb{Z}$에서 동반원을 설명하여라.

풀이

예제 2.10.7 $\mathbb{Z}[\sqrt{2}] = \{a + b\sqrt{2} \mid a, b \in \mathbb{Z}\}$ 라고 하자.

(1) 보통의 덧셈 +와 곱셈 · 아래서 $(\mathbb{Z}[\sqrt{2}], +, \cdot)$는 환이다.

(2) $\mathbb{Z}[\sqrt{2}]$에서 $1 + \sqrt{2}$는 가역원이다.

(3) $\sqrt{2}$와 $2 - \sqrt{2}$는 동반원이다.

(풀이) (1)

(2) $(1+\sqrt{2})(-1+\sqrt{2})=1$ 이므로 $1+\sqrt{2}$ 는 가역원이다. 실제로 $1+\sqrt{2}$ 의 역원은 $-1+\sqrt{2}$ 이다.

(3) $\sqrt{2}=(2-\sqrt{2})(1+\sqrt{2})$ 이므로 $2-\sqrt{2}$ 는 $\sqrt{2}$ 를 나눈다. 또한 $1+\sqrt{2}$ 의 역원 $-1+\sqrt{2}$ 을 위 식의 양변에 곱하면

$$\sqrt{2}(-1+\sqrt{2})=(2-\sqrt{2})(1+\sqrt{2})(-1+\sqrt{2})=2-\sqrt{2}$$

이므로 $\sqrt{2}$ 는 $2-\sqrt{2}$ 를 나눈다. 그러므로 $\sqrt{2}$ 와 $2-\sqrt{2}$ 는 동반원이다.

예제 2.10.8 법 9에 대한 정수환 $\mathbb{Z}_9$ 에서 (1) 가역원을 찾아라. (2) 동반원을 찾아라.

(풀이) 관계식

$$\overline{1}\cdot\overline{1}=\overline{1},\ \overline{2}\cdot\overline{5}=\overline{10}=\overline{1},\ \overline{4}\cdot\overline{7}=\overline{28}=\overline{1},\ \overline{8}\cdot\overline{8}=\overline{1}$$

이 성립하므로, $\overline{1}, \overline{2}, \overline{4}, \overline{5}, \overline{7}, \overline{8}$ 은 $\mathbb{Z}_9$ 의 가역원이다. 따라서 $\overline{3}\cdot\overline{2}=\overline{6}$ 이므로 $\overline{3}$ 과 $\overline{6}$ 은 서로 동반원이다. 실제로, 가역원의 개수는 $\phi(9)=6$ 개다.

확인문제

1. 두 원소 $a, b \in R$일 때, 빈칸에 채워 넣어라.

(1) $a, b \neq 0$에 대해 $a \cdot b = 0$일 때 a 또는 b를 ____ 라고 부른다.

(2) 만약 $a \cdot b = 1$라면 a 또는 b를 _____ 라고 부른다.

(3) $a \mid b$이고 $b \mid a$이면 a, b는 ______ 관계이다.

2. F가 체일 때, 두 다항식 $f(x), g(x) \in F[x]$가 서로 동반일 동치조건을 모두 찾아라.

(1) $f(x) = g(x)$

(2) $f(x) = -g(x)$

(3) $f(x) = \pm g(x)$

(4) $\gcd(f(x), g(x)) = 1$

(5) $f(x) = cg(x)$(적당한 상수 $c \in F$)

해답

1. 영인자, 가역원, 동반

2. (5) 풀이: $f(x) \mid g(x)$이므로 $\deg f(x) \leq \deg g(x)$. 또한 $g(x) \mid f(x)$이므로 $\deg g(x) \leq \deg f(x)$이다. 그러므로 $\deg f(x) = \deg g(x)$로서, 적당한 상수 c에 대해 $f(x) = cg(x)$이다.

11 유일인수분해 정역

R은 정역이라고 하자. 0이 아니고 가역원이 아닌 R의 임의의 원소가 R에서 기약인 원소들의 유한곱으로 유일하게 표시될 때 R을 **유일인수분해 정역**라고 부른다. 여기서 유한곱은 가역원에 의한 곱은 고려하지 않는다.

정의 다음 성질을 만족하는 정역 R을 **유일인수분해 정역**(unique factorization domain)이라고 부른다.

(1) 0이 아니고 가역원이 아닌 R의 임의의 원소 a는 항상 다음과 같이 표시된다.

$$a = c_1c_2 \cdots c_n \ \ (c_i\text{는 기약원소 } (1 \le i \le n))$$

(2) 만일 $a = c_1c_2 \cdots c_n = d_1d_2 \cdots d_m$ 라고 하자. 이 때 모든 $1 \le i \le n$, $1 \le j \le m$에 대하여 c_i, $d_j \in R$는 기약원소라고 하자. 그러면 $n = m$이다. 또한 모든 a_i $(1 \le i \le n)$에 대하여 적당한 d_j $(1 \le j \le m)$가 존재하여 $c_i \mid d_j$ 이며 $d_j \mid c_i$ 이다.

정의에서 (1)은 임의의 원소가 항상 인수분해 되며, (2)는 그 인수분해가 유일한 형태라는 의미이다. 그런 이유로 **유일인수분해 정역**이라고 부르며, UFD라고 간단히 표시한다. 만일 성질 (1)만을 만족하는 정역을 **인수분해 정역**(factorization domain)이라고 부른다.

정역으로서 유일인수분해 정역이 되는 경우와 그렇지 않은 경우의 예를 알아보자.

예제 2.11.1 정수환 $\mathbb{Z}$는 유일인수분해 정역이다. 왜냐하면 0이나 1이 아닌 모든 정수 n은 유한개의 소수들의 곱

$$n = p_1p_2 \cdots p_k \ \ (p_i\text{는 중복가능})$$

으로 유일하게 표현되기 때문이다. 여기서 유일하다는 것은, 가역원인 ± 1의 곱은 고려하지 않는 경우까지 의미한다.

예제 2.11.2 $F[x]$는 유일인수분해 정역이다. 왜냐하면 0이나 상수가 아닌 모든 다항식 $f \in F[x]$는 유한개의 다항식들이 곱

$$f = uf_1f_2 \cdots f_n \quad (f_i\text{는 중복가능})$$

로 표현되기 때문이다. 여기서 $u \in F$는 상수이며, 각각의 $f_i \in F[x]$는 최고차항이 계수가 1인 다항식이다.

참고로, 최고차 항의 계수가 1인 다항식을 모닉(monic) 다항식이라고 부른다.

예제 2.11.3 그러나 환 $\mathbb{Z}[\sqrt{10}]$은 유일인수분해 정역이 아니다.

풀이 환

$$\mathbb{Z}[\sqrt{10}] = \{a + b\sqrt{10} \mid a,\ b \in \mathbb{Z}\}$$

이므로 $6\mathbb{Z} \subset \mathbb{Z}[\sqrt{10}]$이다.

$$6 = 3 \cdot 2 = (4 + \sqrt{10})(4 - \sqrt{10})$$

으로 표현된다. 여기서 3, 2, $4 + \sqrt{10}$와 $4 - \sqrt{10}$는 모두 R에서 기약원소이다. 그러므로 6은 인수분해는 되지만 유일한 형태로 표현되지 않는다. 따라서 $\mathbb{Z}[\sqrt{10}]$는 인수분해정역은 되지만 유일인수분해 정역은 아니다.

정리 2.11.1 R이 주아이디얼 정역이면 R은 유일인수분해 정역이다.

증명은 참고문헌(「즐거운 현대대수」, 김주필·최은미, 교우사)를 참조하자.

정수환 $\mathbb{Z}$는 정역이지만 나눗셈이 되지 않으므로 체는 아니다. 마찬가지로 체 F위에서의 다항식환 $F[x]$는 정역이지만 체는 되지 못한다. 체는 되지 못하지만 여러 종류의 정역이 있어서 유일인수분해 정역(UFD), 주아이디얼 정역(PID) 또한 유클리드 정역(ED) 등이 있다. 유클리드 정역은 16장에서 배운다. 이러한 정역들 사이에 다음의 관계가 성립한다.

$$\text{체} \Rightarrow \text{유클리드 정역} \Rightarrow \text{PID} \Rightarrow \text{UFD} \Rightarrow \text{유일인수분해 정역} \Rightarrow \text{정역}$$

위의 화살표의 역의 방향은 일반적으로 성립하지 않는다. 유일인수분해 정역이지만 주아이디얼 정역이 아닌 예제이다.

예제 2.11.4 정수환위에서의 다항식환 $\mathbb{Z}[x]$은 UFD이지만 PID는 아니다.

풀이 $\mathbb{Z}[x]$는 정역이다. 또한 0이나 상수가 아닌 임의의 다항식 $f(x)\in\mathbb{Z}[x]$는 기약다항식들의 곱으로 유일하게 표현된다. 그러므로 $\mathbb{Z}[x]$는 유일인수분해 정역이다.
만일 집합

$$I=\{g(x)\in\mathbb{Z}[x]\mid g(x)\text{의 상수항이 짝수}\}$$

라고 하자. 분명히 $I\subset\mathbb{Z}[x]$이다.

$\mathbb{Z}[x]$에 속하는 임의의 원소 $f(x)=\sum_{i=0}^{n}a_ix^i$와 I에 속하는 임의의 원소 $g(x)=\sum_{i=0}^{m}b_ix^i$를 택하여 곱하면, $f(x)g(x)$의 상수항은 a_0b_0이다. 그런데 $g(x)\in I$로부터 b_0가 짝수이므로 a_0b_0도 짝수이다. 따라서 $f(x)g(x)\in I$가 되어 I는 아이디얼임을 알 수 있다.

만일 $I=\langle f(x)\rangle$인 주아이디얼이라고 하자. 그러면 $f(x)\neq 1$인 다항식이며, $f(x)\mid x-2$ 또한 $f(x)\mid x+4$는 물론 $f(x)\mid x+0$이 성립해야 한다. 다시 말해서 $f(x)$는 상수항이 짝수인 모든 다항식을 나누어야 한다. 그러나 그러한 $f(x)$는 존재하지 않는다. 따라서 I는 주아이디얼이 아니다. 그러므로 $\mathbb{Z}[x]$는 주아이디얼 정역이 아니다.

확인문제

1. $a \in R(a \neq 0,\ a \neq$ 가역원) 일 때, 옳지 않은 것을 모두 찾아라.

(1) a의 모든 약수가 a와 동반하거나 또는 R의 가역원일 때, a는 기약원소이다.

(2) R이 정역이고 $a = rs$일 때, 만약 r 또는 s가 R의 가역원이면 a는 기약원소이다.

(3) R이 정역이고 a가 기약일 때, 만약 $a = rs$이면 r과 s는 R의 가역원이다.

(4) R이 유클리드 정역이고 a가 기약일 때, 만약 $a \mid bc$이면 $a \mid b$ 또는 $a \mid c$이다.

2. 옳지 않은 것을 모두 찾아라.

(1) 정역의 상환(quotient ring)은 체가 될 수 있다.

(2) $\mathbb{Z} + \mathbb{Z}$는 정역이 아니다.

(3) $2\mathbb{Z}/8\mathbb{Z} \cong \mathbb{Z}_4$이다.

해답

1. (3) 풀이: (3) 정역 R에서, a가 기약이며 $a = rs$이면, r 또는 s는 R의 가역원이다.

2. (3) 풀이: $\mathbb{Z}$정역, 잉여환 $\mathbb{Z}/p\mathbb{Z}$인데, $\mathbb{Z}/p\mathbb{Z} \cong \mathbb{Z}_p$는 체이다. 한편 $\mathbb{Z} + \mathbb{Z}$에서 $(1,\ 0) \cdot (0,\ 1) = (0,\ 0)$이므로 정역이 아니다. $2\mathbb{Z}/8\mathbb{Z}$는 곱셈의 항등원을 가지지 않는다.

연습문제

1. $\mathbb{R}[x]$에 속하는 $\frac{x}{15} + \frac{2}{15}$와 $2x + 4$는 서로 동반임을 보여라.

해답

1. $\frac{x}{15} + \frac{2}{15} = \frac{1}{30}(2x + 4)$이며 $\frac{1}{30} \in \mathbb{Q}$는 가역원이므로, $\frac{x}{15} + \frac{2}{15}$와 $2x + 4$는 동반원이다.

12 분수체와 표수

환 R이 있을 때, 환으로부터 체를 만드는 한 가지 방법은 R의 극대아이디얼 M으로 잉여환 R/M을 만드는 것이다(정리 2.7.4). 예를 들어서 정수환 $\mathbb{Z}$에서 극대아이디얼로서 $p\mathbb{Z} = \langle p \rangle$ (여기서 p : 소수)로 만든 잉여환 $\mathbb{Z}/p\mathbb{Z}$는 체이다. 실제로

$$\mathbb{Z}/p\mathbb{Z} = \mathbb{Z}/\langle p \rangle \cong \mathbb{Z}_p$$

으로서 p개 원소를 갖는 유한체이다.

환으로부터 체를 만드는 다른 방법은, 정수환 $\mathbb{Z}$로부터 유리수체 $\mathbb{Q}$를 만드는 과정을 일반화시키는 것이다.

R은 정역이라 하고, 순서쌍들의 집합 $S = \{(a, b) \mid b \neq 0$이며 $a, b \in R\}$ 라고하자.

(1) 집합 S에 속하는 임의의 두 원소 $(a, b), (c, d)$에 대해, 만일 $ad = bc$일 때 (a, b)는 (c, d)와 관계한다고 정의하고, 기호 $(a, b) \sim (c, d)$로 표시하자.

정리 2.12.1 관계 $(a, b) \sim (c, d)$는 동치관계이다.

예제 2.12.1 위의 정리를 증명하여라.

증명 다음의 성질을 보이면 된다.

풀이 반사 $(a, b) \sim (a, b)$:

풀이 대칭 $(a, b) \sim (c, d) \Rightarrow (c, d) \sim (a, b)$:

추이 $(a, b) \sim (c, d)$, $(c, d) \sim (x, y) \Rightarrow (a, b) \sim (x, y)$:
$(a, b) \sim (c, d)$이므로 $ad = bc$이다. 또한 $(c, d) \sim (x, y)$이므로 $cy = dx$이다. 식 $ad = bc$의 양변에 y를 곱하면

$$(ad)y = (bc)y = b(cy) = bdx$$

이다. 정역 R은 가환환이므로 $d(ay) = d(bx)$이며, 또한 양변의 d를 소거하면 $ay = bx$이다. 따라서 $(a, b) \sim (x, y)$이다.

(2) 집합 S를 동치관계 $\sim$에 따라 동치류를 만든다. (a, b)를 포함하는 동치류를 $[a, b]$라고 하자. 또한 모든 동치류들의 집합을 $\wp$이라 하자. 그러면

$$[a, b] = \{(x, y) \mid (x, y) \in S, (x, y) \sim (a, b)\}$$

이며

$$\wp = \{[a, b] \mid (a, b) \in S\}$$

(3) 집합 $\wp$에 덧셈연산과 곱셈연산을 다음처럼 정의한다.

$$[a, b] + [c, d] = [ad + bc, bd],$$
$$[a, b] \cdot [c, d] = [ac, bd]$$

정리 2.12.2 $(\wp, +, \cdot)$은 환이다.

증명 $\wp = \{[a, b] \mid (a, b) \in S\}$이며 연산

$$[a, b] + [c, d] = [ad + bc, bd] \text{과 } [a, b] \cdot [c, d] = [ac, bd]$$

이다.

(i) (연산 +는 잘 정의되어 있다.) 만일 $[a, b] = [a', b']$이며 $[c, d] = [c', d']$라고 하자. 그러면 $ab' = ba'$이며 $cd' = dc'$이다. 그러므로

$$\begin{aligned}(ad + bc)b'd' &= (ab')dd' + bb'(cd') \\ &= (ba')dd' + bb'(dc') \\ &= bd(a'd' + b'c')\end{aligned}$$

이 되어 $[ad + bc, bd] = [a'd' + b'c', b'd']$, 즉

$$[a, b] + [c, d] = [a', b'] + [c', d']$$

이다. 따라서 연산 +는 잘 정의되어 있다.

(ii) (연산 · 는 잘 정의되어 있다.) 만일 $[a, b]=[a', b']$, $[c, d]=[c', d']$ 라고 하자. 그러면

$$
\begin{aligned}
(ac)(b'd') &= (ab')(cd') \\
&= (ba')(dc') = (bd)(a'c')
\end{aligned}
$$

이므로 $[ac, bd]=[a'c', b'd']$이다. 따라서

$$[a, b]\cdot[c, d]=[a', b']\cdot[c', d']$$

이다.

(iii) 덧셈연산에서 닫혀있으며, 결합법칙이 성립한다.

(iv) 덧셈연산의 항등원은 $[0, 1]$이다. 임의의 원소 $[a, b]\in\wp$에 대해

$$
\begin{aligned}
[a, b]+[-a, b] &= [ab+b(-a), b^2] \\
&= [0, b^2]=[0, 1]
\end{aligned}
$$

이므로 $[a, b]$의 덧셈의 역원은 $[-a, b]$이다.

(v) $\wp$에서 분배법칙은 다음 예제에서 해보자. ▮

예제 2.12.2 $\wp$에서 분배법칙이 성립한다.

풀이

정리 2.12.3 $(\wp, +, \cdot)$은 체이다.

증명 (i) 임의의 $[a, b]$, $[c, d]\in\wp$에 대해

$$
\begin{aligned}
[a, b]\cdot[c, d] &= [ac, bd] \\
&= [ca, db]=[c, d]\cdot[a, b]
\end{aligned}
$$

이 성립하므로 $\wp$는 가환환이다.

(ii) $\wp$에서 곱셈의 항등원은 $[x, x]\,(x\neq 0)$이다. 실제로 $[x, x]=[1, 1]$이며, 임의의 원소 $[a, b]\in\wp$에 대해

$$[a, b]\cdot[x, x]=[ax, bx]=[a, b]$$

이다.

(iii) 0이 아닌 임의의 원소 $[a,\ b] \in \wp$라고 하자. $a \neq 0$이므로 $[b,\ a] \in \wp$이며

$$\begin{aligned}[a,\ b] \cdot [b,\ a] &= [ab,\ ba] \\ &= [ab,\ ab] = [1,\ 1]\end{aligned}$$

이므로 $[a,\ b]$의 역원 $[b,\ a]$이 존재한다. 따라서 $\wp$는 나눗셈환이다.
그러므로 $\wp$는 체이다. ▮

예제 2.12.3 정리 2.12.3을 따라 정수환 $\mathbb{Z}$로부터 유리수체 $\mathbb{Q}$를 만드는 과정을 반복해보자.

풀이

정의 정역 R에 대해, 위의 정리에서 정의된 체 $\wp$를 R의 **분수체**(field of quotient)라고 부르며, 기호 $\mathrm{fq}(R)$로 표시한다.

정리 2.12.4 정역 R이 있을 때, 함수 $f : R \to \mathrm{fq}(R)$, $a \mapsto [a,\ 1]$는 단사인 환 준동형사상이다.

증명 임의의 원소 $a,\ b \in R$에 대해

$$f(a) + f(b) = [a,\ 1] + [b,\ 1] = [a+b,\ 1] = f(a+b),$$
$$f(a) \cdot f(b) = [a,\ 1] \cdot [b,\ 1] = [ab,\ 1] = f(ab)$$

이므로 f는 환 준동형사상이다. 또한

$$\mathrm{Ker} f = \{a \mid f(a) = 0_{\mathrm{fq}(R)}\} = \{a \mid [a,\ 1] = [0,\ 1]\} = \{a \mid a = 0\} = \{0\}$$

이므로 f는 단사함수이다. ▮

정리 2.12.5 주어진 정역 R과 분수체 $\mathrm{fq}(R)$의 관계는 다음과 같다.
(1) $R \subset \mathrm{fq}(R)$이다.
(2) 만일 F가 R을 포함하는 체이면 $\mathrm{fq}(R) \subseteq F$이다.

증명 (1) 함수 $f: R \to \mathrm{fq}(R)$, $a \mapsto [a, 1]$가 단사인 준동형사상이므로, 제1 동형정리에 의해

$$\begin{aligned} R &= R/\{0\} \\ &= R/\mathrm{Ker} f \\ &\cong \mathrm{Im} f \subseteq \mathrm{fq}(R) \end{aligned}$$

이다.

(2) $[a, b]$는 $\mathrm{fq}(R)$에 속하는 임의의 원소라고 하자. 그러면 $a, b \in R \subset F$이며 $b \neq 0$이므로 b^{-1}은 F에 속한다. 따라서 $ab^{-1} \in F$이다. 그러므로 함수

$$g: \mathrm{fq}(R) \to F, \ [a, b] \mapsto ab^{-1}$$

로 정의하자. 그러면 g는 환 준동형사상이며 $\mathrm{Ker} g = \{0\}$이다 (다음 예제에서 보이자). 따라서 $\mathrm{fq}(R) \subset F$이다. 그러므로 R을 포함하는 임의의 체는 $\mathrm{fq}(R)$도 포함한다. ▮

예제 2.12.4 함수 $g: \mathrm{fq}(R) \to F$, $[a, b] \mapsto ab^{-1}$는 단사인 환 준동형사상임을 보여라.

풀이

정리 2.12.5에 의해 R과 $\mathrm{fq}(R)$사이에는 어떠한 체도 존재하지 않는다. 그러므로 R의 **분수체** $\mathrm{fq}(R)$는 R을 포함하는 최소의 체이다. 따라서 유리수체 $\mathbb{Q}$는 정수환 $\mathbb{Z}$의 분수체이므로, $\mathbb{Q} = \mathrm{fq}(\mathbb{Z})$는 $\mathbb{Z}$를 포함하는 최소의 체이다.

표수

정의 환 $1 \in R$일 때, 1을 거듭 덧셈연산을 하여 0이 되는 최소 횟수를 환 R의 **표수**(characteristic)라 부르고, 기호 $\mathrm{char} R$로 나타낸다. 만약 1을 아무리 거듭 더해도 0이 되지 않을 때, R의 표수는 0이라고 정의한다.

예제 2.12.5 정수환 $\mathbb{Z}$의 표수는 0이다. 마찬가지로 유리수체 $\mathbb{Q}$의 표수도 0이다. 이것은 정수 (또는 유리수) 1을 거듭 더하고 또 더해도 결코 0이 되지 않기 때문이다.

예제 2.12.6 잉여환 $\mathbb{Z}/n\mathbb{Z}$의 표수를 구하여라.

풀이 곱셈의 항등원 $\overline{1} \in \mathbb{Z}/n\mathbb{Z}$을 n번 더하면

$$\begin{aligned}\overline{1}+\cdots+\overline{1} &= n\overline{1}\\ &= \overline{n} = \overline{0}\end{aligned}$$

이므로 $\mathrm{char}(\mathbb{Z}/n\mathbb{Z}) = n$이다.

예제 2.12.7 환 $\mathbb{Z}/4\mathbb{Z} \times \mathbb{Z}/6\mathbb{Z}$의 표수를 말하여라.

풀이 표수는 $(\overline{1}, \overline{1})$을 거듭 더하여 $(\overline{0}, \overline{0})$이 되는 횟수이므로, 표수는 4와 6의 최소공배수인 12이다.

정리 2.12.6 곱셈의 항등원을 갖는 동형인 두 환의 표수는 같다. 따라서 서로 다른 표수를 가진 환들은 동형이 될 수 없다.

증명 $1_R \in R$과 $1_S \in S$인 환에서 $f: R \to S$는 환 동형사상이라고 하자. 그러면 $f(1_R) = 1_S$이다. 만일 $\mathrm{char}R = n$이면 $n1_R = 0$이므로

$$f(0) = f(n1_R) = nf(1_R) = n1_S$$

이 되어, $\mathrm{char}S \leq n$이다. f는 동형사상이므로 $f^{-1}: S \to R$도 동형사상이 되어, 위와 동일한 이유에 의해 $n \leq \mathrm{char}S$이다. 따라서 $\mathrm{char}R = \mathrm{char}S$이다. ∎

정리 2.12.7 정역의 표수는 0 또는 소수이다.

증명 정역 R의 표수가 0이 아닌 n이라 하자. 만일 $n = mk\,(1 < m,\ k < n)$이 합성수라면 1을 n번 더하여 0이 되므로

$$0 = \underbrace{1+\cdots+1}_{n} = n = mk = \underbrace{(1+\cdots+1)}_{m}\underbrace{(1+\cdots+1)}_{k}$$

이다. 정역에는 영인자가 없으므로

$$\underbrace{1+\cdots+1}_{m}=0$$

이거나

$$\underbrace{1+\cdots+1}_{k}=0$$

이다. 이는 1을 여러 번 더해 0이 되는 최소의 숫자가 n이라는 표수의 정의에 모순이다. 따라서 정역의 표수는 합성수가 아닌, 소수이어야 한다. ▮

예를 들어, 표수가 6인 체가 존재한다면,

$$1+1+1+1+1+1=(1+1)(1+1+1)=0$$

인데, 체는 정역이므로 $1+1=0$이거나 $1+1+1=0$이다. 따라서 표수의 정의에 모순이다.

정리 2.12.8 환 $1\in R$이라고 하자. 만일 $\text{char}R=n$이면 $R\supset \mathbb{Z}_n$이다. 만일 $\text{char}R=0$이면 $R\supset \mathbb{Z}$이다.

증명 $1\in R$이므로, 임의의 원소 $a\in\mathbb{Z}$에 대해 함수

$$f:\mathbb{Z}\to R,\ f(a)=a1$$

라고 정의하자. 그러면 임의의 $b\in\mathbb{Z}$에 대해

$$f(a+b)=(a+b)1=a+b=f(a)+f(b),$$

$$f(ab)=(ab)1=a1\cdot b1=f(a)f(b)$$

이므로 f는 환 준동형사상이다. f의 핵

$$\text{Ker}f=\{a\in\mathbb{Z}\mid f(a)=0\}=\{a\in\mathbb{Z}\mid a1=0\}$$

을 생각해보자.

(i) $\text{char}R=n$라고 하자. 표수의 정의에 의해 $n1=0$인 n는 최소의 정수이므로 $n\mid a$, 즉 $a=nk$ $(k\in\mathbb{Z})$이다. 따라서

$$\text{Ker}f=\{nk\mid k\in\mathbb{Z}\}=\langle n\rangle$$

이다. 제1 동형정리 $\mathbb{Z}/\text{Ker}f\cong\text{Im}f$에 의해 다음이 성립한다.

$$\mathbb{Z}_n\cong\mathbb{Z}/\langle n\rangle=\mathbb{Z}/\text{Ker}f\cong\text{Im}f\subset R.$$

(ii) $\text{char}R=0$라고 하자. 표수의 정의에 의해 $a1=0$이 되는 a은 존재하지 않는다. 따라서

$$\mathrm{Ker}f = \{a \in \mathbb{Z} \mid f(a) = 0\} = \{a \in \mathbb{Z} \mid a1 = 0\} = \{0\}$$

이다. 그러면 제1 동형정리에 의해 다음이 성립한다.

$$\mathbb{Z} = \mathbb{Z}/\{0\} = \mathbb{Z}/\mathrm{Ker}f \cong \mathrm{Im}f \subset R. \ ▮$$

따라서 임의의 환은 표수에 따라 정수환 $\mathbb{Z}$ 또는 법 n에 대한 정수환 $\mathbb{Z}_n$를 포함한다.

정리 2.12.9 F가 체일 때, $\mathrm{char}F = p$(소수)이면 $F \supset \mathbb{Z}_p$이며, $\mathrm{char}F = 0$이면 $F \supset \mathbb{Q}$이다.

증명 체 F는 정역이므로 정리 2.12.7에 의해 $\mathrm{char}F = p$(소수) 또는 $\mathrm{char}F = 0$이다.

만일 $\mathrm{char}F = p$(소수)이면, 정리 2.12.8에 의해 $F \supset \mathbb{Z}_p$이다.

한편 만일 $\mathrm{char}F = 0$이면 $F \supset \mathbb{Z}$이다. 그런데 F는 $\mathbb{Z}$를 포함하는 체이므로, $\mathbb{Z}$의 분수체인 $\mathrm{fq}(\mathbb{Z}) = \mathbb{Q}$도 포함한다. 따라서 $F \supset \mathbb{Q}$이다. ▮

그러므로 임의의 체는 그 안에 체 $\mathbb{Z}_p$ 또는 체 $\mathbb{Q}$를 포함하고 있다. 이 때 $\mathbb{Z}_p$ 또는 $\mathbb{Q}$를 **소체**(prime field)라고 부른다.

정의 체 F의 원소인 곱셈의 항등원 1을 더하고, 빼고, 곱하고, 나누어 생성한 체를 F의 **소체**라 부른다. 이것은 체 F가 가진 가장 작은 부분체이다.

예제 2.12.8 실수체 $\mathbb{R}$의 환의 곱셈의 항등원 1로 생성한 체는 유리수체 $\mathbb{Q}$가 되며, 이것이 가장 작은 체이므로 $\mathbb{R}$의 소체는 $\mathbb{Q}$이다.

정리 2.12.10 유한체 $\mathbb{Z}_{p^n}$의 표수는 p이므로, 그 소체는 $\mathbb{Z}_p$와 동형이다.

증명 정역의 표수는 0이거나 소수 p이다. 그러므로 유한체의 표수는 소수이다.

정리 2.12.11 R과 S는 정역이며 $f: R \to S$는 전사함수라고 하자. 만일 $\mathrm{char}(S)$가 0이 아니면 $\mathrm{char}(S)$는 $\mathrm{char}(R)$의 약수이다.

증명 $\mathrm{char}(S)=n\ (\neq 0)$이라하자. 그러면 모든 $s\in S$에 대해 $n\cdot s=0$이다.
만약 $\mathrm{char}(R)=0$이면 $\mathrm{char}(S)$는 $\mathrm{char}(R)$을 나눈다.
만약 $\mathrm{char}(R)=k(\neq 0)$이면 모든 $r\in R$에 대해 $k\cdot r=0$이다. 임의의 원소 $s\in S$를 택하자. f가 전사함수이므로 s의 원상 $a\in R$가 존재하여 $f(a)=s$이다. 그러므로

$$k\cdot s=k\cdot f(a)=f(k\cdot a)=f(0)=0$$

이다. 모든 $s\in S$에 대해 $k\cdot s=0$이므로, k는 $\mathrm{char}(S)$의 배수이다. 즉 $\mathrm{char}(S)$는 $\mathrm{char}(R)$를 나눈다.

확인문제

1. 옳은 것을 모두 찾아라.

(1) n이 합성수이면 $n\mathbb{Z}$는 영인자를 갖는다.
(2) $n\mathbb{Z}$의 표수는 n이다.
(3) 표수가 0인 정역은 무한집합이다.
(4) 환 $\mathbb{Z}$는 $n\mathbb{Z}$와 동형이다.
(5) 정역들의 직합(direct sum)은 정역이다.
(6) 정역 D과 부분정역 $S<D$가 있을 때, D의 표수는 S의 표수와 동일하다.

2. 옳은 것을 모두 찾아라.

(1) $\mathbb{Q}$는 $\mathbb{Z}$의 분수체이다.
(2) $\mathbb{R}$는 $\mathbb{Z}$의 분수체이다.
(3) $\mathbb{R}$는 $\mathbb{R}$의 분수체이다.
(4) $\mathbb{C}$는 $\mathbb{R}$의 분수체이다.

3. D가 정역일 때, 옳지 않은 것을 모두 찾아라.

(1) D가 체이면 D의 분수체는 D와 동형이다.

(2) D의 모든 원소는 D의 분수체 F의 가역원이다.

(3) D의 0이 아닌 모든 원소는 D의 분수체 F의 가역원이다.

(4) D'은 D의 부분정역일 때 D'의 분수체 F'은 D의 분수체 F에 포함된다.

4. R은 곱셈의 항등원을 가진 환이고, F는 체일 때 옳지 않은 것을 모두 찾아라.

(1) $\mathrm{char}\,\mathbb{Z} = \mathrm{char}\,\mathbb{Q} = \mathrm{char}\,\mathbb{R} = \mathrm{char}\,\mathbb{C}$ 이다.

(2) $\mathrm{char}R = 0$ 이면 R은 $\mathbb{Z}$를 부분환으로 포함한다.

(3) $\mathrm{char}R = n$ 이면 R은 $\mathbb{Z}_n$을 부분환으로 포함한다.

(4) $\mathrm{char}F = 0$ 이면 F는 $\mathbb{Q}$를 부분체로서 포함한다.

(5) $\mathrm{char}F = n$ 이면 F는 $\mathbb{Z}_n$을 부분체로서 포함한다.

해답

1. (3), (4) 풀이: (1) $n\mathbb{Z}$에서 0이 아닌 임의의 두 원소를 곱하면 0이 될 수 없다.

(2) $n\mathbb{Z}$의 표수는 0이다.

(3) 정역 D의 표수가 0이라면, D는 유리수체 $\mathbb{Q}$를 포함한다. 그런데 $\mathbb{Q}$가 무한이므로, D는 당연히 무한 집합이다.

(4) $\mathbb{Z}$와 $n\mathbb{Z}$는 가환군으로서는 $\phi(x) = nx\ (x \in \mathbb{Z})$에 의해 서로 (군)동형이다. 그러나 $\phi(xy) = n(xy) \neq \phi(x)\phi(y)$ 이므로 $\mathbb{Z}$와 $n\mathbb{Z}$는 환으로서는 (환)동형일 수 없다.

(5) $\mathbb{Z}$는 정역이지만, $\mathbb{Z} + \mathbb{Z}$는 정역이 아니다. 왜냐하면 $(1,\ 0)(0,\ 1) = (0,\ 0)$ 이기 때문이다.

2. (1), (3) 풀이: 어떤 정역의 분수체는 그것을 포함하는 최소의 체이다. 그러므로 $\mathbb{Z}$의 분수체는 $\mathbb{R}$이 아니라 $\mathbb{Q}$이다. 또한 $\mathbb{R}$은 그 자신이 체이므로 $\mathbb{R}$의 분수체는 $\mathbb{R}$이다.

3. (2)

4. (5) 풀이: (5)에서 n이 소수일 때만 성립한다.

연습문제

1. $f: R \to S$가 환 준동형사상일 때, 옳은 것을 모두 찾아라.

(1) 항상 $\mathrm{char} S = \mathrm{char} R$이다.

(2) f가 단사이면 $\mathrm{char} S = \mathrm{char} R$이다.

(3) f가 전사이면 $\mathrm{char} S = \mathrm{char} R$이다.

(4) f가 단사이고 $\mathrm{char} S \neq 0$이면 $\mathrm{char} S$는 $\mathrm{char} R$을 나눈다.

(5) f가 전사이고 $\mathrm{char} S \neq 0$이면 $\mathrm{char} S$는 $\mathrm{char} R$을 나눈다.

2. 표수를 계산하여라.

$\mathbb{Q}$, $\mathbb{Z}_2 \times \mathbb{Z}_6$, $\mathbb{Z}_3[x]$, $2\mathbb{Z}$, $M(\mathbb{Z}_3)$, $\mathbb{Z}_3 + \mathbb{Z}_4$, $\mathbb{Z}_6 + \mathbb{Z}_{15}$

3. 옳지 않은 것을 모두 찾아라.

(1) 임의의 $k \in \mathbb{Z}$에 대해 $k1_R = 0$이면 $n \mid k$이다.

(2) 임의의 $k \in \mathbb{Z}$에 대해 $n \mid k$이면 $k1_R = 0$이다.

(3) R이 표수 n을 갖는 체이면 n은 0이거나 소수이다.

(4) 모든 체는 $\mathbb{Z}_p$(p: 소수)를 포함한다.

(5) 유한체의 표수는 소수이다.

해답

1. (5) 풀이: $\mathrm{char} S = n \neq 0$이라 하면, 모든 $a \in S$에 대해 $na = 0$이다. 만약 $\mathrm{char} R = 0$이면 $\mathrm{char} S$는 $\mathrm{char} R$을 나눈다. 만약 $\mathrm{char} R = m \neq 0$이면 모든 $r \in R$에 대해

$$mf(r) = f(mr) = 0$$

이므로 $ma = 0$ 모든 $a \in S$이다. 따라서 n은 m을 나눈다.

2. 표수는 각각 0, 6, 3, 0, 3, 12, 30이다. 풀이: 표수는 0이거나 정수 n이다.

3. (4) 풀이: 표수의 정의를 기억하면 된다. $n \neq 0$가 환 R의 표수이다 $\Leftrightarrow$ n이 $n1_R = 0$를 만족시키는 최소의 양수이다.

(4) 모든 체는 $\mathbb{Z}_p$(p: 소수) 또는 유리수 $\mathbb{Q}$를 포함한다.

13 다항식의 최대공약수

다항식 $f(x)$와 $g(x)$를 동시에 나누는 가장 차수가 큰 다항식을 $f(x)$와 $g(x)$의 **최대공약수**라고 부른다. 이 때 기호 $\gcd(f(x),\ g(x))$로 표시한다. 이것은 두 개의 정수 a, b의 최대공약수 $\gcd(a,\ b)$의 정의와 유사하다. 그러나 다항식의 경우에는 $f(x)$와 $g(x)$의 계수를 어느 집합에서 정하는지에 따라 달라질 수 있다.

정의 체 F의 다항식환 $F[x]$에 속하는 다항식 $f(x)$와 $g(x)$의 **공약수**는 $f(x)$와 $g(x)$를 동시에 나누는 다항식 $d(x) \in F[x]$를 말한다. $f(x)$와 $g(x)$의 모든 공약수들이 $d(x)$의 약수가 될 때, 공약수 $d(x)$를 $f(x)$와 $g(x)$의 **최대공약수**라고 부르며, 기호 $\gcd(f(x),\ g(x)) = d(x)$로 쓴다.

최대공약수는 $F[x]$에서 0이 아닌 상수 (즉, $F[x]$의 가역원)를 곱하는 것까지 유일하게 존재한다. $f(x)$의 약수를 이해하기위해 다항식 환에서의 나눗셈 정리를 먼저 알아보자.

다항식환에서의 나눗셈 정리와 유클리드 알고리즘

정의 체 F이며, $f(x),\ g(x) \in F[x]$라고 하자. $f(x) = m(x)g(x)$인 어떤 다항식 $m(x) \in F[x]$가 존재할 때, $g(x)$는 $f(x)$를 **나눈다**고 하며, 기호

$$g(x) \mid f(x)$$

로 나타낸다. $g(x)$는 $f(x)$의 **인수**라고 부른다.

이 정의는 정수 a, b사이에 $a \mid b$를 말하는 것과 동일하다. 마찬가지로 정수에서의 나눗셈 정리를 다항식에서의 나눗셈 정리로 확장할 수 있다.

정리 2.13.1 다항식 환에서 나눗셈 정리
F는 체이며, $f(x),\ g(x) \in F[x]$이며 $g(x) \neq 0$라고 하자. 그러면

$$f(x) = g(x)q(x) + r(x)$$

인 다항식 $q(x),\ r(x) \in F[x]$가 단 하나 존재한다. 이 때 $r(x) = 0$이거나 $\deg r(x) < \deg g(x)$이다.

증명은 정수의 경우와 거의 유사하므로 생략한다[참고문헌(「즐거운 현대대수」, 김주필·최은미, 교우사)].

$q(x)$와 $r(x)$는 각각 나눗셈의 **몫**(quotient)과 **나머지**(remainder)이다. 이러한 나눗셈 정리는 체 F의 다항식환 $F[x]$에서 성립하며, 정수환 $\mathbb{Z}$에서 계수를 갖는 다항식환 $\mathbb{Z}[x]$에서는 성립하지 않는다.

정의 $f(x),\ g(x) \in F[x]$ 일 때 다음의 다항식 $d(x)$를 $f(x),\ g(x)$의 **최대공약수**라고 부른다.

(1) $d(x)$는 모닉(monic) 다항식(즉, 최고차항의 계수가 1인 다항식)이다.

(2) $d(x) \mid f(x)$이며 $d(x) \mid g(x)$이다.

(3) 만일 $c(x) \mid f(x)$이고 $c(x) \mid g(x)$이면 $\deg c(x) \le \deg d(x)$이다.

이 때, 기호 $\gcd(f(x),\ g(x)) = d(x)$로 나타낸다.

정리 2.13.2 다항식환에서 유클리드 알고리즘

F는 체, $f(x),\ g(x) \in F[x]$는 0이 아닌 다항식이라고 하자. 그러면 최대공약수 $\gcd(f(x),\ g(x))$는 $f(x)$와 $g(x)$의 일차결합으로 표현된다. 다시 말해서

$$r(x)f(x) + s(x)g(x) = \gcd(f(x),\ g(x))$$

인 다항식 $r(x)$와 $s(x) \in F[x]$가 존재한다.

예제 2.13.1 유리수 $\mathbb{Q}$에서 $f(x) = 5x^3 + 2x^2 + 3x - 10$, $g(x) = x^3 + 2x^2 - 5x + 2 \in \mathbb{Q}[x]$의 최대공약수를 찾아라. 또한 최대공약수를 $f(x)$와 $g(x)$의 일차결합을 나타내어라.

풀이 정수에서의 유클리드 알고리즘과 유사한 방법을 적용하자.

$$f(x) = 5g(x) + (-8x^2 + 28x - 20)$$

$$g(x) = (-8x^2 + 28x - 20)(-\frac{1}{8}x - \frac{11}{16}) + (\frac{47}{4}x - \frac{47}{4})$$

$$-8x^2 + 28x - 20 = (\frac{47}{4}x - \frac{47}{4})(\frac{4}{47}(-8x + 20)) + 0$$

그러므로

$$\gcd(f(x),\ g(x)) = \frac{47}{4}x - \frac{47}{4} = \frac{47}{4}(x-1)$$

이다. 그런데 $\frac{47}{4} \in \mathbb{Q}$ 인 상수이므로 $\gcd(f(x),\ g(x)) = (x-1)$ 이다.

예제에서 $\frac{47}{4}(x-1)$ 는 $f(x) = 5x^3 + 2x^2 + 3x - 10$ 와 $g(x) = x^3 + 2x^2 - 5x + 2$ 의 최대공약수로 보인다. 그런데 유리수 $\frac{47}{4}$ 는 가역원이므로 항상 최고차항의 계수가 1(즉, 모닉 다항식)인 다항식 $x-1$ 가 최대공약수이다.

예제 2.13.2 예제 2.13.1의 $f(x) = 5x^3 + 2x^2 + 3x - 10$ 와 $g(x) = x^3 + 2x^2 - 5x + 2$ 의 최대공약수 $x-1$ 를 $f(x)$ 와 $g(x)$ 의 일차결합으로 나타내어라.

풀이 유클리드 알고리즘에 의해

$$\frac{47}{4}x - \frac{47}{4} = g(x) - (-8x^2 + 28x - 20)(-\frac{1}{8}x - \frac{11}{16})$$

이다. 그러므로

$$\begin{aligned} x - 1 &= \frac{4}{47}g(x) + (-8x^2 + 28x - 20)(\frac{1}{94}x + \frac{11}{188}) \\ &= \frac{4}{47}g(x) + (f(x) - 5g(x))(\frac{1}{94}x + \frac{11}{188}) \\ &= (\frac{1}{94}x + \frac{11}{188})f(x) + (-\frac{5}{94}x - \frac{39}{188})g(x) \end{aligned}$$

예제 2.13.3 예제 2.13.1의 두 다항식 $f(x) = 5x^3 + 2x^2 + 3x - 10$ 과 $g(x) = x^3 + 2x^2 - 5x + 2$ 를 다항식환 $\mathbb{Z}_7[x]$ 의 원소로 생각할 때, $\mathbb{Z}_7[x]$ 에서 $f(x)$ 와 $g(x)$ 의 최대공약수를 찾아라. 또한 최대공약수를 $f(x)$ 와 $g(x)$ 의 일차결합을 나타내어라.(여기서 $\mathbb{Z}_7$ 의 원소를 $\overline{n}$ 대신 편의상 n 으로 표기함.)

풀이 $\mathbb{Z}_7[x]$ 에서

$$f(x) = 5x^3 + 2x^2 + 3x - 10 = 5x^3 + 2x^2 + 3x + 4,$$

$$g(x) = x^3 + 2x^2 - 5x + 2 = x^3 + 2x^2 + 2x + 2$$

로 생각할 수 있다. 그러므로

$$f(x) = 5\,g(x) + (6x^2 + 1)$$
$$g(x) = (6x^2 + 1)(6x + 5) + (3x + 4)$$
$$6x^2 + 1 = (3x + 4)(2x + 2) + 0$$

이다. 여기서 $6^{-1} = 6 \in \mathbb{Z}_7$을 사용한다. 따라서 $3x + 4$이 $f(x)$와 $g(x)$의 최대공약수이지만, 모닉 다항식이 되도록 바꾸어야 한다. $3^{-1} = 5 \in \mathbb{Z}_7$이므로

$$3x + 4 = 3(x + 3^{-1}4) = 3(x + 5 \cdot 4) = 3(x + 6)$$

가 되어 $\gcd(f(x),\ g(x)) - x + 6$이다.

최대공약수 $\gcd(f(x),\ g(x)) = x + 6$를 $f(x)$와 $g(x)$의 일차결합으로 표현하자.

$$\begin{aligned} 3x + 4 &= g(x) - (6x^2 + 1)(6x + 5) \\ &= g(x) - [f(x) - 5\,g(x)](6x + 5) \\ &= (-6x - 5)f(x) + (30x + 26)\,g(x) \\ &= (x + 2)f(x) + (2x + 5)\,g(x) \end{aligned}$$

이므로

$$\begin{aligned} \gcd(f(x),\ g(x)) &= x + 6 \\ &= 3^{-1}(3x + 4) \\ &= 5(3x + 4) \\ &= 5[(x + 2)f(x) + (2x + 5)\,g(x)] \\ &= (5x + 3)f(x) + (3x + 4)g(x) \end{aligned}$$

이다.

예제 2.13.4 $\gcd(99,\ 0)$, $\gcd(n,\ 0)$를 정수의 집합 $\mathbb{Z}$에서 구하여라.

풀이

예제 2.13.5 $\gcd(2x^5+2x^4+2x^3+2x^2+2x,\ 0)$를 $\mathbb{Q}[x]$에서 구하여라.

풀이

예제 2.13.6 $\gcd(5x^3+x+7,\ 0)$를 $\mathbb{Q}[x]$에서 구하여라.

풀이

예제 2.13.7 $\gcd(2x+2,\ 2x-2)$를 $\mathbb{Q}[x]$에서 구하여라.

풀이

다항식의 최대공약수 성질

정리 2.13.3 체 F일 때, 세 다항식 $f(x),\ g(x),\ h(x)\in F[x]$라고 하자. 그러면 $\gcd(f(x),\ h(x))=\gcd(g(x),\ h(x))=1$일 필요충분조건은 $\gcd(f(x)g(x),\ h(x))=1$이다.

증명 $\gcd(f(x),\ h(x))=1$이면 $f(x)s(x)+h(x)t(x)=1$인 다항식 $s(x)$, $t(x)\in F[x]$가 존재한다. 마찬가지로 $\gcd(g(x),\ h(x))=1$이면 $g(x)u(x)+h(x)v(x)=1$인 다항식 $u(x)$, $v(x)\in F[x]$가 존재한다. 그러므로

$$[f(x)s(x)+h(x)t(x)][g(x)u(x)+h(x)v(x)]=1,$$

즉

$$f(x)g(x)[s(x)u(x)]+h(x)[f(x)s(x)v(x)+g(x)u(x)t(x)+h(x)t(x)v(x)]=1$$

이다. 따라서 다항식환 $F[x]$에서 1은 $f(x)g(x)$와 $h(x)$의 일차결합으로 표현되므로 $\gcd(f(x)g(x),\ h(x))=1$이다.

반대로 $\gcd(f(x)g(x),\ h(x))=1$이라고 하자. 그러면

$[f(x)g(x)]s(x)+h(x)t(x)=1$ 인 다항식 $s(x)$, $t(x) \in F[x]$ 가 존재한다.
따라서

$$f(x)\,[g(x)s(x)]+h(x)t(x)=1$$

이며 동시에

$$g(x)[f(x)s(x)]+h(x)t(x)=1$$

이므로 $\gcd(f(x),\ h(x))=\gcd(g(x),\ h(x))=1$ 이다.

다음의 두 정리는 정수에서 했던 것과 유사하게 증명할 수 있다.

정리 2.13.4 체 F 이며 다항식 $f(x),\ g(x),\ h(x) \in F[x]$ 이면

$$\gcd(f(x),\ g(x))\operatorname{lcm}(f(x),\ g(x))=f(x)g(x)$$

이다. (여기서 $\operatorname{lcm}(f(x),\ g(x))$ 는 $f(x)$ 와 $g(x)$ 의 최소공배수이다.)

정리 2.13.5 체 F 일 때, 세 다항식 $f(x),\ g(x),\ h(x) \in F[x]$ 라고 하자. 그러면 다음이 성립한다.

(1) $\gcd(f(x),\ g(x))=1$ 일 때, $f(x) \mid g(x)h(x)$ 이면 $f(x) \mid h(x)$ 이다.

(2) $\gcd(f(x),\ g(x))=1$ 일 때, $f(x) \mid h(x)$ 이고 $g(x) \mid h(x)$ 이면 $f(x)g(x) \mid h(x)$ 이다.

연습문제

1. $\gcd(2x^4+5x^3-5x-2,\ 2x^3-3x^2-2x)$를 $\mathbb{Q}[x]$에서 구하여라.

2. 다음을 증명하여라. 체 F일 때, $F[x]$에 속하는 두 다항식 $f(x)$, $g(x)$가 서로소이면 임의의 다항식 $u(x) \in F[x]$에 대하여 $\gcd(f(x),\ g(x)u(x)) = \gcd(f(x),\ u(x))$이다.

해답

1. 두 다항식을 인수분해 하면

$$(2x+1)(x+2)(x+1)(x-1) \text{과 } (2x+1)(x-2)x$$

이므로 $2x+1$인데, 이것을 모닉(최고차 항의 계수 1인 다항식)으로 만들면,

$\gcd(2x^4+5x^3-5x-2,\ 2x^3-3x^2-2x) = x + \dfrac{1}{2}$ 이다.

2. $\gcd(f(x),\ g(x)u(x)) = d(x)$, $\gcd(f(x), u(x)) = e(x)$라 하고, $d(x) = e(x)$를 보이자.

가정에 의해 $f(x)$, $g(x)$가 서로소이므로, $f(x)s(x)+g(x)t(x)=1$인 $s(x)$, $t(x) \in F[x]$가 존재한다. 따라서

$$f(x)[u(x)s(x)] + [g(x)u(x)]t(x) = u(x)$$

이다. $d(x) \mid f(x)$이며 $d(x) \mid g(x)u(x)$이므로 $d(x) \mid u(x)$이다. 그런데 $d(x) \mid f(x)$이므로 $d(x)$는 $f(x)$와 $u(x)$의 공약수이고, $e(x)$가 $f(x)$와 $u(x)$의 최대공약수이므로

$$\deg d(x) \le \deg e(x)$$

이다. 한편 $e(x) \mid f(x)$이며 $e(x) \mid u(x)$이므로 위 식에 의하여 $e(x) \mid g(x)u(x)$가 되어, $e(x)$가 $f(x)$와 $g(x)u(x)$의 공약수가 된다. 그런데 $d(x)$는 $f(x)$와 $g(x)u(x)$의 최대공약수이므로

$$\deg e(x) \le \deg d(x)$$

이다. 따라서 $d(x) = e(x)$이다.

14 기약다항식

다음은 다항식에서 쉽게 알 수 있는 정리이다.

정리 2.14.1 F는 체이고, 0이 아닌 다항식 $f(x) \in F[x]$라고 하자. 다음은 서로 동치이다.

(1) $f(x)$는 가역원(단원)　　(2) $f(x)$는 상수다항식

(3) $f(x)$는 상수　　(4) $f(x) \in F$

(5) $\deg f(x) = 0$

증명 (2) ⇔ (3) ⇔ (4) ⇔ (5)는 당연하므로 (1) ⇔ (2)만 보이자.

$f(x)$가 가역원이면 $f(x)h(x) = 1$인 $h(x) \in F[x]$가 존재한다. 양변의 차수를 비교하면

$$\deg(f(x)h(x)) = \deg 1,$$

즉

$$\deg f(x) + \deg h(x) = 0$$

이므로, $\deg f(x) = \deg h(x) = 0$ 즉 $f(x)$는 0이 아닌 상수다항식이다.

반대로 $f(x)$는 0이 아닌 상수다항식, 즉 어떤 $0 \neq c \in F$에 대해 $f(x) = c$라고 하자. $c^{-1} \in F$이 존재하므로 $f(x)c^{-1} = cc^{-1} = 1$이므로 $f(x)$는 가역원이다. ∎

기약다항식

정의 R이 정역일 때 가역원이 아닌 원소 $0 \neq p \in R$라고 하자. 만일

$$p = ab \ (a,\ b \in R)\text{일 때 } a \text{ 또는 } b\text{가 } R\text{의 가역원이면}$$

p를 R의 **기약원**(irreducible element)이라고 부른다. 기약원이 아닌 원소를 가약(reducible element)원이라고 부른다.

R에서 기약원의 정의는 정수환 $\mathbb{Z}$에서 소수의 정의와 비교된다.

$\mathbb{Z}$에서 원소 $1 \neq p \in \mathbb{Z}$라고 하자. 만일

$$p = ab \ (a,\ b \in \mathbb{Z})\text{일 때 } a \text{ 또는 } b\text{가 } 1\text{이면}$$

p를 **소수**라고 부른다. 소수가 아닌 원소를 합성수라고 부른다.

어떤 정수가 소수인지 아닌지를 판정하는 것이 중요한 문제인 것처럼, 어떤 다항식이 기약인지 아닌지를 판정하는 것이 중요하다.

정의 F는 체, 상수항이 아닌 다항식 $p(x) \in F[x]$라고 하자. 만일
$p(x) = f(x)g(x)$ $(f(x),\ g(x) \in F[x])$일 때 $f(x)$ 또는 $g(x)$가 가역원(단원)이면 $p(x)$를 $F[x]$에서 (또는 F 위에서) **기약다항식**(irreducible polynomial)이라고 부른다. 기약이 아닌 다항식을 **가약다항식**(reducible)이라고 부른다.

그러므로 정리 2.14.1에 의해, $p(x)$가 **기약다항식**이라는 것은

$p(x) = f(x)g(x)$일 때 $f(x)$ 또는 $g(x)$가 0이 아닌 상수다항식,

즉 $f(x)$ 또는 $g(x)$가 F의 원소라는 뜻이 된다.

예를 들어서 $f(x) = x^2 - 2$라고 하자. $f(x)$는 유리수 다항식환 $\mathbb{Q}[x]$에서 기약다항식이다. 그러나 $\mathbb{R}[x]$에서는 $x^2 - 2 = (x - \sqrt{2})(x + \sqrt{2})$이므로 $f(x)$는 실수 다항식환 $\mathbb{R}[x]$에서 가약다항식이다.

마찬가지로 $g(x) = x^2 + 1$이라 하면, $g(x)$는 실수 다항식환 $\mathbb{R}[x]$에서 기약다항식이지만. 복소수 다항식환 $\mathbb{C}[x]$에서는 $g(x) = (x+i)(x-i)$로 가약다항식이다.

예제 2.14.1 $3x^2 + 6x + 9$는 각각 정수환 $\mathbb{Z}[x]$와 유리수 다항식환 $\mathbb{Q}[x]$에서 기약다항식인지 가약다항식인지 알아보자.

풀이

다항식의 근과 기약다항식

정리 2.14.2 인수정리
체 F, $f(x) \in F[x]$라고 하자. $a \in F$가 $f(x)$의 근이 되는 동치조건은 $x-a$가 $f(x)$를 나누는 것이다.

증명 a는 $f(x)$의 근이라고 하자. 그러면 $f(a)=0$이다. 나눗셈 정리를 사용하여 $f(x)$를 $x-a$로 나누면

$$f(x)=(x-a)q(x)+r(x)$$

인 $q(x)$, $r(x) \in F[x]$가 존재하며, 이 때 $r(x)=0$ 또는 $\deg r(x)=0$이다.

만일 $r(x)=0$이면

$$f(x)=(x-a)q(x)$$

가 되어 $(x-a) \mid f(x)$이다.

만일 $\deg r(x)=0$이면 적당한 상수 $c \in F$에 대해 $r(x)=c$인 상수다항식이다.

$f(x)=(x-a)q(x)+c$로부터

$$0=f(a)=(a-a)q(a)+c=c$$

가 되어 $c=0$이다. 따라서

$$f(x)=(x-a)q(x),$$

즉 $(x-a) \mid f(x)$이다.

반대로 $x-a$가 $f(x)$를 나눈다고 하자. $(x-a) \mid f(x)$이므로 $f(x)=(x-a)g(x)$인 다항식 $g(x) \in F[x]$가 존재한다. x에 a를 대입하면

$$f(a)=(a-a)g(a)=0,$$

즉 $f(a)=0$이므로 a는 $f(x)$의 근이다. ∎

그러므로 다항식이 근을 가지면 가약다항식이 된다. 이 정리 2.14.2의 대우명제를 사용하여 다음의 따름정리를 만들 수 있다.

따름정리 2.14.3 체 F, $f(x) \in F[x]$이며 $\deg f(x) \geq 2$라고 하자. $f(x)$가 F에서 기약이면 $f(x)$는 F에서 근을 갖지 않는다.

그러나 다항식이 근을 갖지 않으면, 기약다항식이 되는가?

예제 2.14.2 다항식이 근을 갖지 않지만, 가약인 다항식을 말해보자.

풀이 4차 이상의 다항식을 생각할 수 있다. $f(x)=x^4+3x^2+2\in\mathbb{Q}[x]$는

$$f(x)=(x^2+2)(x^2+1)$$

로 인수분해되므로 가약다항식이다. 그러나 x^2+2와 x^2+1은 $\mathbb{Q}$에서 근을 갖지 않으므로, $f(x)$의 근도 없다.

정리 2.14.4 체 F, $f(x)\in F[x]$이며 $\deg f(x)=2$ 또는 3이라고 하자. $f(x)$가 $F[x]$에서 가약일 필요충분조건은 $f(x)$가 F에서 근을 갖는다.

증명 정리 2.14.2에 의해 $f(x)$가 F에서 근을 가지면 $f(x)$가 $F[x]$에서 가약이다. 이제 $f(x)$가 $F[x]$에서 가약다항식이라 가정하자. 그러면

$$f(x)=g(x)h(x)$$

인 상수가 아닌 다항식 $g(x)$, $h(x)\in F[x]$가 존재한다. 그러므로

$$\deg f(x)=\deg g(x)+\deg h(x)$$

이다. 만일 $\deg f(x)=2$이면

$$\deg g(x)=\deg h(x)=1$$

이다. $g(x)=ax+b\ \ (a,\ b\in F)$라고 하면, $g(a^{-1}b)=0$이므로 $a^{-1}b$는 $g(x)$의 근이다. 따라서 $f(x)$는 근 $a^{-1}b$를 갖는다.

만일 $\deg f(x)=3$이면 $g(x)$와 $h(x)$중에서 하나는 차수가 1이다. 그러므로 $g(x)=ax+b\,(a,\ b\in F)$라고 하면, 위의 경우와 마찬가지로 $f(x)$는 근 $a^{-1}b$를 갖는다. ∎

체와 기약다항식

다음의 정리는 기약다항식에 관한 아주 중요한 내용이다.

정리 2.14.5 F는 체, 상수가 아닌 다항식 $p(x) \in F[x]$일 때, 다음은 서로 동치이다.
(1) $p(x)$는 F에서 기약다항식이다.
(2) $\langle p(x) \rangle$는 $F[x]$의 극대아이디얼이다.
(3) $F[x]/\langle p(x) \rangle$는 체이다.

증명 (2) ⇔ (3)은 정리 2.7.4에 의해 당연하므로, (1) ⇔ (2)만 보이자.

(1) $p(x)$가 F에서 기약이라고 하자. 만일

$$\langle p(x) \rangle \subseteq I \subseteq F[x]$$

인 아이디얼 I가 존재한다고 가정하자. (이제 $I = F[x]$이거나 $I = \langle p(x) \rangle$를 보이자.) 정리 2.10.3에서 $F[x]$는 주아이디얼 정역이므로 $I = \langle g(x) \rangle$인 $g(x) \in F[x]$가 존재한다. 그러면

$$\langle p(x) \rangle \subseteq \langle g(x) \rangle$$

이므로 $g(x) \mid p(x)$, 즉

$$p(x) = g(x)h(x)$$

인 $h(x) \in F[x]$가 존재한다. $p(x)$가 기약이므로 $g(x)$ 또는 $h(x)$가 F에 속하여 가역원이다.

만일 $g(x)$가 가역원이면 $I = \langle g(x) \rangle = F[x]$이다. 만일 $h(x)$가 가역원이면 $g(x) \in \langle p(x) \rangle$가 되어 $I = \langle g(x) \rangle \subseteq \langle p(x) \rangle$, 즉 $I = \langle p(x) \rangle$이다.

(2) $\langle p(x) \rangle$는 $F[x]$의 극대아이디얼이라고 하자. 어떤 다항식 $u(x), v(x) \in F[x]$에 의해

$$p(x) = u(x)v(x)$$

라고 가정하자. (이제 $u(x)$ 또는 $v(x)$는 상수임을 보이자.) $u(x) \mid p(x)$이므로

$$\langle p(x) \rangle \subseteq \langle u(x) \rangle \subseteq F[x]$$

이다. 그런데 $\langle p(x) \rangle$가 극대아이디얼이므로

$$\langle p(x) \rangle = \langle u(x) \rangle \text{ 이거나 } \langle u(x) \rangle = F[x]$$

이다. 만일 $\langle p(x) \rangle = \langle u(x) \rangle$이면 $u(x) \in \langle u(x) \rangle = \langle p(x) \rangle$이므로 $p(x) \mid u(x)$

이다. 따라서 $p(x)=u(x)c$ 인 상수 $c \in F$ 이 존재하며 $v(x)=c$ 는 상수이다.

만일 $\langle u(x) \rangle = F[x]$ 이면 $1 \in \langle u(x) \rangle$ 이므로 $u(x) \mid 1$ 이 되어 $u(x)$ 는 상수이다. ∎

예제 2.14.3 x^2-3 은 $\mathbb{Q}[x]$ 에서 기약다항식이다. 그러므로 $\langle x^2-3 \rangle$ 는 극대아이디얼이며 $\mathbb{Q}[x]/\langle x^2-3 \rangle$ 는 체이다.

풀이

예제 2.14.4 $f(x)=x^3+3x+2 \in \mathbb{Z}_5[x]$ 라고 하자. (여기서 계수는 $\overline{n}$ 대신 n 으로 간단히 표시함) $f(x)$ 는 기약인지 가약인지 말하여라. 만일 가약이면 인수분해하여라.

풀이

예제 2.14.5 $f(x)=x^2+x+1 \in \mathbb{Z}_3[x]$, $g(x)=x^2+1 \in \mathbb{Z}_2[x]$ 는 각각 기약인지 가약인지 말하여라. 만일 가약이면 인수분해 하여라.

풀이

확인문제

1. $\mathbb{Z}_8$은 체가 아니다. 그러므로 $\mathbb{Z}_8$의 원소들 중에서 어떤 것들은 역원을 갖지 않는다. 역원을 갖는 원소와 갖지 않는 원소를 나열하여라.

2. $\mathbb{Z}_{17}$은 체이다. 따라서 모든 원소들은 역원을 갖는다. 5의 역원을 말하여라.

3. $\mathbb{Q}[x]$나 $\mathbb{R}[x]$, 물론 $\mathbb{Z}[x]$ 모두 체는 아니다. 다시 말해서 $x+1$, x^2+3x+1, x^2 등의 역원이 존재하지 않는다. $\mathbb{Q}[x]$와 $\mathbb{R}[x]$에서 가역원을 찾아라.

해답

1. $\{1, 3, 5, 7\}$은 역원을 갖지만 $\{0, 2, 4, 6\}$는 역원을 갖지 않는다.
2. 유클리드 알고리즘을 사용하면 $17 = 3 \cdot 5 + 2$이다. 그러므로 5의 역원은

$$5 = 2 \cdot 2 + 1$$
$$2 = 2 \cdot 1 + 0$$

   $1 = 5 - 2 \cdot 2 = 5 + (-2)(17 - 3 \cdot 5) = (-2)17 + (7)5 = 7 \cdot 5$이다.
3. 가역원인 원소들은 $\mathbb{Q} - \{0\}$, $\mathbb{R} - \{0\}$의 원소들이다.

연습문제

정리 2.7.4에 의하면 어떤 극대아이디얼 M로 만들어진 $\mathbb{Q}[x]/M$나 $\mathbb{R}[x]/M$ 등은 체가 되어, 0이 아닌 모든 원소들은 역원을 갖는다.

1. $F=\mathbb{Z}_2$라 하고, $F[x]$에 속하는 원소 x^2을 생각하자. x^2의 역원은 존재하지 않는다. $f(x)=x^4+x+1$이라고 하자.

(1) $f(x)$와 x^2의 최대공약수를 $\mathbb{Z}_2[x]$에서 구하여라. 그 최대공약수를 원래 두 다항식 $f(x)$와 x^2의 일차결합으로 표시하여라.

(2) $\mathbb{Z}_2[x]/\langle x^4+x+1\rangle$에서 x^2의 역원을 찾아라.

2. $F=\mathbb{Z}_2$에서 x^2과 x^2+x+1의 최대 공약수를 구하여라. 그것을 원래 두 다항식의 일차결합으로 표현하여라.

해답

1. (1)

$$\begin{aligned} x^4+x+1 &= x^2\cdot x^2+(x+1) \\ x^2 &= (x+1)(x+1)+1 \\ x+1 &= (x+1)1+0 \end{aligned}$$

따라서

$$\begin{aligned} 1 &= x^2+(x+1)(x+1) \\ &= x^2+(x+1)(x^4+x+1+x^2\cdot x^2) \\ &= (1+x^2(x+1))x^2+(x+1)(x^4+x+1) \\ &= (x^3+x^2+1)x^2+(x+1)(x^4+x+1) \end{aligned}$$

(2) $1=(x^3+x^2+1)x^2+(x+1)(x^4+x+1)$을 $\mathbb{Z}_2[x]/\langle x^4+x+1\rangle$에서 생각하면 $1=(x^3+x^2+1)x^2$이다. 따라서 x^2의 역원은 x^3+x^2+1이다.

종합문제

1. $F=\mathbb{Z}_2$이며 $g(x)=x^3+x^2+1$라고 하자. 다음에 답하여라.

(1) $g(x)$는 $F[x]$에서 기약다항식이다.

(2) 그러므로 $K=F[x]/<g(x)>$는 체이다.

(3) K에는 모두 8개의 원소가 존재한다.

(4) $K-\{0\}$는 곱셈연산에서 군이 되며, 실제로 $K-\{0\}$는 $\mathbb{Z}_7$과 동형이어서 생성원 α를 갖는다.

(5) 생성원 $\alpha=x$이다.

(6) 실제로 $x^7-1=(x-1)(x^3+x^2+1)(x^3+x+1)$이다.

2. $F=\mathbb{Z}_3$이며 $g(x)=x^2+2x+2$라고 하자. 다음에 답하여라.

(1) $g(x)$는 $F[x]$에서 기약다항식임을 보여라.

(2) 그러므로 $K=F[x]/<g(x)>$는 체임을 말하여라.

(3) K에는 모두 몇 개의 원소가 존재하는가?

(4) $K-\{0\}$는 곱셈연산에서 군이 된다. 군 $K-\{0\}$의 구조를 알 수 있는가?

(5) 생성원은 있는가?

3. $\mathbb{Z}_8$는 체가 아니다. $f=x^2-1$라고 하자. f는 $\mathbb{Z}_8[x]$에서 유일하게 인수분해되지 않음을 보여라. $f=x^2-1\in\mathbb{Z}_8[x]$에서 근을 모두 찾아라.

4. $g(x)=\mathrm{lcm}(x^2+2x+2,\ x^2+1,\ x-2)$을 찾아라.

해답

3. $x^2-1=(x-1)(x+1)=(x-3)(x+3)=x^2-9$이다. 또한 $x=\pm1,\ \pm3$이 근이다.

4. $(x^2+2x+2)(x^2+1)(x-2)$

15 다항식의 정수근과 유리수근

정수 계수의 다항식 $f(x)=\sum_{i=0}^{n} a_i x^i \in \mathbb{Z}[x]$가 정수근을 갖는지, 유리수근을 갖는지 판정할 수 있는 몇 가지 방법을 알아보자.

정수근 판정, 유리수근 판정

정리 2.15.1 정수근 판정

$f(x)=\sum_{i=0}^{n} a_i x^i \in \mathbb{Z}[x]$라고 하자. 만일 $0 \neq r \in \mathbb{Z}$이 $f(x)$의 정수근이면 $r \mid a_0$이다.

증명 $r \in \mathbb{Z}$이 $f(x)$의 정수근이라고 하자. 그러면 정리 2.14.2에 의해 $f(x)$는 $(x-r)$을 인수로 갖는다. 즉 $(x-r) \mid f(x)$이며,

$$f(x)=(x-r)g(x)$$

인 다항식 $g(x)=b_0+b_1x+\cdots+b_kx^k\,(b_i \in \mathbb{Z})$가 존재한다. 우변 $(x-r)g(x)$를 전개하면 상수항은 $-rb_0$이다. 한편 $f(x)$의 상수항은 a_0이므로, $a_0=-rb_0$, 즉 $r \mid a_0$이다. ∎

그러므로 정수계수의 다항식이 정수근을 갖는다면 정수근은 다항식 상수항의 약수 중에 존재한다.

예제 2.15.1 다항식 $f(x)=2x^5-12x^3+x^2-x+6$의 정수근이 있는지 알아보아라.

풀이

정리 2.15.2 유리수근 판정

$f(x)=\sum_{i=0}^{n} a_i x^i \in \mathbb{Z}[x]$라고 하자. 만일 $0 \neq \frac{r}{s} \in \mathbb{Q}$이 $f(x)$의 유리수근이면 $r \mid a_0$이며 $s \mid a_n$이다.

증명 유리수 $\frac{r}{s}$는 $\gcd(r, s)=1$인 기약분수라고 하자. $\frac{r}{s}$가 $f(x)$의 근이므로 $f\left(\frac{r}{s}\right)=0$이다. 그러므로 $0=f\left(\frac{r}{s}\right)=a_n\left(\frac{r}{s}\right)^n+\cdots+a_1\frac{r}{s}+a_0$, 즉

$$a_nr^n+a_{n-1}r^{n-1}s+\cdots+a_1rs^{n-1}+a_0s^n=0$$

이다. 그러면, 상수항이

$$a_0s^n=-r(a_nr^{n-1}+a_{n-1}r^{n-2}s+\cdots+a_1s^{n-1})$$

이므로 $r \mid a_0s^n$이다. 그런데 $\gcd(r, s)=1$이므로 $r \mid a_0$이다. 한편 최고차항이

$$a_nr^n=-s(a_{n-1}r^{n-1}+\cdots+a_1rs^{n-2}+a_0s^{n-1})$$

이므로 $s \mid a_nr^n$, 즉 $s \mid a_n$이다. ■

예제 2.15.2 다항식 $f(x)=2x^4+x^3-21x^2-14x+12$의 유리수근이 있는지 알아보아라.

풀이 근의 가능성은 모두 16개있다. 그 중, -3, $\frac{1}{2}$가 유리수근이다.

예제 2.15.3 다항식 $f(x)=10x^4-3x^3-29x^2+5x+12$라고 하자. 다음 물음에 답하여라.

(1) 정수근이 있는지 찾아라.

풀이

(2) 유리수 근이 있는지 찾아라.

풀이 유리수 근의 가능성은 1, 2, 3, 4, 6, 12, $\frac{3}{2}$, $\frac{1}{5}$, $\frac{2}{5}$, $\frac{3}{5}$, $\frac{6}{5}$, $\frac{12}{5}$, $\frac{1}{10}$, $\frac{3}{10}$(부호 $\pm$)이다.

$f(x)$에 대입하여 값이 0인지 아닌지 확인하면 된다. 그런데 모두 대입해 보기는 가능성이 상당히 많으므로, $f(x)=10x^4-3x^3-29x^2+5x+12$ 그래프의 개형을 먼저 알아보면 도움이 된다.

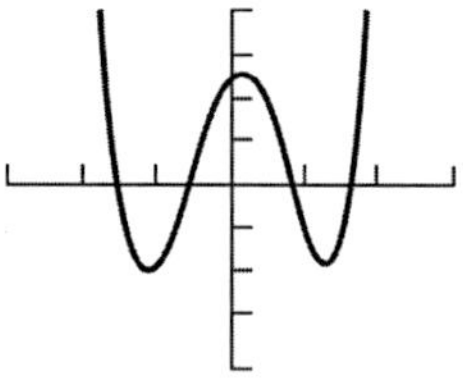

그래프로부터 대략 $x=-\frac{3}{2}$, $x=-\frac{3}{5}$, $x=\frac{4}{5}$, $x=\frac{3}{2}$ 정도를 대입해 본다. 그러면 $x=-\frac{3}{2}$이 근임을 알 수 있다. 따라서

$$f(x)=(x+\frac{3}{2})(10x^3-18x^2-2x+8)=2(x+\frac{3}{2})(5x^3-9x^2-x+4)$$

이다. 다시 한번 $g(x)=5x^3-9x^2-x+4$라 하고 $g(x)$의 가능한 유리수근 1, 2, 4, $\frac{1}{5}$, $\frac{2}{5}$, $\frac{4}{5}$(부호 ±)를 생각해보면 $\frac{4}{5}$가 근임을 알 수 있다. 따라서 $f(x)$의 유리수근은 $x=-\frac{3}{2}$, $\frac{4}{5}$이다.

(3) 실수근이 있는지 찾아라.

풀이

$$\begin{aligned} f(x)&=2(x+\frac{3}{2})(5x^3-9x^2-x+4)\\ &=(2x+3)(x-\frac{4}{5})(5x^2-5x-5)\\ &=(2x+3)(x-\frac{4}{5})5(x^2-x-1)\\ &=(2x+3)(5x-4)(x^2-x-1) \end{aligned}$$

로부터 $f(x)$의 실수근은 $x^2-x-1=0$의 근 $\frac{1\pm\sqrt{5}}{2}$이다. 따라서 $f(x)$는 실수체에서 모두 4개의 근을 갖는다.

가우스 정리

$f(x)$가 $\mathbb{Z}[x]$에서 가약인 것과 $f(x)$가 $\mathbb{Q}[x]$에서 가약인 것 사이에 무슨 관계가 있을까?

예제 2.15.4 $f(x) \in \mathbb{Z}[x]$일 때, $f(x)$가 $\mathbb{Z}[x]$에서 가약이면 $\mathbb{Q}[x]$에서도 가약인지 설명하여라.

풀이

위 예제의 역, 다시 말해서 $f(x) \in \mathbb{Z}[x]$일 때, $f(x)$가 $\mathbb{Q}[x]$에서 가약이면 $f(x)$가 $\mathbb{Z}[x]$에서 가약일까? 이 질문의 답은 가우스(Gauss) 정리로부터 알 수 있다.

정의 다항식 $f(x) = \sum_{i=0}^{n} a_i x^i \in \mathbb{Z}[x]$일 때, 만일 모든 계수들 $a_i (0 \le i \le n)$의 최대공약수가 1이면 $f(x)$를 **원시다항식**(primitive polynomial)이라고 부른다.

정리 2.15.3 가우스 보조정리 (Gauss lemma)
$\mathbb{Z}[x]$에서 원시다항식들의 곱셈은 원시다항식이다. 다시 말해서 만일 $f(x),\ g(x) \in \mathbb{Z}[x]$가 원시다항식이면 $f(x)g(x)$도 원시다항식이다.

증명 $f(x) = \sum_{i=0}^{n} a_i x^i$, $g(x) = \sum_{i=0}^{m} b_i x^i (a_i, b_i \in \mathbb{Z})$인 원시다항식이라고 하자. 만일 두 다항식의 곱셈인 $f(x)g(x)$가 원시다항식이 아니라고 가정하자. 그러면 어떤 소수 p가 존재하여 $f(x)g(x)$의 모든 계수의 약수이다. 다시 말하면 $p \mid f(x)g(x)$이다. 따라서

$$p \mid f(x) \text{ 또는 } p \mid g(x)$$

이 되는데, 이것은 $f(x)$와 $g(x)$가 원시다항식이라는 사실에 모순이다. ∎

정리 2.15.4 가우스 정리 1 (Gauss theorem)
$f(x) \in \mathbb{Z}[x]$는 원시다항식라고하자. 만일 $f(x)$가 $\mathbb{Q}[x]$에서 가약이면 $f(x)$는 $\mathbb{Z}[x]$에서도 가약이다. 다시 말하면, 만일 $f(x)$가 $\mathbb{Z}[x]$에서 기약이면 $f(x)$가 $\mathbb{Q}[x]$에서도 기약이다.

증명 $f(x)$가 $\mathbb{Q}[x]$에서 가약이므로

$$f(x) = a(x)b(x)$$

인 상수가 아닌 다항식 $a(x)$, $b(x) \in \mathbb{Q}[x]$가 존재한다. $a(x)$의 모든 계수들의 분모의 곱을 A, $b(x)$의 모든 계수들의 분모의 곱을 B라 하자. 그러면

$$a(x) = \frac{1}{A}a_1(x) \text{ 이며 } b(x) = \frac{1}{B}b_1(x)$$

인 다항식 $a_1(x)$, $b_1(x) \in \mathbb{Z}[x]$가 존재한다. 따라서

$$f(x) = \frac{1}{AB}\, a_1(x)\, b_1(x)$$

또한 $a_1(x)$의 계수들의 최대공약수를 D_a, $a_2(x)$의 계수들의 최대공약수를 D_b 라고 하면

$$a_1(x) = D_a\, a_2(x) \text{ 이면 } b_1(x) = D_b\, b_2(x)$$

인 $a_2(x)$, $b_2(x) \in \mathbb{Z}[x]$는 원시다항식이다. 따라서

$$f(x) = \frac{1}{AB}\, D_1\, a_2(x)\, D_2 b_2(x) = \frac{D_1 D_2}{AB}\, a_2(x)\, b_2(x)$$

이다. 그러므로

$$AB\, f(x) = D_1 D_2\, a_2(x) b_2(x)$$

이다. 그런데 $f(x)$는 물론 $a_2(x)$와 $b_2(x)$가 모두 원시다항식이므로, 위 식의 양변에서 최대공약수를 계산하면

$$AB = D_1 D_2$$

이 되어,

$$f(x) = a_2(x)\, b_2(x),$$

$(a_2(x),\ b_2(x) \in \mathbb{Z}[x])$이다. $a_1(x)$와 $a_2(x)$는 다항식 $a(x)$의 계수만 바꾼 것 이므로

$$\deg a(x) = \deg a_1(x) = \deg a_2(x)$$

이며, 마찬가지로

$$\deg b(x) = \deg b_1(x) = \deg b_2(x)$$

이다. 따라서 $f(x)$는 $\mathbb{Z}[x]$에서 가약이다. ∎

정리 2.15.5 가우스 정리 2
$f(x) \in \mathbb{Z}[x]$는 다항식이라고 하자. 만일 $f(x)$가 $\mathbb{Q}[x]$에서 가약이면 $f(x)$는 $\mathbb{Z}[x]$에서도 가약이다. 다시 말하면, 만일 $f(x)$가 $\mathbb{Z}[x]$에서 기약이면 $f(x)$가 $\mathbb{Q}[x]$에서도 기약이다.

증명은 참고문헌(「즐거운 현대대수」, 김주필·최은미, 교우사)를 참조하자.

그러므로 다항식이 정수계수로 인수분해가 되지 않으면 정수보다 큰 집합인 유리수의 집합에서도 인수분해를 할 수 없다. 그러나 다항식이 정수에서 인수분해가 되지 않더라도 실수에서는 인수분해가 되기도 한다.

예제 2.15.6 $f(x) = 7$는 정수에서 기약이며 유리수에서도 기약이다.

예제 2.15.7 $f(x) = 2x + 2$는 $\mathbb{Z}[x]$에서 가약이지만 $\mathbb{Q}[x]$에서는 기약이다. 이유를 설명하여라.

풀이

다항식이 기약인지 가약인지를 판정하는 것은 상당히 어려운 문제이다. 다음의 판정법은 가우스 정리를 이용하는 것으로서 다항식의 기약성을 판정하는데 도움이 된다.

정리 2.15.6 아이젠스타인 판정법(Eisenstein Criterion)
다항식 $f(x) = \sum_{i=0}^{n} a_i x^i \in \mathbb{Z}[x]$라고 하자. 만일

$$p \mid a_0,\ p \mid a_1, \cdots,\ p \mid a_{n-1},\ p \nmid a_n \text{ 이며 } p^2 \nmid a_0$$

의 성질을 갖는 어떤 소수 p가 존재하면 $f(x)$는 $\mathbb{Q}[x]$에서 기약이다.

증명 $f(x)$가 $\mathbb{Q}[x]$에서 가약이라고 하고, 소수 p는

$$p \mid a_0, \cdots, \ p \mid a_{n-1}, \ p \nmid a_n \text{ 이며 } p^2 \nmid a_0$$

라고 하자. 가우스 정리에 의해 $f(x) \in \mathbb{Z}[x]$에서 가약이므로 두 정수계수 다항식의 곱셈인

$$f(x) = \left(\sum_{i=0}^{r} b_i x^i\right)\left(\sum_{i=0}^{s} c_i x^i\right)$$

이며, 다항식 전개에서

$$a_0 = b_0 c_0, \quad a_1 = b_1 c_0 + b_0 c_1, \quad \cdots, \quad a_n = b_r c_s \quad (n = r + s)$$

이 된다. 상수항 $p \mid a_0$이므로, $p \mid b_0$ 또는 $p \mid c_0$이다. 만약 $p \mid b_0$이며 동시에 $p \mid c_0$이면, $p^2 \mid a_0$가 되어 $p^2 \nmid a_0$에 모순이다. 따라서

$$p \mid b_0 \text{ 이며 } p \nmid c_0$$

이다.

또한 만약 $p \mid b_i$(모든 $0 \le i \le r$)이면, $p \mid b_r c_s$, 즉 $p \mid a_n$이 되어 $p \nmid a_n$에 모순이다. 그러므로 $b_0\ b_1, \cdots, b_r$ 중에는 p에 의해 나누어지지 않는 것들이 있는데, 그것들 중 최초의 것을 b_k라 하자. 즉

$$p \mid b_1, \ \cdots, \ p \mid b_{k-1} \text{ 이며 } p \nmid b_k$$

이다. 이제

$$a_k = b_0 c_k + b_1 c_{k-1} + \cdots + b_{k-1} c_1 + b_k c_0$$

로부터

$$b_k c_0 = a_k - (b_0 c_k + b_1 c_{k-1} + \cdots + b_{k-1} c_1)$$

인데, 우변은 p에 의해 나누어진다. 그러므로

$$p \mid b_k c_0 \text{ 이며, } p \mid b_k \text{ 이거나 } p \mid c_0$$

이다. 그러나 어느 것도 모순이다. 따라서 $f(x)$는 $\mathbb{Q}[x]$에서 기약이다. ∎

아이젠스타인 판정법은 어떤 특정한 성질을 만족하는 다항식이 기약다항식임을 말하고 있다. 그러한 성질을 만족하지 않는 다항식이 기약인지 가약인지는 알 수 없다.

예제 2.15.8 다음 다항식에 아이젠스타인 판정법을 적용하여 기약인지 말하여라.

$$f(x) = 2x^5 + 9x^4 + 3x^2 + 15x + 12$$

$$g(x) = x^3 + 2x^2 + 4x + 2$$

$$h(x) = x^{17} + 6x^{13} - 15x^4 + 3x^2 - 9x + 12$$

풀이

이제 법 n에 대한 정수환 $\mathbb{Z}_n$에서의 기약성과 유리수 $\mathbb{Q}$에서의 기약성을 비교할 수 있다.

예제 2.15.9 함수 $\phi: \mathbb{Z}[x] \to \mathbb{Z}_n[x]$, $f(x) \mapsto \overline{f(x)}$는 환 준동형사상임을 보여라.

풀이

정리 2.15.7 함수 $\phi: \mathbb{Z}[x] \to \mathbb{Z}_n[x]$, $f(x) \mapsto \overline{f(x)}$라고 하자. 모닉 다항식 $f(x) \in \mathbb{Z}[x]$에 대해, 만일 $\phi(f(x))$가 $\mathbb{Z}_n[x]$에서 기약이면 $f(x)$는 $\mathbb{Q}[x]$에서 기약이다.

증명 가우스 정리 2.12.5에 의해 만일 $f(x)$가 $\mathbb{Z}[x]$에서 기약이면 $f(x)$가 $\mathbb{Q}[x]$에서 기약이다. 그러므로 $f(x)$가 $\mathbb{Z}[x]$에서 기약임을 보이면 충분하다.

$$f(x) = g(x)h(x)$$

인 다항식 $g(x)$, $h(x) \in \mathbb{Z}[x]$라고 가정하자. (이제 $g(x)$ 또는 $h(x)$가 $\mathbb{Q}$에서 가역원, 즉 상수항임을 보이면 된다.) 그런데 함수 ϕ가 환 준동형사상이므로

$$\begin{aligned}\phi(f(x)) &= \phi(g(x)h(x)) \\ &= \phi(g(x))\,\phi(h(x)) \in \mathbb{Z}_n[x]\end{aligned}$$

이다. 가정에서 $\phi(f(x))$가 $\mathbb{Z}_n[x]$에서 기약이므로

$$\deg\phi(g(x)) = \deg g(x) = 1$$

또는

$$\deg\phi(h(x)) = \deg h(x) = 1$$

이다. 즉, $g(x)$ 또는 $h(x)$가 상수이므로 $f(x)$는 $\mathbb{Z}[x]$에서 기약다항식이다. 따라서 $\mathbb{Q}[x]$에서도 기약다항식이다. ▮

예제 2.15.10 다항식 $f(x)=1+x^2+x^3+x^4 \in \mathbb{Z}[x]$는 $\mathbb{Z}_3[x]$에서 기약인지 가약인지 판정하여라.

풀이 우선 $f(x)$의 근이 존재하는지 확인하자. $\mathbb{Z}_3$에서 $f(0)=1$, $f(1)=1$, $f(2)=2$이므로 $f(x)$는 근을 갖지 않는다. 다시 말해서 $f(x)$는 1차식을 인수로 갖지 못한다. 만일 $f(x)=(a+bx+cx^2)(e+fx+gx^2)$과 같이 $\mathbb{Z}_3[x]$에서 2차식으로 인수분해 된다고 가정하자. 여기서 계수들 a, b, c, e, f, g는 모두 $\mathbb{Z}_3$의 원소들이다.
계수 비교를 하면

(i) $ae=1$,

(ii) $be+af=0$,

(iii) $ag+bf+ce=1$,

(iv) $bg+cf=1$,

(v) $cg=1$

이다. $\mathbb{Z}_3$에서 (i) $ae=1$를 만족하는 a와 e는 $a=e=1$이거나 2이다. 그러면

(ii) $0=be+af=ba+af=a(b+f)$

인데, $a\neq 0$이므로 $b+f=0$이다. 한편 (v) $cg=1$로부터 $c=g=1$ 또는 2이다. 따라서

(iv) $1=bg+cf=bg+gf=g(b+f)=g0=0$

가 되어, 모순이 만들어진다. 따라서 $f(x)$는 $\mathbb{Z}_3[x]$에서 2차식으로 인수분해될 수 없다. 그러므로 $f(x)$는 $\mathbb{Z}_3[x]$에서 기약다항식이다.

예제 2.15.11 다항식 $f(x)=4+7x^2+10x^3+22x^4 \in \mathbb{Z}[x]$는 $\mathbb{Q}[x]$에서 기약인지 가약인지 판정하여라.

풀이 $\phi:\mathbb{Q}[x]\to\mathbb{Z}_3[x]$, $f(x)\mapsto\overline{f(x)}$라고 하자. 그러면

$$\phi(f(x))=1+x^2+x^3+x^4$$

이다.

예제 2.15.10에서 $\phi(f(x)) = 1 + x^2 + x^3 + x^4$ 는 $\mathbb{Z}_3[x]$ 에서 기약다항식이었으므로, 정리 2.15.7에 의해 $f(x) = 4 + 7x^2 + 10x^3 + 22x^4$ 는 $\mathbb{Q}[x]$ 에서 기약다항식이다.

예제 2.15.12 $f(x) = x^4 + 7x^3 + 14x^2 + 3$ 라고 하자. $f(x)$가 유리수 $\mathbb{Q}$ 에서 기약인지, 가약인지 언뜻 보아서는 판정하기 쉽지 않다. 함수 $\phi : \mathbb{Z}[x] \to \mathbb{Z}_7[x]$, $f(x) \mapsto \overline{f(x)}$ 라고 하면

$$\begin{aligned}\phi(f(x)) &= \overline{1}x^4 + \overline{7}x^3 + \overline{14}x^2 + \overline{3} \\ &= x^4 + \overline{3} \in \mathbb{Z}_7[x]\end{aligned}$$

이다. 이것은 $\mathbb{Z}_7[x]$ 에서 기약다항식이다.(아래 예제에서 확인하자.) 따라서 $f(x)$는 $\mathbb{Z}[x]$ 에서 기약이며, 또한 $\mathbb{Q}[x]$ 에서 기약이다.

예제 2.15.13 $x^4 + \overline{3} \in \mathbb{Z}_7[x]$ 는 기약다항식임을 말하여라.

풀이

예제 2.15.14 $f(x) = x^3 + 2x + 20 \in \mathbb{Z}[x]$ 라고 하자. $\phi : \mathbb{Z}[x] \to \mathbb{Z}_3[x]$ 를 사용하여 $f(x)$가 $\mathbb{Q}$ 에서 기약임을 보여라. 한편 $\psi : \mathbb{Z}[x] \to \mathbb{Z}_2[x]$ 를 사용하여 $f(x)$이 기약성에 대해 어떤 결과를 말할 수 있는지 생각해 보자.

풀이

$\psi : \mathbb{Z}[x] \to \mathbb{Z}_2[x]$ 에 의해 $\psi(f(x)) = x^3$ 이므로 $\mathbb{Z}_2[x]$ 에서 가약다항식이다. 그러므로 이대로는 $\mathbb{Q}$ 에서 가약인지 기약인지 판정할 수 없다.

위 예제에서 보듯이 함수 $\phi : \mathbb{Z}[x] \to \mathbb{Z}_n[x]$ 의 값 n을 잘 택해야 한다.

확인문제

1. F는 체이며 상수가 아닌 $p(x) \in F[x]$일 때, 동치인 것을 모두 찾아라.

(1) $p(x)$는 $F[x]$에서 기약이다.

(2) $F[x]/\langle p(x) \rangle$는 체이다.

(3) $F[x]/\langle p(x) \rangle$는 정역이다.

(4) $p(x)$는 $F[x]$에서 소수이다.

2. 옳지 않은 것을 모두 찾아라.

(1) 환 R의 주아이디얼 $\langle a \rangle$와 군 G의 (순환)부분군 $\langle a \rangle$의 정의는 동일하다.

(2) $\mathbb{Z}$의 모든 아이디얼은 $n\mathbb{Z} = \langle n \rangle$인 주아이디얼이다.

(3) $p(x) \in F[x]$이면 주아이디얼 $\langle p(x) \rangle$는 $p(x)$를 인자로 갖는 모든 다항식들의 모임이다.

(4) $F[x]$의 모든 아이디얼은 주아이디얼이다.

(5) $F[x]$의 소아이디얼은 $\{0\}$과 $\langle p(x) \rangle$이다. (여기서 $p(x)$는 F에서 기약)

3. F는 체, $p(x) \in F[x]$일 때, $\langle p(x) \rangle$가 $F[x]$의 극대아이디얼이 될 동치조건을 찾아라.

(1) $p(x)$가 기약이다.

(2) $p(x)$가 가약이다.

(3) $\deg(p(x)) = 1$이다.

(4) $p(x)$가 모닉 다항식이다.

4. 기약원소와 소수의 관계에 대해 옳지 않은 것을 모두 찾아라.

(1) $\mathbb{Z}$에서 모든 기약원소는 소수이다.

(2) $\mathbb{Z}$에서 모든 소수는 기약원소이다.

(3) 정역에서 모든 기약원소는 소수이다.

(4) 정역에서 모든 소수는 기약원소이다.

5. 기약원소와 소수의 관계에 대해 옳은 것을 모두 찾아라.

(1) 환에서 모든 기약원소는 소수이다.

(2) 환에서 모든 소수는 기약원소이다.

(3) 체 F의 다항식환 $F[x]$에서 모든 기약원소는 소수이다.

(4) 체 F의 다항식환 $F[x]$에서 모든 소수는 기약원소이다.

해답

1. (1), (2), (3), (4) 풀이: F가 체일 때, $F[x]$의 모든 아이디얼은 주아이디얼 $\langle p(x) \rangle$ 형태이며, 이것이 극대아이디얼이 될 필요충분조건은 $p(x)$가 기약이다. 따라서 (가), (나)는 동치이다. 또한 (나), (라)가 동치임도 분명하다.
한편, $F[x]$가 PID이므로 $(p(x))$:극대아이디얼 $\Leftrightarrow$ $\langle p(x) \rangle$: 소아이디얼이다.
(참고. D가 PID이고 $a \in D$일 때, 'a:기약원소', '$\langle a \rangle$: 극대아이디얼' '$\langle a \rangle$: 소아이디얼'는 모두 동치이다.)

2. (1) 풀이: (1) 환 R의 주아이디얼 $\langle a \rangle$는 $\{ar \mid r \in R\}$이지만, G의 (순환)부분군 $\langle a \rangle$는 $\{a^k \mid k \in \mathbb{Z}\}$를 의미한다.

3. (1)

4. (3). 풀이: '기약$\neq$소수'의 예제로 $\mathbb{Z}(\sqrt{-5})$이다. '소수$\neq$기약'의 예제로 $\mathbb{Z}_6$에서 2는 소수이지만 기약이 아니다.

5. (3), (4) 풀이: (3), (4)의 경우에서, 다항식환 $F[x]$는 PID 이므로 '소수=기약'이 된다.

연습문제

1. $\mathbb{Z}_7[x]$에서 $f(x)=2x^3+3x^2+2$를 $g(x)=x+3$으로 나눌 때 나머지를 찾아라.

2. 환 $\mathbb{Z}_2$에서 다항식 $f(x)=x^7+1$에 대해 옳게 설명된 것을 찾아라.
(1) $f(x)$는 기약이다.
(2) $f(x)$는 가약으로서, 7개의 1차식의 곱으로 표현된다.
(3) $f(x)$는 가약으로서, 5개의 기약다항식의 곱으로 표현된다.
(4) $f(x)$는 가약으로서, 4개의 기약다항식의 곱으로 표현된다.
(5) $f(x)$는 가약으로서, 3개의 기약다항식의 곱으로 표현된다.

3. 복소수 $\mathbb{C}$, 실수 $\mathbb{R}$, 정수 $\mathbb{Z}$ 집합일 때, 옳지 않은 것을 모두 찾아라.
(1) 다항식이 정수에서 인수분해가 되지 않으면 유리수에서도 인수분해가 되지 않는다.
(2) 다항식이 정수에서 인수분해가 되지 않더라도 실수에서는 인수분해가 될 수 있다.
(3) $f(x)\in\mathbb{Z}[x]$가 기약이면 $f(x)\in\mathbb{Q}[x]$도 기약이다.
(4) $f(x)\in\mathbb{Z}[x]$가 가약이면 $f(x)\in\mathbb{Q}[x]$도 가약이다.

4. 가약인 원소를 모두 찾아라.
(1) $2x-3\in\mathbb{Z}[x]$ (2) $2x-3\in\mathbb{Q}[x]$ (3) $2x-10\in\mathbb{Q}[x]$
(4) $2x-10\in\mathbb{Z}_{11}[x]$ (5) $x^3+2x+3\in\mathbb{Z}_5[x]$

5. F는 체일 때, $f(x)\in F[x]$가 가역원일 필요충분조건을 모두 찾아라.
(1) $\deg f(x)=0$ (2) $f(x)\neq 0$ (3) $f(x)=0$
(4) $f(x)$는 1차식 (5) $f(x)$는 기약

해답

1. (3) 풀이: $f(x)=2x^3+3x^2+2=(2x^2+4x+2)g(x)+3$이다.
2. (5) 풀이: $f(x)=(x+1)(x^3+x+1)(x^3+x^2+1)$로 인수분해 된다.
3. (4) 풀이: (4) $f(x)=2x+2$는 $\mathbb{Z}[x]$에서 가약이나 $\mathbb{Q}[x]$에서 기약이다.
$f(x)=2(x+1)$에서 2는 유리수에서 가역원이기 때문이다.
(3) $f(x)=7$는 정수에서 기약이며 유리수에서도 기약이다.

4. (5) 풀이: $2x-10=2(x-5)$이지만 2는 $\mathbb{Q}$에서 가역원이다. $2x-10$는 $\mathbb{Z}_{11}$에서 근을 갖지 않으므로 가약다항식이다. 그러나 $x^3+2x+3=(x+1)^2(x-2)\in\mathbb{Z}_5[x]$로서 가약이다.

5. (1)

종합문제

1. $\mathbb{Q}[x]$에서 기약인 원소를 모두 찾아라.

(1) $f(x)=3x^4+15x^2+10$

(2) $h(x)=x^2+x+2$

(3) $g(x)=x^6-30x^5+6x^4-18x^3+12x^2-6x+12$

(4) $k(x)=x^3-3x-1$

2. 대입(evaluation)준동형사상 $f_\alpha:\mathbb{Z}_7[x]\to\mathbb{Z}_7$에서 옳은 것을 모두 찾아라.

(1) $2x^3-x^2+3x+2\in \mathrm{Ker} f_1$

(2) $x^6+2x+2\in \mathrm{Ker} f_2$

(3) $(x^4+2x)(x^3-x+1)\in \mathrm{Ker} f_3$

(4) $x^{99}-x^3-1\in \mathrm{Ker} f_4$

(5) $x^7-7x^4+2\in \mathrm{Ker}\, f_5$

해답

1. (1), (2), (3), (4). 풀이: (1)에서 $p=5$로 택하여 아이젠스타인 판정법을 적용하면, $f(x)$는 기약이다. (2)에서 $h(x+3)=x^2+7x+14$이며, $p=7$에 의해 아이젠스타인 판정법을 적용하면 $h(x+3)$는 기약이다. 그러므로 $h(x)$도 기약이다. (3) $g(x)$에서 $p=3$으로 택한다. (4) $k(x+1)=(x+1)^3-3(x+1)-1=x^3+3x^2-3$. 여기서 $p=3$을 택한다.

2. (5) 풀이: 페르마정리 $a^{p-1}\equiv 1(\mathrm{mod} p)$를 사용한다. $2(1)^3-(1)^2+3(1)+2=6$;

$(2)^6+2(2)+3\equiv 1+4+3\equiv 1\in\mathbb{Z}_7$;

$(3^4+2(3))(3^3-3(3)+1)\equiv 50\equiv 1\in\mathbb{Z}_7$;

$4^{99}-4^3-1\equiv 4^3-4^3-1\equiv 6\in\mathbb{Z}_7$; $5^7-7(5^4)+2\equiv 5+2\equiv 0\in\mathbb{Z}_7$.

16 부록

1) 유클리드 보조정리

정수론에서 말하는 유클리드 보조정리는 소수의 성질과 관련되는 내용으로서, 만일 소수 p가 두 수의 이상의 곱을 나눈다면 p는 적어도 하나의 수를 반드시 나눈다는 것이다. 고대 그리스 수학자 유클리드(Euclid, 기원전 300년경)의 이름을 딴 유클리드 보조정리는 원론 VII에서 처음으로 소개되었으며, 정수론과 환론 등에서 중요한 역할을 한다. 이 장에서 유클리드 보조정리와 그와 관계된 내용을 간단히 알아보자.

정리 2.16.1 a와 b가 0이 아닌 정수이면, $\gcd(a, b) = ua + vb$인 정수 u, v가 존재한다. 다시 말해서 a, b의 최대공약수는 a, b의 일차결합으로 표현된다.

증명 a와 b의 일차결합으로 표현되는 최소의 양의 정수를 d 라고 하자. $d = sa + tb$ $(s, t \in \mathbb{Z})$이다. 나눗셈 정리에 의해 $a = dq + r$ $(q, r \in \mathbb{Z}, \ 0 \le r < d)$이다. 그러면

$$\begin{aligned} r &= a - dq \\ &= a - (sa + tb)q \\ &= a - sqa - tqb \\ &= (1 - sq)a + (-tq)b \end{aligned}$$

즉 r은 a와 b의 일차결합이 된다. d는 a와 b의 일차결합인 최소의 양의 정수이므로 $d \le r$이다. $0 \le r < d$로 인해, $r = 0$이다. 따라서 $d \mid a$이다. 마찬가지로 $d \mid b$로 보일 수 있다.

만일 $c \mid a$이며 $c \mid b$인 정수 c가 존재한다면, $d = sa + tb$로부터 $c \mid d$가 된다. 따라서 d는 a, b의 최대공약수이며, $\gcd(a, b) = d = sa + tb$이다. ∎

정리 2.16.2 p는 소수라 하자. 그러면 다음이 성립한다.

(1) $p \mid ab$ 이면 $p \mid a$ 이거나 $p \mid b$ 이다.

(2) 임의의 $a_1, a_2, \cdots, a_n \in \mathbb{Z}$ 일 때, 만일 $p \mid a_1 a_2 \cdots a_n$이면 $p \mid a_i$ $(1 \le i \le n)$가 있다.

증명 (1) $p \mid ab$일 때 $p \mid a$이면 증명이 끝난다.

만일 $p \nmid a$라고 하자. p가 소수이므로 $\gcd(p,\ a) = 1$이다. 정리 2.16.1에 의해 $1 = pu + av$인 $u,\ v \in \mathbb{Z}$가 존재한다. 양변에 b를 곱하면 $b = pbu + abv$이다. 가정에서 $p \mid ab$이므로 $ab = pk\ \ (k \in \mathbb{Z})$가 되어

$$\begin{aligned} b &= pbu + abv \\ &= pbu + pkv = p(bu + kv) \end{aligned}$$

이다. 따라서 $p \mid b$이다.

(2) $p \mid a_1 a_2 \cdots a_n$라고 하자. $p \mid a_1(a_2 \cdots a_n)$이므로 $p \mid a_1$이거나 $p \mid (a_2 \cdots a_n)$이다. 마찬가지로 $p \mid a_2 \cdots a_n$이면 $p \mid a_2$이거나 $p \mid (a_3 \cdots a_n)$이다. 이렇게 반복하면 p는 적어도 하나의 a_i를 나누게 된다. ∎

정리 2.16.3 유클리드 보조정리

임의의 $a,\ b,\ c \in \mathbb{Z}$ 일 때, 만일 $a \mid bc$ 이며 $\gcd(a,\ b) = 1$ 이면 $a \mid c$ 이다.

증명 $a \mid bc$이므로 $bc = aa'\ (a' \in \mathbb{Z})$이다. $\gcd(a,\ b) = 1$이므로, $1 = ax + by$ $(x,\ y \in \mathbb{Z})$이다. 양변에 c를 곱하면,

$$\begin{aligned} c &= acx + bcy \\ &= acx + aa'y = a(cx + a'y) \end{aligned}$$

이 되이 $a \mid c$이다. ∎

유클리드 보조정리에 의하면,

$$p \nmid a,\ p \nmid b \Rightarrow p \nmid ab$$

이다. 마찬가지로

$$p \nmid a,\ p \mid ab \Rightarrow p \mid b$$

이다. 임의의 정수에서 $a \mid bc$라고 하더라도 $a \mid b$ 또는 $a \mid c$인 것은 아니다. 예를 들어서 $4 \mid 12 = 2 \cdot 6$이지만 $4 \nmid 2$이며 $4 \nmid 6$이다. 정리 2.16.3에서 가정 $\gcd(a,\ b) = 1$이 반드시 필요하다. 유클리드 보조정리는 소수와 관련한 여러 성질을 설명하는데 유용하다.

정리 2.16.4 다음은 서로 동치이다.
(1) p는 소수이다. (2) $p \mid ab$이면 $p \mid a$ 또는 $p \mid b$이다.

증명 (1) $\Rightarrow$ (2): 유클리드 보조정리(정리 2.16.2)이다.

(2) $\Rightarrow$ (1): $p \mid ab$이면 $p \mid a$ 또는 $p \mid b$라고 가정하자. 또한 $d \mid p$라고 가정하자. (이제 $d=1$ 또는 $d=p$를 보이자.) $d \mid p$이므로 $p=dd'$ $(d' \in \mathbb{Z})$이다. 그러면 $p \mid dd'$인데, 가정에 의해 $p \mid d$또는 $p \mid d'$이다. $p \mid d$이면 $d=p$이다. $p \mid d'$이면 $p=d'$이 되어 $d=1$이다. ∎

정수에서의 소수의 역할이 다항식에서 기약다항식 개념에 대응하므로, 기약다항식을 사용하여 다음과 같이 표현할 수 있다.

정리 2.16.5 다항식에서 유클리드 보조정리
체 F에서 $0 \neq f(x),\ g(x) \in F[x]$라고 하자. 다음이 성립한다.
(1) $\gcd(f(x),\ g(x)) = r(x)f(x) + s(x)g(x)$인 $r(x),\ s(x) \in F[x]$이 존재한다. 다시 말해서 $f(x),\ g(x)$의 최대공약수는 $f(x),\ g(x)$의 일차결합으로 표현된다.
(2) 기약다항식 $p(x) \in F[x]$가 $p(x) \mid f(x)g(x)$이면 $p(x) \mid f(x)$ 또는 $p(x) \mid g(x)$이다.

증명은 정수에서의 유클리드 보조정리와 유사하게 할 수 있다.

정리 2.16.6 p가 소수이면 $\sqrt{p}$는 무리수이다.

증명 $\sqrt{p}$는 유리수 $\dfrac{a}{b}$(이 때 $\gcd(a,\ b)=1$)라고 하자. $p=\dfrac{a^2}{b^2}$이므로 $pb^2=a^2$이다. $p \mid pb^2$이므로 $p \mid a^2$이다. p는 소수이므로 유클리드 보조정리(정리 2.16.3)에 의해 $p \mid a$이다. 그러므로 $a=pk$ $(k \in \mathbb{Z})$가 되어

$$pb^2 = (pk)^2 = p^2k^2$$

이다. 따라서 $b^2 = pk^2$이며 $p \mid b^2$, 즉 $p \mid b$이다. 따라서 $p \mid a$이며 $p \mid b$로부터 $\gcd(a,\ b)=1$에 모순이다. $\sqrt{p}$는 무리수이다. ∎

2) 유클리드 정역

환, 정역, 주아이디얼 정역, 그리고 유일인수분해 정역 등을 배웠는데, 유클리드 정역도 있다. 유클리드 정역은, 정수와 다항식환처럼 나눗셈 정리가 성립하는 정역이다.

정의 R는 정역이며, 함수 $\mu : R^* \to \mathbb{N} \cup \{0\}$가 다음의 성질을 만족할 때 **유클리드 노름**(Euclidean norm, 또는 **유클리드 평가함수** Euclidean valuation)라고 한다.

(1) 나눗셈 정리. 만일 $a,\ b \in R$, $b \neq 0$이면, $a = bq + r$인 q, $r \in R$이 존재하며, 이때 $r = 0$ 또는 $\mu(r) < \mu(b)$이다.

(2) $a,\ b \in R^*$일 때, $\mu(a) \leq \mu(ab)$이다. 여기서 $R^* = R - \{0\}$이다.

정의 유클리드 노름이 정의될 때 **유클리드 정역**(Euclidean domain, ED)이라고 부른다.

예제 2.16.1 정수환 $\mathbb{Z}$에서, 함수 $\mu : \mathbb{Z}^* \to \mathbb{N} \cup \{0\}$, $\mu(a) = |a|$(절댓값)는 유클리드 노름이 되어 정수환 $\mathbb{Z}$는 유클리드 정역이다.

풀이

예제 2.16.2 F가 체일 때, 함수 $\mu : F[x]^* \to \mathbb{N} \cup \{0\}$, $\mu(f(x)) = \deg(f(x))$는 유클리드 노름이 되어 다항식환 $F[x]$는 유클리드 정역이다.

풀이

절댓값과 차수는 정수환과 다항식환의 유클리드 노름이다.

정리 2.16.7 모든 체는 유클리드 정역이다.

증명 F는 체이며 함수 $\mu : F^* \to \mathbb{N} \cup \{0\}$, $\mu(a) = 1\ (a \in F^*)$라고 정의하자.

$a,\ b \in F^*$ 이면 항상 b^{-1} 이 존재하여

$$a = bb^{-1}a = b(b^{-1}a) + 0$$

이다. 또한 $1 = \mu(a) \le \mu(ab) = 1$ 이다. ▮

0과 ±1이 아닌 모든 정수는 소수들의 곱으로 표현할 수 있고, (체의 원소를 계수로 가지는) 상수가 아닌 모든 다항식은 기약다항식들의 곱으로 표현할 수 있다. 이도 유클리드 정역의 공통된 성질이다. 정수에서의 소수는 절댓값이 더 작은 두 정수의 곱으로 쓸 수 없고, 기약다항식은 다항식의 차수가 더 작은 두 다항식의 곱으로 표현할 수 없는 다항식이다.

정리 2.16.8 (1) 유클리드 정역은 주아이디얼 정역이다. 즉, 유클리드 정역의 모든 아이디얼이 주아이디얼이다.
(2) 유클리드 정역은 유일인수분해 정역이다. 즉, 유클리드 정역의 0이 아니고 가역원이 아닌 임의의 원소는 기약원들의 곱으로 유일하게 표현된다.

증명은 참고문헌(「즐거운 현대대수」, 김주필·최은미, 교우사)를 참조하자.

예제 2.16.3 가우스 정수들의 집합 $\mathbb{Z}[i] = \{a + bi \mid a,\ b \in \mathbb{Z},\ i = \sqrt{-1}\}$는 복소수체의 부분환이 되므로 정역이다. $\mu(a+bi) = (a+bi)(a-bi) = a^2 + b^2$로 정의하면 μ는 곱셈적 유클리드 노름이 된다, 그러므로 $\mathbb{Z}[i]$는 유클리드 정역이다. 따라서 유일인수분해정역이다.

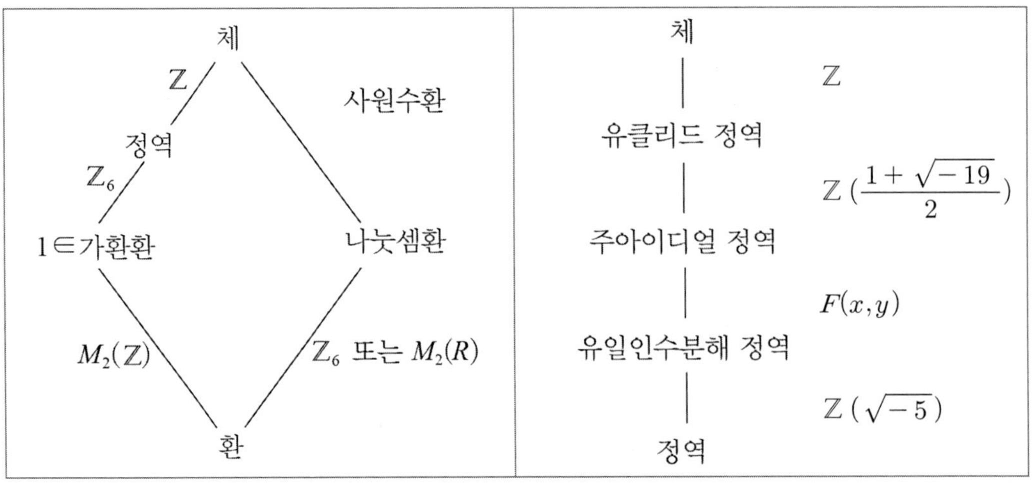

3) 환과 정수의 성질

정수는 환이 되는 가장 기본적인 예제이며, 실제로 환은 정수의 여러 성질들이 그대로 보존하고 있다. 윌슨정리, 페르마정리, 오일러정리등은 정수론에서 중요한 내용들이다.

윌슨정리 2.16.9 p가 소수이면 $(p-1)! \equiv -1 \pmod p$이다.

페르마 작은정리 2.16.10 소수 p와 임의의 정수 a에 대해 $a^p \equiv a \pmod p$이다.
특히, $\gcd(a,p)=1$이면 $a^{p-1} \equiv 1 \pmod p$이다.

오일러정리 2.16.11 정수 $m>0$과 $\gcd(a,\ m)=1$인 정수 a에 대해
$a^{\phi(m)} \equiv 1 \pmod m$이다.

페르마정리는 정수론에서 다음과 같이 증명된다. 소수 p에서

$$S=\{1,\ 2,\ \cdots,\ p-1\}$$

를 생각하자. $\gcd(a,\ p)=1$인 a를 집합 S의 원소에 한 번씩 곱해 집합

$$aS=\{a,\ 2a,\ 3a,\ \cdots,\ (p-1)a\}$$

를 만들자. aS의 두 원소 ra와 sa가 법 p에 의해 합동이라고 하자. $ra \equiv sa \pmod p (1 \le r < s \le p-1)$. $\gcd(a,\ p)=1$이므로 $a^{-1} (\mathrm{mod} p)$가 존재하므로 이것을 윗식에 곱히면 $r=s \pmod p$이 되어 무순이다. 따라서 $|aS|=p-1=|S|$이다. 그러므로 $a,\ 2a,\ \cdots,\ (p-1)a$을 재배열하면 $1,\ 2,\ \cdots,\ (p-1)$과 법 p에 대해 합동이 되어,

$$a \cdot 2a \cdot 3a \cdots (p-1)a \equiv 1 \cdot 2 \cdot 3 \cdots (p-1),$$

즉 $a^{p-1}(p-1)! \equiv (p-1)!$이 되어, $a^{p-1} \equiv 1 \pmod p$이다.

대수적 방법으로 페르마의 정리를 증명하자.

소수 p이며 $\gcd(a,\ p)=1$이므로 $\overline{a} \neq 0 \in \mathbb{Z}_p$이다. 그러므로 $\overline{a} \in \mathbb{Z}_p^* = \mathbb{Z}_p - \{0\}$인데, $\mathbb{Z}_p^*$는 위수 $p-1$인 군이므로 라그랑주 정리에 의해

$$(\overline{a})^{p-1} = \overline{1} \in \mathbb{Z}_p$$

이다. 즉 $\overline{a^{p-1}} = \overline{1} \in \mathbb{Z}_p$ 이므로 $a^{p-1} \equiv 1 \pmod{p}$ 이다.

오일러정리는 정수론에서 다음과 같이 증명된다. 주어진 $m > 0$에 관한 기약잉여계

$$R = \{r_1,\ r_2,\ \cdots,\ r_{\phi(m)}\}$$

라고 하자. $\gcd(a,\ m) = 1$인 a를 집합 R에 곱하여 만든 집합

$$T = \{ar_1,\ ar_2,\ \cdots,\ ar_{\phi(m)}\}$$

도 법 m의 기약잉여계이다. 따라서 R의 각 원소는 T의 단 하나의 원소와 법 m으로 합동이다. $a_i \equiv b_i \pmod{m}\ (1 \le i \le n)$일 때,

$$\sum_{i=1}^{n} a_i \equiv \sum_{i=1}^{n} b_i \pmod{m} \text{ 이며 } \prod_{i=1}^{n} a_i \equiv \prod_{i=1}^{n} b_i \pmod{m}$$

이므로,

$$ar_1 ar_2 \cdots ar_{\phi(m)} \equiv r_1 r_2 \cdots r_{\phi(m)} \pmod{m},$$

즉 $a^{\phi(m)} r_1 r_2 \cdots r_{\varphi(m)} \equiv r_1 r_2 \cdots r_{\phi(m)} \pmod{m}$ 이다.

한편, $\gcd(r_i,\ m) = 1$ 이므로 $\gcd(r_1 r_2 \cdots r_{\varphi(m)},\ m) = 1$ 이다. 따라서 $a^{\phi(m)} \equiv 1 \pmod{m}$ 이다.

대수적 방법으로 오일러정리의 증명을 알아보자. 그 전에 정리 하나를 먼저 보자.

정리 2.16.12 $\mathbb{Z}_m - \{0\}$에서 영인자가 아닌 원소들의 집합 G_m은 법 m의 곱셈에 대하여 군이다.

증명 G_m이 법 m의 곱셈에서 닫혀 있음을 보이자. $a,\ b \in G_m$이며 $ab \notin G_m$이라 하면 $(ab)c = 0$인 $\mathbb{Z}_m$의 원소 $c \neq 0$이 존재하게 된다. $(ab)c = 0$이면, $a(bc) = 0$이다. $b \in G_m$이고 $c \neq 0$ 이므로 G_m의 정의에 의해 $bc \neq 0$ 이다. 그러나 $a(bc) = 0$ 이면, $a \notin G_m$ 인데, 이것은 가정에 모순이다. 그러므로 어떤 환에서 영인자가 아닌 원소들의 집합은 곱셈에 대하여 닫혀있다. 법 m의 곱셈에 대하여 결합법칙이 성립하고 $1 \in G_m$이다. 따라서 $a \in G_m$에 대해 $ab = 1$이 되는 $b \in G_m$가 존재하는 것만 보여주면 된다.

$$1,\ a_1,\ \cdots,\ a_r$$

을 G_m의 원소라고 하면,

$$a \cdot 1, aa_1, \cdots, aa_r$$

은 서로 다른 원소이다. 실제로 만일 $aa_i = aa_j$ 이면 $a(a_i - a_j) = 0$ 이 된다. $a \in G_m$ 이므로 a 는 0 인자가 아니고, 따라서 $a_i - a_j = 0$ 이 되어 $a_i = a_j$ 이기 때문이다. 그러므로 1, a_1, … , a_r 과 a, aa_1, ⋯, aa_r 의 원소의 개수는 같게 되어 $a \cdot 1 = a$ 이든가 또는 어떤 aa_i 가 1이어야 한다. 따라서 a 는 곱셈에 대하여 역원을 갖는다.

(오일러정리의 증명). $\gcd(a, m) - 1$ 이므로 a 를 포함하는 잉여류 $a + m\mathbb{Z}$ 는 m 보다 작으면서 m 과 서로소인 정수 b 를 포함한다. m 을 법으로 하는 곱셈에 의해 잉여류의 곱셈은 잘 정의될 수 있다는 사실로부터 $a^{\phi(m)} \equiv b^{\phi(m)} (\mathrm{mod}\, m)$ 이 된다. b 는 m 과 서로소이고 $\mathbb{Z}_n$ 의 $\phi(n)$ 개의 원소로 구성된 위수 $\phi(m)$ 인 곱셈군 G_n 의 원소로 생각하여 $b^{\phi(m)} \equiv 1 (\mathrm{mod}\, m)$ 을 얻을 수 있다. 따라서 $a^{\phi(m)} \equiv 1 (\mathrm{mod}\, m)$ 이다.

페르마정리나 오일러정리를 군과 체의 개념으로 증명을 하면, 정수체계에서 하는 것보다 훨씬 간단히 증명이 됨을 알 수 있다.

연습문제

1. 화살표 방향의 반례를 써라.

체 (field)
↓ (가)
유클리드 정역 (ED)
↓
주아이디얼 정역 (PID)
↓ (나)
유일분해 정역 (UFD)
↓ (다)
정역 (ID)
↓ (라)
환 (ring)

2. 화살표 방향의 반례를 써라.

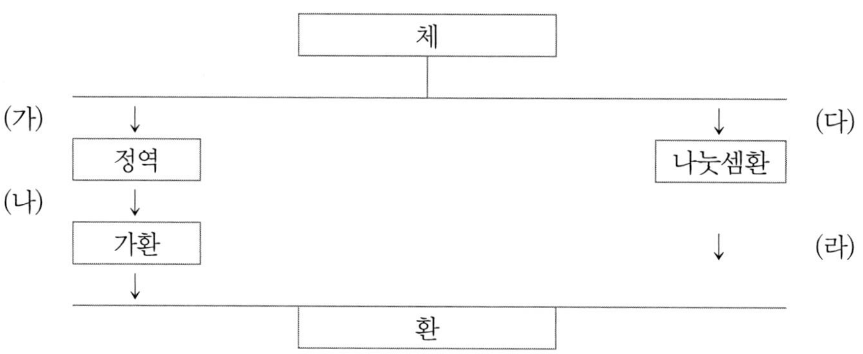

해답

1. $\mathbb{Z}$, $F(x, y)$, $\mathbb{Z}(\sqrt{-5})$, $\mathbb{Z}_4$. 풀이: 더욱이 ED$\not\to$PID인 예제로는 $\mathbb{Z}(\frac{1+\sqrt{-19}}{2})$이 있다.

2. $\mathbb{Z}$, $\mathbb{Z}_6$, 사원수환, $\mathbb{Z}_6$ 풀이: (라)에 적합한 것으로 $\mathbb{Z}_6$와 $M_2(\mathbb{R})$ 둘 다 가능하다.

종합문제

1. R이 환일 때, R이 체가 될 동치조건은 $(R^*, \cdot)$이 가환군임을 증명하라.

2. 1에서 $(R^*, \cdot)$이 순환군이 될 조건을 쓰고, 예제를 들어 증명하여라.

3. 원소 17개를 갖는 체 R에서, $(R^*, \cdot)$의 생성원을 모두 찾아라.

해답

1. R이 체이면 R은 곱셈에 대해 가환이며 0이 아닌 모든 원소의 역원이 존재한다. 그러므로 R^*의 모든 원소는 곱셈에 대해 닫혀있고, 결합법칙, 교환법칙을 만족하며 역원을 가지며, 또한 (곱셈에 관한) 항등원으로서 1이 존재하므로 $(R^*, \cdot)$은 가환군이다.

역으로 $(R^*, \cdot)$이 가환군이라고 하자. 군의 성질에 의해, R에서 0을 제외한 모든 원소는 곱셈의 역원을 가지므로 R은 나눗셈환이 된다. 또한 가환의 성질에 의해 R은 가환환이되므로, R은 체이다.

2. R이 유한체라면 $(R^*, \cdot)$은 순환군이 된다.

예제. $\mathbb{Z}_5$는 원소 5개를 갖는 유한체이다. $\mathbb{Z}_5^* = \{1, 2, 3, 4\}$에서,

$$2,\ 2^2 = 4,\ 2^3 = 8 \equiv 3,\ 2^4 = 16 \equiv 1$$

이므로 $(\mathbb{Z}_5^*, \cdot)$는 2를 생성원으로 하는 순환군 $\langle 2 \rangle$가 된다.

3. 원소 17개를 갖는 체는 $\mathbb{Z}_{17}$과 동형이므로 $\mathbb{Z}_{17}^* = \{1, 2 \cdots, 16\}$이다. 그런데

$$(\pm 2)^8 = 1,\ (\pm 3)^{16} = 1,\ (\pm 4)^4 = 1,\ (\pm 5)^{16} = 1,$$
$$(\pm 6)^{16} = 1,\ (\pm 7)^{16} = 1,\ (\pm 8)^8 = 1$$

이므로, $\mathbb{Z}_{17}^*$의 생성원은

$$3, 14,\ 5, 12,\ 6, 11,\ 7, 10$$

의 모두 8개가 존재한다.

III

체 론

III 체 론

Modern Algebra

1 대수적 구조: 체와 환, 군의 관계

연산이 정의된 대수적 구조로서 군과 환을 배웠다. III장에서는 체를 배우는데, 사실 체는 특별한 성질을 갖는 환이다. 이번 장에서는 부분체와 여러 종류의 확대체를 배우며, 더 나아가 갈루아 이론으로 접근하는 기초를 배운다.

군(group) 집합 G에 이항연산 $\circ : G\times G \to G$이 정의되어 있고, 이 연산이 결합법칙을 만족하며, 항등원이 존재하고, 각 원소에 대한 역원이 존재할 때, $(G, \circ)$는 군이 된다.

예를 들어서 정수 집합 $\mathbb{Z}$에 덧셈 연산 +을 생각하면, $(\mathbb{Z}, +)$은 군이 된다. 이 경우에 덧셈의 교환법칙도 성립하므로, $(\mathbb{Z}, +)$은 가환군(또는 아벨군)이다. 행렬식이 0이 아닌 실수 성분의 2×2 정사각행렬들의 집합은 행렬 곱셈연산 아래서 군이 된다. 그러나 가환군은 아니다.

환(ring) 집합 R에 덧셈과 곱셈의 두 연산 $+, \cdot$이 정의되어, 덧셈연산에서 가환군이 되며 곱셈연산이 결합법칙과 분배법칙을 만족할 때, $(R, +, \cdot)$는 환이 된다.

예를 들어서 정수의 집합 $\mathbb{Z}$은 보통의 덧셈 $+$과 보통의 곱셈 $\cdot$ 연산에 대하여 환 $(\mathbb{Z}, +, \cdot)$을 이룬다. 이 환은 곱셈의 항등원 1을 가지며, 곱셈에 대한 교환법칙도 성립하는 가환환이다. 짝수들의 집합을 생각하면, $(2\mathbb{Z}, +, \cdot)$은 가환환이지만 곱셈에 대한 항등원을 갖지는 않는다. 유리계수 다항식환 $\mathbb{Q}[x]$은 많이 다루는 환이다.

나눗셈환(division ring) 어떤 환 R에서 덧셈의 항등원 0을 제외한 모든 원소가 가역원 (즉, 곱셈에 대한 역원을 갖는 원소)일 때 R을 나눗셈환이라고 부른다. 나눗셈환은 가환환일 수도 있고 비가환환 일수도 있다.

체(field) 가환인 나눗셈환을 체라고 부르며, 보통 F로 표시한다. 그러므로 F는 사칙 계산이 자유로운 좋은 구조를 갖는다. 유리수의 집합, 실수의 집합, 복소수의 집합은 모두 체이다.

나눗셈환이지만 체가 아닌 경우는 비가환환에서 찾아볼 수 있는데, 사원수환은 체가 아닌 나눗셈환의 대표적인 예제이다. 그러나 유명한 웨더번(Wedderburn) 정리 2.4.5에 의하면 유한개의 원소를 갖는 나눗셈환은 체이다. 그러므로 가환이 아닌 나눗셈환은 모두 원소의 개수가 무한이 많은 환이다.

체와 환, 군의 관계

$R=(R, +, \cdot)$은 환이며 $R^*=R-\{0\}$라고 하자. 또한 R이 곱셈의 항등원 1을 가질 때 기호 $1\in R$로 나타낸다. 체는 가환인 나눗셈환이므로 환의 주요한 성질이 적용된다. 환론에서 배운 성질을 간단히 복습하자.

정리 3.1.1 환 $1\in R$일 때, R이 체가 되는 필요충분조건은 $(R^*, \cdot)$이 가환군이다.

증명 R은 체라고 하자. R^*의 임의의 원소 a, b라고 하자. $0\neq a, b\in R$이며 R은 체이므로 $0\neq ab\in R$이다. 체는 $1\in R$이므로 1은 곱셈의 항등원이다. 또한 $0\neq a$은 체 R에서 가역원이므로 a^{-1}이 존재한다. 그러므로 R^*는 곱셈 연산에 대해 군이 되기 위한 4가지 성질을 모두 만족하며, 더 나아가 교환법칙도 만족하므로 $(R^*, \cdot)$이 가환군이다.

역으로 $(R^*, \cdot)$이 가환군이라고 하자. 환 R은 곱셈의 교환법칙을 만족하므로 가환환이다. 또한 $a\in R^*$의 역원 $a^{-1}\in R^*$이 존재하므로 R은 나눗셈환이다. 따라서 R은 체이다. ∎

위 정리에서 가환의 성질을 제외하면, 다음과 같은 정리를 유도할 수 있다.

정리 3.1.2 환 $1 \in R$ 이라고 하자. $(R, +, \cdot)$이 나눗셈환일 필요충분조건은 $(R^*, \cdot)$이 군이다.

정리 2.4.4와 비교해보자.

정리 3.1.3 환 $1 \in R$ 이라고 하자. R이 유한개의 원소를 가진 체일 필요충분조건은 $(R^*, \cdot)$이 유한 순환군이다.

증명 환 R이 유한개의 원소를 가진 체라고 가정하자. 그러면 $(R^*, \cdot)$은 가환군이며, 당연히 위수는 유한이다. 유한 가환군의 성질에 의해 R^*는 순환군들의 직적으로 표시되어 (I−17장 참고)

$$R^* \cong \mathbb{Z}_{m_1} \times \cdots \times \mathbb{Z}_{m_k} \ (\text{모든 } 1 \le i < k \text{에 대해 } m_i \mid m_{i+1})$$

이다. 이제 $|R^*| = m_k$를 보일 수 있으면, $R^* \cong \mathbb{Z}_{m_k}$가 되어 순환군이다.

임의의 원소 $g = (a_1, a_2, \cdots, a_k) \in \mathbb{Z}_{m_1} \times \cdots \times \mathbb{Z}_{m_k}$라고 하자. $a_i \in \mathbb{Z}_{m_i}$ $(1 \le i \le k)$이므로, 모든 $1 \le i \le k$에 대해 $m_k a_i = 0$이 되어

$$g^{m_k} = 1$$

이다. 따라서 원소 g의 위수는 m_k를 나눈다. (즉, $o(g) \mid m_k$).
한편, g는 다항식

$$x^{m_k} - 1 \in R[x]$$

의 근이며 또한 $x^{m_k} - 1$는 많아야 m_k개의 근을 가지므로, $|R^*| \le m_k$이다. 그런데

$$|R^*| = m_1 \times \cdots \times m_k \ge m_k$$

이므로 $|R^*| = m_k$가 된다.

역으로 $(R^*, \cdot)$이 유한 순환군이면, 유한 가환군 정리에 의해 R은 유한개의 원소를 가진 체이다. ▮

정리 3.1.4 환 $1 \in R$ 이며, I는 R의 아이디얼이라고 하자. R이 체가 될 동치조건은 $I = \{0\}$ 이거나 $I = R$ 이다.

증명 R이 체라고 하자. 만일 R의 아이디얼 $I=\{0\}$이면 증명이 끝난다. $I\neq\{0\}$라고 가정하자. 그러면 $0\neq x\in I$가 존재하는데, $x\in I\subset R$이며 또한 R이 체이므로, $x^{-1}\in R$이 존재한다. $x\in I$와 $x^{-1}\in R$로부터 아이디얼 I의 정의에 의해 $xx^{-1}\in I$, 즉 $1\in I$이다. 또한 임의의 $r\in R$에 대해 $r1\in I$, 즉 $r\in I$이다. 따라서 $R\subset I$가 되어 $R=I$이다.

역으로 $I=\{0\}$이거나 $I=R$라고 가정하자. M이 R의 극대아이디얼이라고 하자. 그런데 R은 단 두 개의 아이디얼을 갖고 있으므로, 극대아이디얼 M는 $M=\{0\}$일 수 밖에 없다. 따라서 $R=R/\{0\}=R/M$인데, 극대아이디얼에 의한 상환은 체이므로, 정리가 증명된다.(정리 2.5.4와 비교해보자.) ∎

따름정리 3.1.5 R이 체가 될 필요충분조건은 $\{0\}$이 R의 극대아이디얼이다.

증명 정리 3.1.4에 의해 당연한데, 설명해보자. ∎

다항식과 다항식환

체 F이며, 다항식환 $F[x]$에 속하는 임의의 두 원소 $f(x)$, $g(x)$라고 하자. 나눗셈 정리에 의해 $f(x)=q(x)g(x)+r(x)$인 다항식 $q(x)$, $r(x)\in F[x]$가 존재하며, 이 때 $r(x)=0$이거나 $\deg r(x)<\deg g(x)$이다. 만일 $r(x)=0$이면 $f(x)=q(x)g(x)$가 된다.

정의 $f(x)=q(x)g(x)$일 때, $g(x)$는 $f(x)$를 **나눈다**, 또는 $g(x)$는 $f(x)$의 **약수**(인수, divisor, factor)라고 말하고, 기호 $g(x)\mid f(x)$로 표시한다. 정리 2.10.4를 참고하자.

위의 정의는 정수 n과 그것의 약수 d를 $d\mid n$의 기호로 표시하는 것과 같다. 그런데 정수 n의 약수는 모두 오일러 $\phi(n)$개 존재하는데, 다항식환 $F[x]$에서 $f(x)$의 약수는 무수히 많이 존재한다.

정리 3.1.6 $f(x)$, $g(x) \in F[x]$라고 하자. 만일 $g(x) \mid f(x)$이면 $g(x) \mid kf(x)$(임의의 $k \in F$)이며 또한 $cg(x) \mid f(x)$(임의의 $c \in F$)이다.

증명

정의 임의의 두 원소 a와 $b \in F$가 있어서, 만일 $a \mid b$이고 동시에 $b \mid a$이면 a와 b는 **동반**(associate)한다고 말하며, 기호 $a \sim b$로 나타낸다. (정리 2.1.4를 참고하자.)

예제 3.1.1 다음의 경우를 말하여라.

(1) a와 $b \in \mathbb{Z}$일 때, $a \sim b$는 무엇을 말하는가?

(2) a와 $b \in \mathbb{Q}$일 때, $a \sim b$는 무엇을 말하는가?

풀이

예제 3.1.2 만일 $a(x)$, $b(x) \in F[x]$이면, $a(x) \sim b(x) \Leftrightarrow a(x) = k\,b(x)$ $(k \in F)$임을 보여라.

풀이

정의 $f(x) \in F[x]$일 때, $g(x) \mid f(x)$라고 가정하자. 만일 $g(x) = c$(상수)이거나 $g(x) \sim f(x)$이면 $f(x)$는 **기약다항식**이라고 한다. 다시 말하면, $f(x)$가 기약다항식이라는 것은, $g(x) \mid f(x)$일 때 $g(x) = c$(상수)이거나 $f(x) = k\,g(x)$ $(k \in F)$라는 뜻이 된다.

소수는 다음과 같은 성질을 갖고 있다.

p은 소수이다. $\Leftrightarrow$ $d \mid p$이면 $d = 1$, 또는 p이다. (양수인 경우만 말한 것이다.)

$\Leftrightarrow$ $d \mid p$이면 $d = \pm 1$이거나 $\pm p$이다.

$\Leftrightarrow$ $d \mid p$이면 $d = \pm 1$이거나 $d \sim p$(동반)이다.

그러므로 다항식들 중에서 기약다항식과 가약다항식의 차이는, 정수에서 소수와 합성수의 관계와 거의 유사함을 알 수 있다.

예제 3.1.3 $x+2$는 유리수 다항식환 $\mathbb{Q}[x]$에서 기약다항식임을 확인하여라.

풀이 만일 $x+2=g(x)h(x)$라고 하자. 양변의 차수를 비교하면

$$\text{(i) } g(x)=k,\ h(x)=cx+d \text{ 이거나 (ii) } g(x)=cx+d,\ h(x)=k$$

이다. 계수비교에 의해 $ck=1$, $dk=2$이므로 $c=\frac{1}{k}$, $d=\frac{2}{k}$, 즉

$g(x)=\frac{1}{k}x+\frac{2}{k}=\frac{1}{k}(x+2)$가 되어 $g(x)\sim(x+2)$이다. 따라서 $x+2$는 기약다항식이다.

한편, 다항식 $x+2$가 정수집합 $\mathbb{Z}$에서 기약이므로, 가우스 정리 2.15.5에 의하면 $x+2$는 유리수 다항식환 $\mathbb{Q}[x]$에서도 기약다항식임을 알 수 있다.

예제 3.1.4 $a=17$, $b=5$일 때, $b^{-1}(\mathrm{mod}\,a)$를 찾아라.

풀이 유클리드 호제법에 의해

$$17=3\cdot 5+2$$
$$5=2\cdot 2+1$$
$$2=2\cdot 1+0$$

이므로

$$1=5-2\cdot 2=5+(-2)(17-3\cdot 5)=(-2)17+(7)5.$$

따라서 $1\equiv 7\cdot 5(\mathrm{mod}17)$이 되어 $b^{-1}=5^{-1}=7(\mathrm{mod}17)$이다.

예제 3.1.5 $F=\mathbb{Z}_2$일 때, $a=x^4+x+1$, $b=x^2\in\mathbb{Z}_2[x]$라고 하자. $b^{-1}(\mathrm{mod}\,a)$를 찾아라.

풀이

$$x^4+x+1=x^2\cdot x^2+(x+1)$$
$$x^2=(x+1)(x+1)+1$$
$$x+1=(x+1)1+0$$

이므로

$$\begin{aligned} 1 &= x^2 + (x+1)(x+1) \\ &= x^2 + (x+1)(x^4 + x + 1 + x^2 \cdot x^2) \\ &= (1 + x^2(x+1))x^2 + (x+1)(x^4 + x + 1) \\ &= (x^3 + x^2 + 1)x^2 + (x+1)(x^4 + x + 1) \end{aligned}$$

이다. 따라서 $(x^3+x^2+1)x^2 \equiv 1(\mathrm{mod}(x^4+x+1))$이 되어 $b^{-1} = (x^2)^{-1} = (x^3+x^2+1)$ 이다.

확인문제

1. R이 체가 될 동치조건에 대해 빈칸에 들어갈 말을 써라.

R이 체이다.

$\Leftrightarrow$ R은 ⓐ 이며 R의 임의의 원소 $x \neq 0$가 ⓑ를 갖는다.

$\Leftrightarrow$ R은 ⓐ 이며 R의 임의의 원소 $x \neq 0$에 대해 적당한 $y \in R$가 존재해서 ⓒ가 된다.

$\Leftrightarrow$ R은 ⓐ 이며 R의 임의의 원소 $x \neq 0$가 ⓓ이다.

2. 군, 환, 체, 벡터공간에 대한 설명 중 옳은 것을 모두 찾아라.

(1) 군 G의 임의의 부분군 H에 의한 상군(quotient group) G/H가 존재한다.

(2) 환 R의 임의의 부분환 S에 의한 상환(quotient ring) R/S가 존재한다.

(3) 벡터공간 V의 임의의 부분공간 W에 의한 상공간(quotient space) V/W가 존재한다.

해답

1. 가환환, 곱의 역원, $x \cdot y = 1$, 가역원
2. (3) 풀이: (1), (2) 는 각각 정규부분군, 아이디얼의 조건이 필요하다.

연습문제

1. F가 환일 때, 옳지 않은 것을 모두 찾아라.

(1) $(F-\{0\},\ +)$는 가환군이다.

(2) $(F-\{0\},\ \cdot\ )$가 가환군이면 F는 체이다.

(3) F가 체이면 $(F-\{0\},\ \cdot\ )$는 가환군이다.

(4) $(F-\{0\},\ \cdot\ )$가 순환군이면 F는 유한체이다.

(5) F가 유한체이면 $(F-\{0\},\ \cdot\ )$는 순환군이다.

2. 옳지 않은 것을 모두 찾아라.

(1) x^2+x+1은 $\mathbb{Z}_2[x]$에서 기약이지만 $\mathbb{Z}_3[x]$에서 가약이다.

(2) $\mathbb{Z}_4[x]$에서 x^4+2x^2+1은 가약이다.

(3) $\mathbb{Z}_7[x]$에서 x^3-x-1은 기약이다.

(4) $\mathbb{Z}_2[x]$에서 3차 기약다항식은 모두 2개이다.

(5) $\mathbb{Z}_5[x]$에서 x^3+ax+1 형태의 다항식은 모두 5개이다.

3. 옳은 것을 모두 찾아라.

(1) $x^{17}+1$을 x^2+1로 나눈 나머지는 x^3+1이다.

(2) $\mathbb{Z}_5[x]$에서 x^4-x는 x^2-3x+3로 나누어진다.

(3) x^2+1은 항상 기약이다.

(4) 복소수체 $\mathbb{C}$ 위에서 $\gcd(x^2+1,\ x^2-ix)=x-i$이다.

4. 옳지 않은 것을 모두 찾아라.

(1) $x^3+x+1\in\mathbb{Z}_2[x]$은 기약다항식이다.

(2) $\mathbb{Z}_2[x]/\langle x^3+x+1\rangle$의 원소는 모두 3^2개다.

(3) $\mathbb{Z}_p$(p: 소수)에 속하는 모든 원소는 $x^p-x\in\mathbb{Z}_p[x]$의 근이다.

(4) x^2+2는 $\mathbb{Z}_5[x]$에서 기약이다.

(5) $\mathbb{Z}_5[x]$에서 $\gcd(x^4+3x^3+2x+4,\ x^2-1)$은 x^2-1이다.

해답

1. (1) 풀이: $(F, +)$는 가환군이며 $(F-\{0\}, \cdot)$는 군이다. 그러나 $(F-\{0\}, +)$는 덧셈의 항등원이 없으므로 군이 될 수 없다. (2), (3)은 동치조건이며, (4), (5)도 동치조건이다.

2. (3) 풀이: (1) $\mathbb{Z}_3[x]$에서 $x^2+x+1=(x+2)^2$로서 가약이다.
   (2) $\mathbb{Z}_4[x]$에서 $x^4+2x^2+1=(x+1)^4$로서 가약이다.
   (3) $\mathbb{Z}_7[x]$에서 x^3-x-1은 $x=5(\equiv-2)$를 근으로 가지므로 가약이다.
   (4) $\mathbb{Z}_2[x]$에서 3차 기약방정식은 x^3+x+1과 x^3+x^2+1로서 2개이다.
   (5) $x^3+ax+1\,(a=0, 1, 2, 3, 4)$이다.

3. (4) 풀이: (1) 나눗셈정리의 차수 성질에 의해, 나머지는 1차 또는 0차이다. 실제로
$$x^{17}+1=(x^{15}-x^{13}+x^{11}-x^9+x^7-x^5+x^3-x)(x^2+1)+(x+1)$$
   (2) $\mathbb{Z}_5[x]$에서 $x^4-x=(x^2-3x+3)(x^2+3x+1)+(3x-3)$이다.
   (3) x^2+1은 $\mathbb{R}$에서 기약이지만 $\mathbb{C}$에서 가약이다.

4. (2) 풀이: (1) x^3+x+1은 $\mathbb{Z}_2$에서 근이 없으므로 기약이다.
   (2) $\mathbb{Z}_2[x]/(x^3+x+1)$의 원소는 모두 2^3개다.
   (3) 페르마정리에 의해, 모든 $x\in\mathbb{Z}_p$는 $x^p\equiv x$를 만족하므로, $x^p-x\in\mathbb{Z}_p[x]$의 근이다.
   (4) x^2+2는 $\mathbb{Z}_5[x]$에서 근이 없으므로 기약이다.
   (5) $x^4+3x^3+2x+4=(x^2-1)(x^2+3x+1)$이다.

2 확대체와 대수적 원소

F와 E는 동일한 연산을 갖는 두 개의 체라고 하자.

정의 만일 F가 E의 부분집합일 때, E는 F의 **확대체**(extension field)라 하고, F는 E의 **부분체**(subfield)라고 부른다. 기호 $F<E$ 또는 E/F로 나타낸다. 또한 F와 E 사이에 또 다른 체 K가 있어서 $F<K<E$일 때, K는 **중간체**(intermediate field)라고 부른다.

예제 3.2.1 유리수체 $\mathbb{Q}$는 실수체 $\mathbb{R}$의 부분체이다. $\mathbb{Q}$와 $\mathbb{R}$은 모두 복소수체 $\mathbb{C}$의 부분체이다.

예제 3.2.2 위의 예제를 확대체의 관계로 다시 설명하자.

풀이 $\mathbb{C}$는 $\mathbb{R}$의 확대체이고, 다시 $\mathbb{R}$은 $\mathbb{Q}$의 확대체이다. 따라서 $\mathbb{C}$는 $\mathbb{Q}$의 확대체이며 $\mathbb{Q}<\mathbb{R}<\mathbb{C}$이다. 그러므로 $\mathbb{R}$은 $\mathbb{Q}$와 $\mathbb{C}$의 중간체이다.

정리 3.2.1 F는 체, $p(x)\in F[x]$는 기약다항식이라고 하자. 그러면 $F[x]$의 상환 $F[x]/\langle p(x)\rangle$는 F의 확대체이다.

증명 기약다항식 $p(x)$에 의해 생성되는 아이디얼 $\langle p(x)\rangle$는 $F[x]$의 극대아이디얼이므로(정리 2.14.5), 정리 2.7.4에 의해 상환 $F[x]/\langle p(x)\rangle$는 체이다.

이제 $F[x]/\langle p(x)\rangle$이 F를 포함하는 것을 보이기 위해, 함수

$$i: F\to F[x]/\langle p(x)\rangle,$$
$$i(a)=a+\langle p(x)\rangle\ (a\in F)$$

라고 정의하자. 그러면 다음을 확인할 수 있다.

(i) i는 준동형사상이다.

임의의 $a,\ b\in F$에 대해

$$\begin{aligned} i(a+b) &= (a+b)+\langle p(x)\rangle \\ &= (a+\langle p(x)\rangle)+(b+\langle p(x)\rangle)=i(a)+i(b) \end{aligned}$$

이며

$$\begin{aligned} i(ab) &= (ab) + \langle p(x) \rangle \\ &= (a + \langle p(x) \rangle)(b + \langle p(x) \rangle) = i(a)i(b) \end{aligned}$$

이다.

(ii) i는 단사함수이다.

만일 $i(a) = i(b)$라고 하자. 그러면

$$a + \langle p(x) \rangle = b + \langle p(x) \rangle$$

즉, $a - b + \langle p(x) \rangle = 0$이다. 따라서 $a - b \in \langle p(x) \rangle$가 되어 $p(x) \mid a - b$인데, 양변의 차수를 비교하면 $a - b = 0$, 즉 $a = b$가 된다.

그러므로 F는 $F[x]/\langle p(x) \rangle$에 매입되므로, $F[x]/\langle p(x) \rangle$는 F의 확대체이다. ▮

이 정리는 다음의 **크로네커 정리**(Kronecker theorem)에 의해 더 구체적으로 표현된다.

정리 3.2.2 확대체의 기본정리 (크로네커 정리)
F는 체, $f(x) \in F[x]$는 상수가 아닌 다항식이라고 하자. 그러면 $f(x)$의 근을 포함하는 F의 확대체 E가 존재한다.

증명 $f(x) = a_0 + a_1 x + \cdots + a_n x^n \ (a_i \in F)$라고 하자.

(i) 우선, $f(x)$는 기약이라고 하자. 그러면 정리 3.2.1에 의해 $F[x]/\langle f(x) \rangle$는 체이며 또한 F의 확대체이다. $u = x + \langle f(x) \rangle$라고 하자.

그러면 $u \in F[x]/\langle f(x) \rangle$이며 u를 $f(x)$에 대입하면,

$$\begin{aligned} f(u) &= a_0 + a_1 u + a_2 u^2 + \cdots + a_n u^n \\ &= a_0 + a_1 (x + \langle f(x) \rangle) + a_2 (x + \langle f(x) \rangle)^2 + \cdots + a_n (x + \langle f(x) \rangle)^n \end{aligned}$$

이다. 그런데 아이디얼 $\langle f(x) \rangle$의 성질에 의해

$$a_1 (x + \langle f(x) \rangle) = a_1 x + a_1 \langle f(x) \rangle = a_1 x + \langle f(x) \rangle$$

$$\begin{aligned} a_2 (x + \langle f(x) \rangle)^2 &= a_2 x^2 + 2a_2 x \langle f(x) \rangle + a_2 \langle f(x) \rangle^2 \\ &= a_2 x^2 + \langle f(x) \rangle \end{aligned}$$

이며 마찬가지로

$$a_n(x+\langle f(x)\rangle)^n = a_n x^n + \langle f(x)\rangle$$

이므로

$$\begin{aligned} f(u) &= a_0 + (a_1 x + \langle f(x)\rangle) + (a_2 x^2 + \langle f(x)\rangle) + \cdots + (a_n x^n + \langle f(x)\rangle) \\ &= (a_0 + a_1 x + a_2 x^2 + \cdots + a_n x^n) + \langle f(x)\rangle \\ &= f(x) + \langle f(x)\rangle \\ &= 0 + \langle f(x)\rangle = 0_{F/\langle f(x)\rangle} \end{aligned}$$

이다. 따라서 $u = x + \langle f(x)\rangle$는 $f(x)$의 근으로서, $F[x]/\langle f(x)\rangle$에 존재한다.

(ii) 만일 $f(x)$가 가약이라고 하자. 그러면 $p(x) \mid f(x)$인 기약다항식 $p(x) \in F[x]$가 존재한다. (i)의 결과를 $p(x)$에 적용하면 $F[x]/\langle p(x)\rangle$는 $p(x)$의 근 $u = x + \langle p(x)\rangle$를 포함하는 F의 확대체이다. 그런데

$$f(x) = p(x)q(x) \ (\text{적당한 } q(x) \in F[x])$$

이며 $p(u) = 0$이므로 $f(u) = p(u)q(u) = 0$가 되어, u는 $f(x)$의 근이다. ∎

크로네커 정리에 의해 다음을 알 수 있다.

(1) $F[x]/\langle p(x)\rangle = \{f(x) + \langle p(x)\rangle \mid f(x) \in F[x]\}$

(2) $F \subset F[x]/\langle p(x)\rangle$

(3) $F[x]/\langle p(x)\rangle$는 F를 포함할 뿐 만 아니라 $p(x)$의 근을 포함한다.

정리 3.2.3 F는 체, $f(x) \in F[x]$는 상수가 아닌 다항식이라고 하자. 그러면 $f(x)$의 모든 근을 포함하는 F의 확대체 E가 존재한다. 따라서 만일 $\deg f(x) = n \ge 1$이면 $f(x)$는 E에서

$$f(x) = c(x-u_1)(x-u_2)\cdots(x-u_n) \quad (c \in F,\ u_i \in E)$$

로 일차식으로 인수분해된다.

증명 크로네커 정리 3.2.2에 의해 $f(x)$의 하나의 근 $u_1 = x + \langle f(x)\rangle$을 포함하는 확대체 E_1이 존재한다. 그러면

$$f(x) = (x-u_1)f_1(x) \in E_1[x]$$

이다. $f_1(x) \in E_1[x]$에 대해 위와 같은 일을 반복하면, $f_1(x)$의 하나의 근 u_2을 포함하는 확대체 $E_1 < E_2$가 존재한다. $f_1(u_2) = 0$이므로

$$f(u_2) = (u_2 - u_1) f_1(u_2) = 0$$

이 되어 u_2는 $f(x)$의 근도 된다. 이와 같은 과정을 반복하면,

$$F \leq E_1 \leq E_2 \leq \cdots \leq E_n$$

인 확대체를 만들게 되며, 이 때 E_n은 $f(x)$의 모든 근을 포함하는 확대체이다. ▮

예제 3.2.3 $p(x) = x^2 + 1 \in \mathbb{R}[x]$를 생각해보자.

$p(x)$는 $\mathbb{R}[x]$에서 기약이며 $\mathbb{R}[x]$에서 근을 갖지 않는다. 정리 3.2.2에 의하면 $p(x)$의 근을 포함하는 $\mathbb{R}$의 확대체 E가 존재하여

$$E = \mathbb{R}[x] / \langle x^2 + 1 \rangle$$

로 표현된다. E에 속하는 원소

$$u = x + \langle p(x) \rangle$$

를 생각해 보자. (여기서 $x \in \mathbb{R}[x]$인 원소이다.) 다항식 $p(x)$에 u를 대입하면

$$\begin{aligned} p(u) &= p(x + \langle p(x) \rangle) \\ &= (x + \langle p(x) \rangle)^2 + 1 \\ &= x^2 + 2\langle p(x) \rangle + \langle p(x) \rangle^2 + 1 \\ &= x^2 + 1 + \langle p(x) \rangle \\ &= 0 + \langle p(x) \rangle \in E \end{aligned}$$

이 되므로, $u = x + \langle p(x) \rangle$는 $p(x)$의 근이다. 또한 $u^2 + 1 = 0 \in E$이다.

$E = \mathbb{R}[x] / \langle x^2 + 1 \rangle$의 임의의 원소 $f(x) + \langle p(x) \rangle$를 생각하자. 그러면 $f(x) \in \mathbb{R}[x]$이므로 $f(x)$를 $p(x) = x^2 + 1$로 나누면

$$f(x) = q(x)(x^2 + 1) + r(x) = q(x)(x^2 + 1) + (ax + b)$$

$(a,\ b \in \mathbb{R})$이다. 따라서

$$\begin{aligned} E &= \mathbb{R}[x] / \langle x^2 + 1 \rangle \\ &= \{ f(x) + \langle p(x) \rangle \mid f(x) \in \mathbb{R}[x] \} \end{aligned}$$

$$= \{q(x)(x^2+1)+(ax+b)+\langle p(x)\rangle \mid f(x)\in \mathbb{R}[x]\}$$
$$= \{(ax+b)+\langle p(x)\rangle \mid a,b\in \mathbb{R}\}$$
$$= \{a(x+\langle p(x)\rangle)+b \mid a,b\in \mathbb{R}\}$$
$$= \{au+b \mid a,b\in \mathbb{R},\ u^2+1=0\}$$

만일 $u = x+\langle p(x)\rangle$를 i라고 표시하자. 그러면

$$E=\{ai+b \mid a,\ b\in \mathbb{R},\ i^2+1=0\}$$

인데, 이것이 바로 복소수집합이다.

예제 3.2.4 $f(x)=x^4-x^3-x+1\in \mathbb{Z}_5[x]$라고 하자.

(1) $f(x)$는 $\mathbb{Z}_5[x]$에서 기약인가? 가약인가? $f(x)$는 $\mathbb{Z}_5[x]$에서 근을 갖는지 말하여라.

풀이

(2) $\mathbb{Z}_5$의 확대체로서 $f(x)$의 근을 포함하는 체를 만들어라.

풀이

예제 3.2.5 $E=\mathbb{Z}_5[x]/\langle x^2+x+1\rangle$라고 하자. 그러면 $u=x+\langle x^2+x+1\rangle$는 $p(x)=x^2+x+1$의 근으로 E에 포함됨을 보여라. 실제로 $u^2+u+1=0$이다.

풀이

예제 3.2.6 $E=\mathbb{Z}_5[x]/\langle x^2+x+1\rangle$의 원소를 말하여라.

풀이 $E = \mathbb{Z}_5[x]/\langle x^2+x+1\rangle$
$= \{f(x)+\langle p(x)\rangle \mid f(x)\in \mathbb{Z}_5[x]\}$

$$= \{(q(x)p(x)+(ax+b))+\langle p(x)\rangle \mid q(x)\in \mathbb{Z}_5[x],\ a,\ b\in \mathbb{Z}_5\}$$
$$= \{(ax+b)+\langle p(x)\rangle \mid a,\ b\in \mathbb{Z}_5\}$$
$$= \{a(x+\langle p(x)\rangle)+b \mid a,\ b\in \mathbb{Z}_5\}$$
$$= \{au+b \mid a,\ b\in \mathbb{Z}_{5,}\ u^2+u+1=0\}$$

따라서 E는 모두 25개의 원소를 갖는다 ($|E|=25$).

예제 3.2.7 $f(x)=x^3+x+1\in \mathbb{Z}_2[x]$ 일 때, 다항식 $1+x^2\in \mathbb{Z}_2[x]$의 역원을 구하여라.

풀이 x^3+x+1은 $\mathbb{Z}_2[x]$에서 기약이므로, $\mathbb{Z}_2[x]/\langle f(x)\rangle$는 체로서 $f(x)$의 근 u를 포함하는 확대체이다. 실제로

$$\mathbb{Z}_2[x]/\langle f(x)\rangle=\{au^2+bu+c \mid a,b,c\in \mathbb{Z}_2,\ u^3+u+1=0\in \mathbb{Z}_2\}$$

이다. $1+x^2\in \mathbb{Z}_2[x]$는 x^3+x+1과 서로소이므로, 적당한 $h(x)$, $k(x)$에 대해

$$(1+x^2)h(x)+(x^3+x+1)k(x)=1$$

이 된다. 다시 말해서

$$(1+u^2)h(u)+(u^3+u+1)k(u)=1,$$

즉

$$(1+u^2)h(u)=1$$

이 되어, $h(x)$가 바로 $1+x^2$의 역수이다. $h(x)=ax^2+bx+c$라고 하면,

$$1=(1+u^2)(au^2+bu+c)=au^4+bu^3+cu^2+au^2+bu+c$$

이다. 실제로, $|\mathbb{Z}_2[x]/\langle f(x)\rangle|=8$이다. 그러므로 $(\mathbb{Z}_2[x]/\langle f(x)\rangle)-\{0\}$은 위수 7인 가환군으로서,

$$(\mathbb{Z}_2[x]/\langle f(x)\rangle)-\{0\}=\{1,\ u,\ u^2,\ u+1,\ u^2+1,\ u^2+u,\ u^2+u+1\}$$

이다. 이에 관해 곱셈 연산표를 만들 수 있다.

$\cdot$	1	u	u^2	$u+1$	u^2+1	u^2+u	u^2+u+1
1	1	u	u^2	$u+1$	u^2+1	u^2+u	u^2+u+1
u	u	u^2	$u+1$	u^2+1	$\mathbf{1}$	u^2+u+1	u^2+u
u^2	u^2						
$u+1$	$u+1$						
u^2+1	u^2+1						
u^2+u	u^2+u						
u^2+u+1	u^2+u+1						

또한

$$(u+1)^2 = u^2+1,\ (u+1)^3 = u^2,\ (u+1)^4 = u^2+u+1,$$
$$(u+1)^5 = u,\ (u+1)^6 = u^2+u,\ (u+1)^7 = 1$$

이므로, $(\mathbb{Z}_2[x]/\langle f(x)\rangle) - \{0\} = \langle u+1 \rangle$ 인 순환군이다.

정의 체 F에 속하지 않은 하나의 원소 u을 추가하여 생성한 체 $F(u)$을 **단순확대체**(simple extension field)라고 한다. 단순확대체는 4장에서 자세히 다룬다.

대수적 수와 초월적 수

정의 상수가 아닌 다항식 $f(x) \in F[x]$ 의 근이 되는 모든 원소를 F 위에서 **대수적**(algebraic), 혹은 **대수적 원소**(algebraic element over F)라고 한다. 다시 말하면, $F < E$ 이며 $u \in E$ 일 때, u가 F 위에서 **대수적 원소**라는 것은,

$$f(u) = 0$$

을 만족하는 어떤 다항식 $f(x) \in F[x]$가 존재하는 것이다.

특별히 $F = \mathbb{Q}$ 일 때, 대수적 원소를 **대수적 수**(algebraic number) 라고 부른다. 그러나 대수적 원소나 대수적 수를 크게 구분하지 않고 사용한다.

정의 F 위에서 대수적 원소가 아닌 것을 F 위에서 **초월적** 또는 **초월적 원소**(transcendental element over F)라고 부른다.

예제 3.2.8 복소수 $a+bi \in \mathbb{C}$ $(a,\ b \in \mathbb{R})$는 실수체 $\mathbb{R}$ 위에서 대수적인데, $a+bi$는 다항식 $x^2-2ax+(a^2+b^2)=0$의 근이기 때문이다. 물론 여기서 다항식의 모든 계수가 실수임은 분명하다. 그러므로 $i \in \mathbb{C}$는 $\mathbb{R}$에서 대수적이다.

예제 3.2.9 $2+i \in \mathbb{C}$는 $\mathbb{Q}$에서 대수적임을 보여라. $\sqrt[3]{1+\sqrt{3}}$는 $\mathbb{R}$에서 대수적임을 보여라.

풀이

정리 3.2.4 F의 모든 원소는 F 위에서 대수적이다.

증명 임의의 원소 $a \in F$를 생각해보자. 그러면 다항식 $x-a \in F[x]$이며, 원소 a는 $x-a$의 근이다. 따라서 체 F의 임의의 원소는 F 위에서 대수적이다. ∎

예제 3.2.10 허수 i는 유리수체 위에서 대수적인지 초월적인지 말하여라.

풀이 허수 i는 유리수 계수 다항식 x^2+1의 근이므로 유리수 체 위에서 대수적 수이다.

예제 3.2.11 $\sqrt{5}$은 x^2-5의 근이므로, $\sqrt{5}$은 $\mathbb{Q}$ 위에서 대수적이다.

예제 3.2.12 $\sqrt{5}+i$은 $\mathbb{Q}$ 위에서 대수적인지 아닌지 확인하여라.

풀이 $\sqrt{5}+i$를 근으로 하는 다항식 $x^4-8x^2+36=0$이 존재하므로 대수적 수이다.

예제 3.2.13 원주율 π는 유리수체 $\mathbb{Q}$ 위에서 초월적 원소임이 증명되었다. 즉, 어떠한 유리 계수 다항식 $0 \neq f(x)=a_nx^n+\cdots+a_1x+a_0 \in \mathbb{Q}[x]$에 대해서도 $f(\pi) \neq 0$이다.

예제 3.2.14 그러나 π는 실수체 $\mathbb{R}$ 위에서는 대수적이다.

풀이 다항식 $g(x)=x-\pi$라고 하자. $g(x)$의 계수인 1과 π는 모두 실수 $\mathbb{R}$이므로 $g(x)\in\mathbb{R}[x]$이다. $g(x)$에 π를 대입하면 0이 되므로 $g(x)$는 π를 근으로 하는 다항식이다.

정의 체 $F<E$이고 $u\in E$라고 하자. 다항식 $f(x)\in F[x]$에 u를 대입하는 함수

$$\phi_u : F[x]\to E,\ \ \phi_u(f(x))=f(u)$$

를(**평가함수**, evaluation function)라고 부른다.

정리 3.2.5 대입함수 ϕ_u는 환 준동형사상이다. 또한, ϕ_u의 정의역을 F로 제한한 함수 $\phi_u|_F$는 항등함수가 된다. 즉

$$\phi_u|_F=1_F$$

이다.

증명 임의의 $f(x)$, $g(x)\in F[x]$에 대해

$$\phi_u(f(x)+g(x))=f(u)+g(u)=\phi_u(f(x))+\phi_u(g(x))$$

이며

$$\phi_u(f(x)g(x))=f(u)g(u)=\phi_u(f(x))\phi_u(g(x))$$

이다. 또한 함수 ϕ_u의 정의역을 F로 축소하면, 임의의 원소 $a\in F$는 $F[x]$의 상수다항식으로 생각할 수 있다. 그러므로 $\phi_u|_F(a)=a=1_F(a)$가 되어 $\phi_u|_F=1_F$이다. ▮

$F<E$이고 $u\in E$일 때, 대입함수

$$\phi_u :\ F[x]\to E,\ \ f(x)\mapsto f(u)$$

는 원소 u가 F 위에서 대수적인지 혹은 초월적인지를 판정하는 도구로 사용된다.

정리 3.2.6 $F \le E$, $u \in E$이며 $\phi_u : F[x] \to E$는 대입함수라고 하자. 그러면 다음이 성립한다.
(1) u는 F위에서 초월적 원소 $\Leftrightarrow$ $\text{Ker}\phi_u = 0$ $\Leftrightarrow$ ϕ_u는 1-1함수이다.
(2) u는 F위에서 대수적 원소 $\Leftrightarrow$ $\text{Ker}\phi_u \neq 0$ $\Leftrightarrow$ ϕ_u는 1-1함수가 아니다.

증명 (1) u는 F위에서 초월적 원소라고 하자. 만일 $f(x) \in \text{Ker}\phi_u$이라면 핵(kernel)의 정의에 의해

$$\phi_u(f(x)) = f(u) = 0$$

이다. 그런데 u는 F위에서 초월적 원소이므로, 0이 아닌 어떤 다항식에 대해서도 근이 될 수 없다. 그러므로 $f(x) = 0$일 수 밖에 없으며, 따라서 $\text{Ker}\phi_u = \{0\}$, 즉 ϕ_u는 1-1함수이다. 역의 방향도 유사하게 보일 수 있다.

(2) u가 F위에서 대수적이면 $g(u) = 0$으로 하는 다항식 $0 \neq g(x) \in F[x]$가 존재한다. 그러면

$$0 = g(u) = \phi_u(g(x))$$

이므로 $g(x) \in \text{Ker}\phi_u$, 즉 $\text{Ker}\phi_u \neq 0$이다. 따라서 ϕ_u는 1-1함수가 아니다. 역의 방향도 마찬가지로 보일 수 있다. ∎

어떤 원소가 대수적인지 아닌지는 주어진 체 F에 따라 달라진다. 예제에서 보았듯이, π는 유리수체 $\mathbb{Q}$위에서는 초월적 원소이지만, 실수체 $\mathbb{R}$에서는 대수적 원소이다.

정의 $F < E$이며 E의 모든 원소가 F위에서 대수적 원소일 때, E는 F의 **대수적 확대체**(algebraic extension field)라고 부른다.

정리 3.2.7 u가 F 위에서 대수적이면, F에 u를 첨가한 단순확대체 $F(u)$는 F의 대수적 확대체이다.

증명 u를 근으로 하는 다항식을 $f(x) \in F[x]$라고 하자. 그러면 $[F(u) : F] \le \deg f(x)$이므로, $F(u)$는 F의 유한확대체이며, 따라서 대수적 확대체이다. (4장 참조)

반복확대체

체 F에 단 하나의 원소 u를 첨가하여 생성된 체가 단순확대체 $F(u)$이다. 한 단계 더 나아가 F에 두 개의 원소 u와 v를 첨가하여 생성된 체를 $F(u, v)$로 표시한다.

정의 체 $F < E$이며 $u, v \in E$일 때, $F(u, v) = (F(u))(v) = (F(v))(u) = F(v, u)$이다. 다시 말해서 단순확대체 $F(u)$에 다시 v를 첨가한 확대체로서,

$$F < F(u) < F(u, v) < E,$$

$$F < F(v) < F(u, v) < E$$

이다.

u와 v를 첨가하는 순서에 상관없으므로

$$F(u, v) = F(u)(v) = F(v)(u)$$

이다. 이것을 일반화하여, 여러 개의 원소 $u_1, \cdots, u_n$을 첨가하여 생성된 체를 $F(u_1, u_2, \cdots, u_n)$로 표시한다.

예제 3.2.15 다음의 확대체들에 대해 설명하여라.

$\mathbb{Q}(\sqrt{3}, i)$, $\mathbb{Q}(\sqrt{2}, \sqrt{3})$, $\mathbb{Q}(\sqrt{2}, \sqrt{4})$, $\mathbb{Q}(\sqrt{2}, \sqrt[3]{2})$, $\mathbb{Q}(\sqrt{2}, \sqrt[4]{2})$

풀이

정의 F 위에서 대수적인 수를 모두 모으면 체가 되는데, 이것을 F의 **대수적 폐체**(algebraic closure)라고 한다. 다시 말하면, 체 F는 대수적 확대체 중에서 대수적으로 닫힌 체를 갖는데 이를 F의 **대수적 폐체**(algebraic closure)라 부른다.

복소수체에서 계수를 갖는 상수가 아닌 모든 다항식은 복소수근를 가진다(대수학의 기본정리). 따라서 복소수체 위에는 자신 이외의 대수적 확대체가 없다. 이와 같은 체를 대수적으로 닫힌 체라고 부른다.

정의 F에서 계수를 갖는 상수가 아닌 모든 다항식이 F에 근를 갖을 때, F를 **대수적으로 닫힌 체**(algebraically closed field)라고 한다.

확인문제

1. F가 체이고 상수가 아닌 $f(x) \in F[x]$일 때, 옳은 것을 모두 찾아라.

(1) $f(x)$는 항상 F에서 근을 갖는다.

(2) $f(x)$의 근을 포함하는 F의 확대체 E가 유일하게 존재한다.

(3) $f(x)$가 F에서 기약이면, $F[x]/\langle f(x) \rangle = F$이다.

(4) $f(x)$가 F에서 기약이면, $x + \langle f(x) \rangle$는 다항식 $f(x)$의 근으로서 F의 확대체에 속한다.

2. $F < K$, $u, v \in K$ 일 때, 옳지 않은 것을 모두 찾아라.

(1) $c \in F$이면 $F(u+c) = F(u) = F(cu)$이다.

(2) $F(u)(v) = F(v)(u) \leq F(u, v)$이다.

(3) $\mathbb{Q}(3+i) = \mathbb{Q}(1-i)$이다.

(4) $a+bi \in \mathbb{C}$이고 $b \neq 0$이면 $\mathbb{C} = \mathbb{R}(a+bi)$이다.

해답

1. (4) 풀이: (1), (2) $f(x)$의 근이 F에 속할 필요는 없으며, 대신 근을 포함하는 F의 확대체가 존재한다. 그러한 확대체는 유일하게 존재하지 않는다.

(3) 일반적으로 $F[x]/\langle f(x) \rangle$는 F를 포함하는 확대체이다.

(4) 크로네커 정리 3.2.2 참조

2. (2) 풀이: (1) 예를 들어서 $\mathbb{Q}(\sqrt{2}+2) = \mathbb{Q}(\sqrt{2}) = \mathbb{Q}(2\sqrt{2})$인 것과 같다.

(2) $F(u)(v) = F(v)(u) = F(u,v)$

(3) $\mathbb{Q}(3+i) = \mathbb{Q}(i) = \mathbb{Q}(1-i)$

(4) $\mathbb{R}(a+bi) = \mathbb{R}(i) = \mathbb{C}$

연습문제

다음을 증명하여라.

1. $F \le E \le K$일 때 $\alpha \in K$가 E위에서 초월적이면, F위에서도 초월적이다.

2. $F < K$이고 $u \in K$이면 $F(u^2) < F(u)$이다.

해답

1. 만일 α가 F위에서 대수적이라면, 다항식 $f(x) \in F[x]$가 존재하여 $f(\alpha) = 0$이다. 그러면 $f(x) \in F[x] \subseteq E[x]$이므로 α가 E위에서 대수적이 되어 모순이 된다.
2. $u^2 \in F(u)$이므로 $F(u^2) < F(u)$이다.

종합문제

1. 다항식 $f(x) = x^4 - x^3 - x + 1 \in \mathbb{Z}_5[x]$의 근을 모두 찾아라.

2. $ax^2 + bx + c \in \mathbb{Z}_3[x]$인 2차 다항식은 모두 몇 개인지 말하여라.

3. $ax^2 + bx + c \in \mathbb{Z}_3[x]$인 2차 기약다항식은 모두 몇 개인지 말하여라.

해답

1. $f(x) = x^4 - x^3 - x + 1 = (x-1)^2(x^2+x+1)$이므로, $f(1) = 0$. 이것이 유일한 근이다. (또는 $x = 0,\ 1,\ 2,\ 3,\ 4$를 대입하여 확인할 수 있다. mod5에 의해 $f(0) = 1$, $f(1) = 0$, $f(2) = 2$, $f(3) = 2$, $f(4) = 4$이다.) 따라서 $x = 1$.
2. 2차 다항식이므로 $a \ne 0$이다. 따라서 2차 다항식의 가능한 개수는 $2 \cdot 3 \cdot 3$이다.
3. 2차 다항식 18개 중에서, 근을 갖지 않는 것이 기약다항식이다. 따라서 기약다항식은 x^2+1, $2x^2+2$, x^2+x+2, x^2+2x+2, $2x^2+x+1$, $2x^2+2x+1$로서 모두 6개이다.

[참고] 초월수

어떤 원소 u가 대수적 원소인지 초월적 원소인지는 u를 근으로 하는 다항식 $f(x)$가 존재하는지 아닌지에 따라 정의된다. 특별히 $u \in \mathbb{C}$ 를 근으로 하는 다항식 $f(x)$의 계수가 모두 유리수일 때, 다시 말해서 $f(x) \in \mathbb{Q}[x]$에 있을 때 u를 **대수적 수**(algebraic number)라고 부른다. 대수적 수가 아닌 복소수를 **초월수**(transcendental number)라고 한다.

1700년도의 라이프니츠(G. Leibniz)나 오일러(L. Euler)같은 수학자들은 초월수가 존재할 것이라고 예견하기는 했지만, 초월수의 존재를 처음으로 확인한 사람은 리우빌(J. Liouville, 1844년)이다. 그는

$$\sum_{n=1}^{\infty} \frac{1}{10^{n!}} = \frac{1}{10^1} + \frac{1}{10^2} + \frac{1}{10^6} + \frac{1}{10^{24}} + \cdots = 0.110001000000000000000001000 0\cdots$$

이 초월수임을 증명하였는데, 이 수를 리우빌 수라고 부른다.

초월수의 대표적인 예제로 원주율 π와 자연로그상수 e가 있다. 에르미트(C. Hermite)는 $e = 2.718281828\cdots$가 초월수임을 증명하였다(1873년). 또한 린데만(F. Lindemann)은 π가 초월수임을 보였는데(1882년), 이로 인해 고대 그리스의 삼대 작도 불능문제 중 하나인 원의 넓이와 동일한 넓이를 갖는 사각형의 작도 문제가 해결되었다.

π와 e이외에 초월수로 알려진 것이 거의 없다. 실제로 e^e, π^e, π^π 정도의 수들이 초월수일 것으로 예상되는 정도이다. 칸토어(G. Cantor)는 대수적 수가 자연수와 일대일로 대응이 가능함을 보임으로써(1874년), 대수적 수들의 집합은 가산집합임을 증명했다. 그런데 초월수들의 집합은 비가산집합이어서, 초월수들의 개수가 대수적 수들의 개수보다 훨씬 많다.

▌초월수임이 증명된 수

e (자연로그상수), π(원주율), e^a(이 때 a는 0이 아닌 대수적 수)

$2^{\sqrt{2}}$(겔폰트-슈나이더 상수), e^π(겔폰트 상수), $\ln 2$, $\sin 1$

0.12345678910111213 14 ⋯ (자연수 1, 2, 3, ⋯를 붙여 만든 수로써, 챔퍼나운(Champernowne) 상수라고 부른다.)

초월수로 예상되는 수

πe과 $\pi + e$: 둘 중 적어도 하나는 초월수이지만, 둘 다 초월수인지 아닌지는 알려져 있지 않다.

3 벡터공간

단순확대체 $F(u)$는 체 F에 단 하나의 원소 u를 첨가하여 생성된 체이다. 그러므로 $F(u)$는 u와 F에 속하는 원소를 포함할 뿐만 아니라, 그러한 원소들의 모든 연산들, 다시 말하면 F의 원소들과 u원소의 일차결합인 모든 원소들을 포함한다. 따라서

$$F(u) = \{a_0 + a_1u + a_2u^2 + \cdots + a_nu^n \mid a_i \in F\}$$

이다. 그러므로 $F(u)$는 $F-$벡터공간으로 이해할 수 있다.

벡터공간은 선형대수의 주요 주제이다. 이 장에서는 확대체를 배우는데 필요한 벡터공간 이론을 간단히 기억하는 것으로 하고, 필요한 증명은 선형대수 교재를 참고하자.

정의 집합 V에 덧셈 $+$과 스칼라곱 연산이 정의되어 다음의 10가지 성질을 만족할 때 V를 **벡터공간**이라고 부른다. 임의의 원소 $x,\ y,\ z \in V$와 임의의 스칼라 $r,\ s$에 대하여 다음이 성립한다.

(i) $x + y \in V$이다. (닫혀있다)

(ii) $(x+y)+z = x+(y+z)$이다. (결합법칙)

(iii) 모든 $x \in V$에 대하여 $x + 0 = x$인 원소 $0 \in V$가 존재한다. (항등원)

(iv) 임의의 $x \in V$에 대하여 $x + (-x) = 0$인 원소 $-x \in V$가 존재한다. (역원)

(v) $x + y = y + x$이다. (교환법칙)

(vi) $rx \in V$이다. (닫혀있다)

(vii) $r(x+y) = rx + ry$이다. (스칼라 분배법칙)

(viii) $(r+s)x = rx + sx$이다. (벡터 분배법칙)

(viii) $(rs)x = r(sx)$이다. (스칼라 결합법칙)

(vx) 모든 $x \in V$에 대하여 $1x = x$인 $1 \in V$이다.

여기서 스칼라 $r,\ s$등이 실수 $\mathbb{R}$에 속해있을 때 V는 실수벡터공간 ($\mathbb{R}$ −벡터공간)이라 부른다. 마찬가지로 스칼라 $r,\ s$등이 복소수 $\mathbb{C}$에 있을 때 V는 복소수벡터공간 ($\mathbb{C}$ −벡터공간)이라 부른다.

주어진 벡터공간 V의 어떤 부분집합 S도 벡터공간이 될 수 있다. S가 벡터공간이 되려면 우선 덧셈과 스칼라곱이 정의되어, 덧셈에 대하여 닫혀있어야 하며 동시에 스칼

라곱에 대하여 닫혀있어야 한다.

정의 벡터공간 V의 부분집합 S가 다음을 만족할 때, S를 V의 **부분공간**이라고 한다.

(1) 모든 x, $y \in S$에 대하여 $x+y \in S$이다.

(2) 모든 스칼라 c과 모든 원소 $x \in S$에 대하여 $cx \in S$이다.

부분공간 S의 정의를 사용하여 벡터공간의 8가지 성질을 만족함을 보일 수 있다. 즉 부분공간은 그 자신이 또 하나의 벡터공간이 된다. V의 부분집합인 $\{0\}$와 V이 부분공간이 되는 것은 자명한다. 이러한 두 개의 부분공간을 제외한 모든 부분공간들을 **진부분공간**이라고 부른다.

생성(span)과 생성집합(spanning set)

벡터공간 V에 속하는 벡터 v_1, v_2, $\cdots$, v_n들과 스칼라 c_1, c_2, $\cdots$, c_n들이 주어졌을 때,

$$c_1v_1 + c_2v_2 + \cdots + c_nv_n$$

을 v_1, v_2, $\cdots$, v_n의 **일차(선형)결합**(linear combination)이라고 한다.

v_1 ,v_2, $\cdots$, v_n의 모든 일차결합들의 집합은 v_1, v_2, $\cdots$, v_n의 생성되는 집합이며 Span $(v_1, v_2, \cdots, v_n)$으로 표시한다. $W = \text{Span}(v_1, v_2, \cdots, v_n)$일때 '$v_1$, v_2, $\cdots$, v_n가 W를 **생성한다**'라고 하고, 집합 $\{v_1, v_2, \cdots, v_n\}$을 W의 생성집합이라 한다.

정리 3.3.1 벡터공간 V에 속하는 벡터들 v_1, v_2, $\cdots$, v_n 들에 대하여, 생성 $\text{Span}(v_1, v_2, \cdots, v_n)$은 V의 부분공간이다.

유한개의 벡터들로 구성된 생성집합에 의해 생성되는 벡터공간 V에 대해 생각하자. V를 생성하는 '최소' 생성집합을 찾아보자.

예제 3.3.1 $\mathbb{R}^3$의 세 개의 벡터 $v_1 = \begin{bmatrix} 1 \\ -1 \\ 2 \end{bmatrix}$, $v_2 = \begin{bmatrix} -2 \\ 3 \\ 1 \end{bmatrix}$, $v_3 = \begin{bmatrix} -1 \\ 3 \\ 8 \end{bmatrix}$로 생성되는 부분공간을 $S = \mathrm{Span}(v_1, v_2, v_3)$라고 하자. S의 모든 원소는 실수 스칼라들 $c_i \in \mathbb{R}$과 v_i의 일차결합

$$c_1v_1 + c_2v_2 + c_3v_3 \quad (c_i \in \mathbb{R})$$

으로 표현된다. 그런데 v_1, v_2, v_3에 대하여

$$v_3 = 3v_1 + 2v_2$$

의 관계식이 성립하므로, v_3는 v_1과 v_2로 충분히 표현된다. 그러므로

$$\begin{aligned} c_1v_1 + c_2v_2 + c_3v_3 &= c_1v_1 + c_2v_2 + c_3(3v_1 + 2v_2) \\ &= (c_1 + 3c_3)v_1 + (c_2 + 2c_3)v_2 \end{aligned}$$

가 되어 $S = \mathrm{Span}(v_1, v_2, v_3) = \mathrm{Span}(v_1, v_2)$이다. 따라서 $\{v_1, v_2\}$가 최소의 생성집합이다.

예제 3.3.1에서 관계식 $v_3 = 3v_1 + 2v_2$는

$$v_1 = -\frac{2}{3}v_2 + \frac{1}{3}v_3 \quad \text{또한} \quad v_2 = -\frac{3}{2}v_1 + \frac{1}{2}v_3$$

로도 표현되므로, 실제로

$$S = \mathrm{Span}(v_1, v_2, v_3) = \mathrm{Span}(v_1, v_2) = \mathrm{Span}(v_2, v_3) = \mathrm{Span}(v_1, v_3)$$

이다. 따라서 $\{v_1, v_2\}$이 생성집합일 뿐만 아니라, $\{v_2, v_3\}$과 $\{v_1, v_3\}$도 각각 생성집합이다.

위 예들을 일반화하면 다음과 같은 결론을 얻을 수 있다.

정리 3.3.2 벡터 $v_1, \cdots, v_n$이 벡터공간 V를 생성할 때 이 벡터들 중 하나가 다른 $n-1$개의 벡터들의 일차결합으로 표시되면 그 $n-1$개의 벡터들은 V을 생성한다.

정리 3.3.3 주어진 벡터 $v_1, v_2, \cdots, v_n$들에 대하여, 이 벡터들 중 하나가 다른 벡터들의 일차결합으로 표시될 필요충분조건은 모두는 0이 아닌 스칼라 $c_1, c_2, \cdots, c_n$ 들이 있어

$$c_1v_1 + c_2v_2 + \cdots + c_nv_n = 0$$

이 성립하는 것이다.

정의 n개의 벡터들 $v_1, v_2, \cdots, v_n$과 스칼라들 $c_1, c_2, \cdots, c_n$에 대해, 일차결합

$$c_1v_1 + c_2v_2 + \cdots + c_nv_n = 0$$

라고 가정하자.

만일 스칼라 $c_1, c_2, \cdots, c_n$ 중에서 0이 아닌 것이 적어도 하나 이상 존재할 때, 벡터 $v_1, v_2, \cdots, v_n$들은 **일차종속**(linearly dependent)이라고 한다.

그 반대로 만일 스칼라 $c_1, c_2, \cdots, c_n$이 모두 0일 때 (즉, $c_1 = c_2 = \cdots = c_n = 0$), 벡터 $v_1, v_2, \cdots, v_n$들은 **일차독립**(linearly independent)이라고 한다.

그러므로 $\{v_1, \cdots, v_n\}$가 더 이상 작아질 수 없는 최소 생성집합이 되려면, 한 원소가 다른 원소들의 일차결합으로 표현되지 않아야 한다.

예제 3.3.2 벡터 $\begin{bmatrix}1\\2\end{bmatrix}$과 $\begin{bmatrix}2\\4\end{bmatrix}$는 일차종속임을 보여라.

풀이 0이 아닌 스칼라 $c_1 = 2$, $c_2 = -1$에 대하여 $2\begin{bmatrix}1\\2\end{bmatrix} - \begin{bmatrix}2\\4\end{bmatrix} = \begin{bmatrix}0\\0\end{bmatrix}$이 성립하기 때문이다.

예제 3.3.3 벡터 $\begin{bmatrix}1\\1\end{bmatrix}$과 $\begin{bmatrix}1\\2\end{bmatrix}$은 일차독립이다.

풀이 만일 $c_1\begin{bmatrix}1\\1\end{bmatrix} + c_2\begin{bmatrix}1\\2\end{bmatrix} = \begin{bmatrix}0\\0\end{bmatrix}$이면 $\begin{cases}c_1 + \ \ c_2 = 0\\ c_1 + 2c_2 = 0\end{cases}$가 되어, $c_1 = 0$, $c_2 = 0$이기 때문이다.

기저

어떤 벡터공간의 최소생성집합이 되려면 일차독립이어야 한다는 것을 알았다. 그 최소생성집합의 원소들은 전체 벡터공간을 형성하는 기본적인 구성요소들이다. 따라서 그들을 그 벡터공간 대한 '기저'라고 부른다.

정의 다음을 만족하는 벡터들의 집합 $\{v_1,\ \cdots,\ v_n\}$을 벡터공간 V의 **기저**(base)라고 한다.

(1) $v_1,\ v_2,\ \cdots,\ v_n$은 일차독립이다.

(2) $v_1,\ v_2,\ \cdots,\ v_n$은 V를 생성한다.

예제 3.3.4 유클리드 3차원 공간 $\mathbb{R}^3$의 세 벡터 $e_1 = \begin{bmatrix}1\\0\\0\end{bmatrix}$, $e_2 = \begin{bmatrix}0\\1\\0\end{bmatrix}$, $e_3 = \begin{bmatrix}0\\0\\1\end{bmatrix}$라고 할 때, $\{e_1,\ e_2,\ e_3\}$는 $\mathbb{R}^3$의 기저가 된다. 이것을 **표준기저**라고 부른다. 그러나 $\mathbb{R}^3$는 표준기저 이외에도 수많은 기저를 갖는다. 예를 들어서 $\left\{\begin{bmatrix}1\\1\\1\end{bmatrix},\begin{bmatrix}0\\1\\1\end{bmatrix},\begin{bmatrix}2\\0\\1\end{bmatrix}\right\}$, $\left\{\begin{bmatrix}1\\1\\1\end{bmatrix},\begin{bmatrix}1\\1\\0\end{bmatrix},\begin{bmatrix}1\\0\\1\end{bmatrix}\right\}$ 등이 모두 기저집합이다.

정리 3.3.4 벡터공간 V의 생성집합이 n개의 원소를 갖는나면, n개보다 많은 개수의 원소를 갖는 V의 부분집합은 일차종속이다.

따름정리 3.3.5 벡터공간 V의 기저가 n개의 원소를 갖는다면, V의 다른 모든 기저도 동일한 개수의 원소를 갖는다.

정의 벡터공간 V의 기저에 속하는 원소의 개수를 그 벡터공간의 **차원**이라고 한다.

기호

$$\dim V = n \text{ 또는 } \dim_F V = [V : F] = n$$

등으로 표시한다. 부분공간 $\{0\}$은 0차원 벡터공간이라고 정의한다. 유한개의 벡터에 의해 생성될 때 **유한차원** 벡터공간이라고 부르고, 그렇지 않는 경우는 **무한차원** 벡터공간이라고 부른다. 기호

예제 3.3.5 벡터공간 V가 $\mathbb{R}^3$의 1차원 부분공간이라면 V안에 어떤 v가 있어 $\{v\}$가 V의 기저가 된다. $\{v\}$가 V를 생성하므로

$$V = \{cv \mid c \in \mathbb{R}\}$$

이다. 따라서 기하학적으로 V는 $\mathbb{R}^3$ 공간상에서 원점을 지나는 직선으로 나타난다.

벡터공간 V가 $\mathbb{R}^3$의 2차원 부분공간이라면 V안에 어떤 $v_1, v_2 \in V$가 있어 $\{v_1, v_2\}$가 V의 기저가 된다. $\{v_1, v_2\}$가 V를 생성하므로

$$V = \{c_1v_1 + c_2v_2 \mid c_1, c_2 \in \mathbb{R}\}$$

이다. 따라서 기하학적으로 V는 $\mathbb{R}^3$ 공간상에서 원점을 지나는 평면으로 나타난다.

정리 3.3.6 V는 n차원 $(n > 0)$ 벡터공간이라고 하자. 다음이 성립한다.

(1) 일차독립인 n개의 원소를 가진 V의 부분집합은 V를 생성한다.

(2) V를 생성하는 n개의 원소를 가진 V의 부분집합은 일차독립이다.

(3) n개 미만의 원소를 가진 집합은 V를 생성할 수 없다.

예제 3.3.6 $v_1 = \begin{bmatrix} 2 \\ 1 \end{bmatrix},\ v_2 = \begin{bmatrix} 4 \\ 3 \end{bmatrix},\ v_3 = \begin{bmatrix} 7 \\ -3 \end{bmatrix}$ 라고 하자.

(1) $\{v_1, v_2\}$는 $\mathbb{R}^2$의 기저가 됨을 보여라.

(2) v_1, v_2, v_3는 일차종속인가?

(3) 벡터공간 $\mathrm{Span}(v_1, v_2, v_3)$의 차원을 말하여라.

풀이

확인문제

벡터공간에 관한 내용은 선형대수 책을 참고하자.

1. 옳은 것을 모두 찾아라.

(1) K가 체 F의 확대체이면 K는 F위에서의 벡터공간이다.

(2) V가 체 위에서의 벡터공간일 때, $\{u_1, u_2, u_3, u_4, \cdots, u_n\}$가 일차종속이라면 u_4는 u_1, u_2, u_3의 일차결합으로 표현된다.

(3) V가 체 위에서 $\{v_1, \cdots, v_n\}$에 의해 생성되는 벡터공간이라 할 때, 만약 $\{u_1, \cdots, u_m\}$가 V의 일차독립인 부분집합이면 $m \le n$이다.

(4) V가 체 위에서의 벡터공간이며, B_1과 B_2가 V의 유한 기저이면 B_1과 B_2는 동일한 개수의 원소를 포함한다.

2. 옳지 않은 것을 모두 찾아라.

(1) $\mathbb{C}$는 $\{1, -i\}$에 의해 생성된다.

(2) $\mathbb{C}$는 $\{1+i, 5i, 2+3i\}$에 의해 생성된다.

(3) P_2는 $\{1, x, x^2+1\}$을 기저로 한다. (P_2는 차수가 2차 이하인 다항식들의 벡터공간)

(4) $M_2(\mathbb{R})$은 $\left\{\begin{bmatrix}1&0\\0&1\end{bmatrix}, \begin{bmatrix}0&1\\1&0\end{bmatrix}\right\}$에 의해 생성된다. ($M_2(\mathbb{R})$은 2×2 실수 행렬들의 벡터공간)

(5) $\mathbb{R}^3$는 $\{(1, 1, 1), (3, 2, 1), (2, 1, 4)\}$에 의해 생성된다.

해답

1. (1), (2), (3), (4) 풀이: (1) $\{u_1, \cdots, u_n\}$가 일차종속일 동치조건은 $u_k(1 \le k \le n)$가 $u_1,\cdots,u_{k-1}$의 일차결합으로 표시되는 것이다.

2. (4) 풀이: (1) $\mathbb{C}$의 기본 기저는 $\{1, i\}$이며, $\{1, -i\}$도 $\mathbb{C}$의 기저가 된다.

(2) $5i$는 다른 두 원소의 일차결합 $5i=-10(1+i)+5(2+3i)$이다.

따라서 $\{1+i, 5i, 2+3i\}$가 $\mathbb{C}$의 기저는 아니지만, $\mathbb{C}$를 생성할 수 있다.

(3) P_2의 표준 기저는 $\{1,\ x,\ x^2\}$이다. 또한 $\begin{vmatrix} 1&0&1 \\ 0&1&0 \\ 0&0&1 \end{vmatrix} = 1 \neq 0$이므로

$\{1,\ x,\ x^2+1\}$도 기저이다.

(4) $M_2(\mathbb{R})$은 4차원이므로 단 두 개의 원소로는 생성될 수 없다.

(5) $\begin{vmatrix} 1&3&2 \\ 1&2&1 \\ 1&1&4 \end{vmatrix} = -4 \neq 0$이므로 $\{(1,\ 1,\ 1),\ (3,\ 2,\ 1),\ (2,\ 1,\ 4)\}$는 $\mathbb{R}^3$의 기저이다.

연습문제

1. $F < K$라고 하자. 만일 $[K : F] = 1$이면 $K = F$임을 증명하여라.

2. $F < K$일 때, 옳지 않은 것을 모두 찾아라.

(1) $K = F$이면 $[K : F] = 1$이다.

(2) $1_F + 1_F \neq 0$일 때 $\{u,\ v,\ w\}$이 F 위에서 V의 기저이면 $\{u+v,\ v+w,\ u+w\}$도 기저이다.

(3) $[K : F] = p$(소수)이면 $F < E < K$인 체 E가 유일하게 존재한다.

해답

1. $[K : F] = 1$이므로, F위에서 K의 기저집합을 $\{c\}$라 하면, $c \in F$이다. 따라서 K에 속하는 임의의 원소 k는 기저원소 c과 F에 속하는 원소 b의 곱으로 $k = cb$이다. 그런데 $c,\ b \in F$이므로 $k = cb \in F$이다.

2. (3) 풀이: (1) $K = F$이면 F위에서 K의 기저는 $\{1\}$이므로, $[K : F] = 1$이다.

(2) $\dim F = 3$이고 $\begin{vmatrix} 1&0&1 \\ 1&1&0 \\ 0&1&1 \end{vmatrix} = 1+1 \neq 0$(가정에서 $1_F + 1_F \neq 0$)이므로

$\{u+v,\ v+w,\ u+w\}$도 기저이다.

(3) 만약 중간체가 존재한다면, 그것의 차원은 전체 차원인 p의 진(proper) 약수이어야 한다. 그러나 p가 소수이므로 모순이다.

4 최소다항식과 단순확대체

대수적 원소란 그것을 근으로 갖는 다항식이 존재하는 것을 말한다. 대수적 원소를 근으로 하는 다항식에 대해 알아보자.

정리 3.4.1 체 $F < E$이며 $u \in E$는 F위에서 대수적 원소라고 하자. 모닉 다항식 $p(x) \in F[x]$는 u를 근으로 갖는 최소 차수의 다항식이라고 하자. 그러면 다음이 성립한다.
(1) u를 근으로 갖는 임의의 다항식은 $p(x)$에 의해 나누어진다.
(2) $p(x)$는 F위에서 기약다항식이다.

증명 (1) u를 근으로 하는 다항식을 $f(x) \in F[x]$라고 하자. 그러면 $f(u)=0$인데, 나눗셈 정리를 $f(x)$와 $p(x)$에 적용하면,

$$f(x) = p(x)q(x) + r(x)$$

만족하는 $q(x)$와 $r(x) \in F[x]$가 존재한다. 여기서 $r(x)=0$ 또는 $\deg r(x) < \deg p(x)$이다.

그런데 $f(u)=0$, $p(u)=0$이므로 $r(u)=0$가 되는데, u를 근으로 갖는 0이 아닌 다항식 중에서 가장 최소의 차수인 것이 $p(x)$이며, $r(x)$의 차수는 $p(x)$의 차수보다 작으므로 $r(x)=0$가 된다. 따라서

$$f(x) = p(x)q(x),$$

즉 $p(x) \mid f(x)$이다.

(2) 만일 $p(x) = g(x)h(x)$인 상수가 아닌 다항식 $g(x)$, $h(x) \in F[x]$이 존재한다고 하자.

$$0 = p(u) = g(u)h(u)$$

인데, $g(u)$와 $h(u)$는 모두 체 E의 원소이므로 $g(u)=0$ 또는 $h(u)=0$가 된다. 이것은 $p(x)$의 성질에 모순이다. 따라서 $p(x)$는 F 위에서 기약다항식이다. ∎

정리 3.4.2 체 $F < E$이며 $u \in E$는 F위에서 대수적 원소라고 하자. 그러면 다음이 성립한다.
(1) $p(u)=0$인 다항식 $p(x) \in F[x]$가 존재한다.
(2) $p(x)$는 F위에서 모닉 기약다항식이다.
(3) 만일 u를 근으로 하는 다항식 $g(x) \in F[x]$가 존재한다면 $p(x) \mid g(x)$이다.
그러므로 $p(x)$는 u를 근으로 하는 최소 차수인 기약다항식이다.

증명 대입함수 $\phi_u : F[x] \to E$, $f(x) \mapsto f(u)$를 생각해보자. u가 대수적 원소이므로 정리 3.2.6에 의해 $\mathrm{Ker}\phi_u \neq 0$이다. 그런데 $F[x]$가 주아이디얼 정역이므로, $F[x]$의 아이디얼인 $\mathrm{Ker}\phi_u$는 주아이디얼이다. 따라서

$$\mathrm{Ker}\phi_u = \langle p(x) \rangle$$

로 표현되는 어떤 다항식 $p(x) \in F[x]$가 존재한다.

(1) $p(x) \in \mathrm{Ker}\phi_u \Leftrightarrow 0 = \phi_u(p(x)) = p(u)$이므로 $p(u)=0$는 당연히 성립한다.

(2) 만일 $p(x) = g(x)h(x)$라고 가정하자. 그러면 $g(x) \mid p(x)$이며 동시에 $h(x) \mid p(x)$이다. 또한

$$0 = p(u) = g(u)h(u)$$

로부터 $g(u)=0$이거나 $h(u)=0$가 되어, 정리 3.4.1(1)에 의해 $p(x) \mid g(x)$이거나 $p(x) \mid h(x)$이다. 따라서 $p(x) \sim g(x)$ 또는 $p(x) \sim h(x)$가 되어, $p(x)$는 기약다항식이다.

(3) 만일 $g(u)=0$이면 $g(x) \in \mathrm{Ker}\phi_u = \langle p(x) \rangle$이므로 $p(x) \mid g(x)$이다. ∎

정의 위 정리의 $p(x)$는 u을 근으로 하는 0이 아닌 다항식 중 차수가 제일 작은 기약다항식이다. 이러한 다항식을 대수적 원소 u의 **최소다항식**(minimal polynomial), 혹은 **최소기약다항식**이라고 부른다. 기호 $\min(u, F)$, 혹은 $\mathrm{irr}(u, F)$ 혹은 $\mathrm{irr}_F(u)$으로 다양한 형태로 나타내는데 이 교재에서는 $\mathrm{irr}(u, F)$로 표시한다.

정리 3.4.3 체 $F < E$ 이며 $u \in E$는 F 위에서 대수적 원소일 때, u의 최소다항식은 유일하다.

증명 다항식 $f(x) \in F[x]$는 u의 최소다항식이고, 다항식 $g(x)$는 $g(u) = 0$을 만족한다고 하자. 나눗셈 정리에 의해 $g(x) = f(x)q(x) + r(x)$이며 $r(x) = 0$ 또는 $\deg r(x) < \deg f(x)$인 다항식 $q(x)$, $r(x) \in F[x]$가 존재한다.

u가 근이므로

$$r(u) = g(u) - f(u)q(u) = 0$$

이다. 만일 $r(x) \neq 0$이면 $u(x)$는 최소다항식 $f(x)$보다 차수가 작으면서 u를 근으로 하는 다항식이되므로 모순이 생긴다. 따라서 $r(x) = 0$, 즉 $g(x) = f(x)q(x)$이다. 그러므로 $f(x) \mid g(x)$가 되어, u를 근으로 갖는 다항식은 항상 u의 최소다항식 $f(x)$의 배수이다. 그러므로 u의 최소다항식은 유일하다. ∎

$\mathrm{irr}(u, F)$은 F의 단순확대체 $F(u)$을 이해하는 데 중요한 역할을 한다.

예제 3.4.1 유리수 $\mathbb{Q}$ 위에서 $\sqrt{2}$를 근으로 하는 최소다항식 $\mathrm{irr}(\sqrt{2}, \mathbb{Q})$을 찾아라.

풀이 $x = \sqrt{2}$라고 하면 양변을 제곱하면 $x^2 = 2$이다. 따라서 $\mathrm{irr}(\sqrt{2}, \mathbb{Q}) = x^2 - 2 \in \mathbb{Q}[x]$이다.

예제 3.4.2 $\mathrm{irr}(\sqrt{2}, \mathbb{R})$를 찾아라.

풀이 위의 예제와의 차이점은, $\sqrt{2} \in \mathbb{R}$인 것이다. 그러므로 다항식 $x - \sqrt{2} \in \mathbb{R}[x]$는 $\sqrt{2}$를 근으로 한다. 따라서 $\mathrm{irr}(\sqrt{2}, \mathbb{R}) = x - \sqrt{2} \in \mathbb{R}[x]$이다.

단순확대체

정의 체 $F < E$이고 $u \in E$일 때, F에 u를 첨가한 최소의 체를 **단순확대체**(simple extension field) 라고 부르며, 기호 $F(u)$로 표시한다. 그러므로 $F(u)$는 $F \cup \{u\}$을 포함하는 가장 작은 확대체라고 할 수 있다.

체 $F < E$이고 $u \in E$일 때, 단순확대체 $F(u)$의 구조는 u가 F 위에서 초월적인지 대수적 원소인지에 따라 결정된다.

정리 3.4.4 체 $F < E$이고 $u \in E$라고 하자.
(1) u가 F 위에서 초월적 원소이면, $F(u)$은 $F[x]$의 분수체와 동형이다. 즉

$$F(u) \cong \mathrm{fq}(F[x])$$

이다.
(2) u가 F 위에서 대수적 원소이면, $\mathrm{irr}(u, F) = p(x)$가 존재하여

$$F(u) \cong F[x]/\langle p(x) \rangle = F[x]/\mathrm{Ker}\phi_u = \mathrm{Im}\phi_u$$

이다. 즉, $F(u)$는 F의 대수적 확대체이며, $F(u)$는 다항식 $p(x)$에 u를 대입한 $a_0 + a_1 u + \cdots + a_n u^n$, $(a_i \in F)$ 형태의 원소들의 집합으로 표시할 수 있다.

증명 우선 다항식 $f(x) \in F[x]$에 u를 대입하는 대입함수

$$\phi_u : F[x] \to E, \ \ \phi_u(f(x)) = f(u)$$

를 생각하자. 그러면 정리 3.2.5에 의해 ϕ_u는 준동형사상이며 $\phi_u|_F = 1_F$ 이다.

(1) u가 F 위에서 초월적이므로, $f(u) = 0$이 되는 (영이 아닌) 다항식 $f(x) \in F[x]$는 존재하지 않는다. 그러므로 준동형사상 $\phi_u : F[x] \to E$ 의 핵은

$$\mathrm{Ker}\phi_u = 0$$

이다(정리 3.2.6). 동형사상 정리 2.8.2에 의해

$$\begin{aligned} F[x] &\cong F[x]/\mathrm{Ker}\phi_u \\ &\cong \mathrm{Im}\phi_u \\ &= \phi_u(F[x]) = F(u) \end{aligned}$$

이다. 그러므로 $F(u)$는 $F[u]$의 분수체가 되고 이는 $F[x]$의 분수체인 $F(x)$과 동형인 체가 된다. 따라서 $F(u) \cong \mathrm{fq}(F[x])$이다.

(2) u가 F 위에서 대수적이면, $p(u) = 0$이 되는 다항식 $p(x) \in F[x]$가 존재한다. 대입함수

$$\phi_u : F[x] \to E, \ \ \phi_u(p(x)) = p(u)$$

로 비추어보면, $\phi_u(p(x))=0$ 이므로 $p(x)\in \mathrm{Ker}\phi_u$ 이다. 이러한 성질을 갖는 $p(x)$를 가장 최소 차수의 다항식으로 생각하면

$$\mathrm{Ker}\phi_u = \langle p(x)\rangle$$

인 아이디얼로 표현할 수 있으며(정리 3.2.6), 이것은 $F[x]$의 극대 아이디얼이다. 따라서 $F[x]/\langle p(x)\rangle$은 체이다. 제1 환 동형정리에 의하여

$$\begin{aligned} F[x]/\langle p(x)\rangle &\cong \phi_u(F[x]) \\ &= \mathrm{Im}\phi_u = F(u) \end{aligned}$$

이다. 그리므로 $\phi_u(F[x])$은 체가 되고 이것이 F에 u를 첨가한 F의 단순확대체 $F(u)$이다. 따라서 $F(u)$의 원소는 다항식에 u을 대입한

$$a_0+a_1u+\cdots+a_nu^n,\ (a_i\in F)$$

형태의 원소들의 집합으로 표시할 수 있다. ▮

ϕ_u의 상(image)은

$$\mathrm{Im}\phi_u=\phi_u(F[x])=\{f(u)\mid f(x)=a_0+a_1x+\cdots+a_nx^n\in F[x]\}$$

이며, 이것이 $F(u)$이다.

예제 3.4.3 π는 $\mathbb{Q}$ 위에서 초월수이다. 따라서 $\mathbb{Q}(u)$는 $\mathbb{Q}(x)$와 동형이다.

예제 3.4.4
$$\begin{aligned} \mathbb{Q}(\sqrt{3}) = \mathbb{Q}[x]/\langle x^2-3\rangle &= \{au+b \mid a,\ b\in\mathbb{R},\ u^2-3=0\} \\ &= \{a+b\sqrt{3} \mid a,\ b\in\mathbb{R}\} \end{aligned}$$

예제 3.4.5
$$\begin{aligned} \mathbb{Q}(\sqrt[3]{2}) = \mathbb{Q}[x]/\langle x^3-2\rangle &= \{au^2+bu+c \mid a,\ b,\ c\in\mathbb{R},\ u^3-2=0\} \\ &= \{a\sqrt[3]{2^2}+b\sqrt[3]{2}+c \mid a,\ b,\ c\in\mathbb{R}\} \end{aligned}$$

정리 3.4.5 u는 F 위에서 대수적 수이며, 최소다항식 $\mathrm{irr}(u,\ F)$의 차수가 n라고 하자.
(1) 집합 $\{1,\ u,\ u^2,\ \cdots,\ u^{n-1}\}$은 일차독립이다.
(2) $\{1,\ u,\ u^2,\ \cdots,\ u^{n-1}\}$이 F-벡터공간 $F(u)$의 기저이며,
$[F(u):F]=n$이다.

증명 $\mathrm{irr}(u,\ F)=p(x)$라 하자. $u\in F(u)$이므로 모든 거듭제곱들 u^i 도 $F(u)$에 속한다. $F(u)$의 부분집합

$$S=\{1,\ u,\ u^2,\ \cdots,\ u^{n-1}\}$$

를 생각해보자. 이제 S는 (i) 일차독립인 집합이며, (ii) $F(u)$의 모든 원소는 S에 의해 생성되는 것을 보이자. 그러면

$$[F(u):F]=\dim_F F(u)=n=\deg(\mathrm{irr}(u,\ F))$$

가 된다.

(1) 어떤 원소들 $a_i\in F$에 대해

$$a_0+a_1u+a_2u^2+\cdots+a_{n-1}u^{n-1}=0$$

라고 가정하자. 다항식

$$g(x)=a_0+a_1x+a_2x^2+\cdots+a_{n-1}x^{n-1}$$

라고 하면 $g(x)\in F[x]$이며, $g(u)=0$이다. 그런데 $\mathrm{irr}(u,\ F)$는 u를 근으로 갖는 최소 차수의 다항식이므로

$$n=\deg(\mathrm{irr}(u,\ F))=\deg p(x)\le\ g(x)=n-1$$

이 되어 모순이다. 따라서 $f(x)=0$인 경우만 허용되는데, 이것은 $g(x)$의 모든 계수들 a_i가 동시에 0, 즉

$$a_0=a_1=\cdots=a_{n-1}=0$$

이라는 것을 의미한다. 따라서 $\{1,\ u,\ u^2,\ \cdots,\ u^{n-1}\}$는 일차독립이다.

(다음과 같이 증명할 수도 있다.) 만일

$$1,\ u,\ u^2,\ \cdots,\ u^{n-1}$$

가 일차종속이라고 가정하자. 그러면 $1,\ u,\ u^2,\ \cdots,\ u^{n-1}$ 중 어떤 원소가 다른 원소들의 일차결합으로 표현된다. 간단히 u^{n-1}이 나머지 원소들의 일차결합으로 표현된다고 가정하면,

$$u^{n-1} = a_0 1 + a_1 u + \cdots + a_{n-3}u^{n-3} + a_{n-2}u^{n-2}$$

인 원소들 $a_i \in F$가 존재한다. 다항식

$$f(x) = x^{n-1} - a_{n-2}x^{n-2} - a_{n-3}x^{n-3} - \cdots - a_1 x - a_0$$

라고 하자. 그러면 $f(x) \in F[x]$이며 $f(u) = 0$이다. 즉 $f(x)$는 u를 근으로 가지면서

$$\deg f(x) \le n-1 < n$$

인데, 이것은 u의 최소다항식의 차수가 n이라는 데 모순이다. 그러므로 집합 $\{1,\ u,\ u^2,\ \cdots,\ u^{n-1}\}$은 일차독립이다.

(2) 정리 3.4.4에 의해

$$F(u) \cong F[x]/\langle p(x)\rangle = \{f(x) + \langle p(x)\rangle \mid f(x) \in F[x]\}$$

이므로 $F(u)$에 속하는 임의의 원소는

$$\phi_u(f(x) + \langle p(x)\rangle) = f(u) + \langle p(u)\rangle = f(u)$$

의 형태이다. $f(x)$를 $p(x)$로 나누면 나눗셈 정리에 의해

$$f(x) = q(x)p(x) + r(x)$$

인 $q(x),\ r(x) \in F[x]$가 존재하며 이 때, $\deg r(x) < \deg p(x) = n$ 또는 $r(x) = 0$이다. 따라서

$$r(x) = c_0 + c_1 x + \cdots + c_{n-1}x^{n-1} \quad (c_i \in F)$$

과 같이 최대 차수 $n-1$로 나타낼 수 있다. 여기서 그런데

$$f(u) = q(u)p(u) + r(u) = r(u),$$

즉

$$f(u) = c_0 + c_1 u + \cdots + c_{n-1}u^{n-1}$$

이 되어, $f(u)$는 $S = \{1,\ u,\ u^2,\ \cdots,\ u^{n-1}\}$의 일차결합으로 표현된다. 따라서 $F(u)$는 S에 의해 생성된다. ▮

정의 확대체의 차원.

u가 F 위에서 대수적이면 $\mathrm{Ker}\phi_u = \langle p(x)\rangle$인 기약다항식 $p(x)$가 u의 최소다항식 $\mathrm{irr}(u,\ F)$이며, **차수** $\deg(\mathrm{irr}(u,\ F))$이 **차원** $[F(u) : F]$가 된다.

예제 3.4.6 $\mathbb{C} = \mathbb{R}(i)$일 때, 차수 $[\mathbb{C} : \mathbb{R}]$를 말하여라.

풀이 i의 최소다항식은 x^2+1이므로 $[\mathbb{C} : \mathbb{R}] = \deg(x^2+1) = 2$이다.

예제 3.4.7 $\mathbb{Q}$ 위에서 확대체 $\mathbb{Q}(\sqrt{2}) = \{a+b\sqrt{2} \mid a, b \in \mathbb{Q}\}$의 차수를 계산하여라.

풀이 $\sqrt{2}$이 x^2-2의 근이므로 $[\mathbb{Q}(\sqrt{2}) : \mathbb{Q}] = 2$이다. 실제로 $\mathbb{Q}$-벡터공간으로서 $\mathbb{Q}(\sqrt{2})$는 기저 $\{1, \sqrt{2}\}$를 갖는다. 그러므로 $\mathbb{Q}(\sqrt{2})$는 2차원 벡터공간이다.

예제 3.4.8 $\mathbb{Q}$의 확대체 $\mathbb{Q}(\sqrt[3]{2})$의 차수를 계산하여라.

풀이 $\sqrt[3]{2}$ 은 x^3-2의 근이므로 $[\mathbb{Q}(\sqrt[3]{2}) : \mathbb{Q}] = 3$이다.

예제 3.4.9 $\sqrt{3}+\sqrt{5}$의 $\mathbb{Q}$에서 최소다항식을 찾아라.

풀이 $x = \sqrt{3}+\sqrt{5}$라고 하자. $x-\sqrt{3} = \sqrt{5}$를 제곱하면 $x^2-2\sqrt{3}x+3=5$, 즉 $x^2-2=2\sqrt{3}x$이다. 다시 한번 제곱하면 $x^4-4x^2+4=12x^2$, 즉 $x^4-16x^2+4=0$이다.

그러므로 $\text{irr}(\sqrt{3}+\sqrt{5}, \mathbb{Q}) = x^4-16x^2+4$이다.

(다른 방법. $x=\sqrt{3}+\sqrt{5}$라고 하자. 양변을 제곱하면 $x^2=8+2\sqrt{15}$이다. $x^2-8=2\sqrt{15}$를 다시 한번 제곱하면 $x^4-16x^2+64=60$, 즉 $x^4-16x^2+4=0$이다.)

정리 3.4.6 체 $F < E < K$이며, $u \in K$라고 하자. 그러면 E 위에서 u의 최소다항식은 F 위에서 u의 최소다항식을 나눈다. 즉, $\text{irr}(u, E) \mid \text{irr}(u, F)$이다.

이 정리의 증명은 정리 3.4.2로부터 쉽게 볼 수 있다.

예제 3.4.10 $\mathbb{Q} < \mathbb{Q}(\sqrt{2}) < \mathbb{Q}(\sqrt[4]{2})$에 대해, $\mathbb{Q}(\sqrt{2})$ 위에서 $1+\sqrt[4]{2}$의 최소다항식과 $\mathbb{Q}$ 위에서 $1+\sqrt[4]{2}$의 최소다항식을 각각 찾아 비교해 보자.

풀이 $\mathbb{Q}(\sqrt{2})$ 위에서 $1+\sqrt[4]{2}$의 최소다항식은

$$\begin{aligned}\mathrm{irr}(1+\sqrt[4]{2}, \mathbb{Q}(\sqrt{2})) &= (x-1)^2-\sqrt{2} \\ &= x^2-2x+1-\sqrt{2} \in \mathbb{Q}(\sqrt{2})[x]\end{aligned}$$

이다. 한편 $\mathbb{Q}$ 위에서 $1+\sqrt[4]{2}$의 최소다항식은

$$\begin{aligned}\mathrm{irr}(1+\sqrt[4]{2}, \mathbb{Q}) &= (x-1)^4-2 \\ &= x^4-4x^3+6x^2-4x-1 \in \mathbb{Q}[x]\end{aligned}$$

이다. 그러므로 $\mathrm{irr}(1+\sqrt[4]{2},\ \mathbb{Q}(\sqrt{2}))$은 $\mathrm{irr}(1+\sqrt[4]{2},\ \mathbb{Q})$을 나눈다.

정리 3.4.7 임의의 다항식 $f(x) \in F[x]$의 근을 갖는 체 F의 확대체는 항상 존재한다.

증명 u가 체 F 위에서 대수적이면, 대입함수 ϕ_u로부터

$$F(u) = \phi_u(F[x]) \cong F[x]/\langle p(x) \rangle$$

이다. 여기서 $\mathrm{irr}(u,\ F) = p(x)$이다. 이 때 $x + \langle p(x) \rangle$은 $F[x]/\langle p(x) \rangle$의 원소이면서

$$\phi_u(x + \langle p(x) \rangle) = u$$

을 만족한다. $x + \langle p(x) \rangle$이 u에 대응하는 유일한 원소이므로

$$p(u) = p(x + \langle p(x) \rangle) = 0$$

이다. 임의의 다항식 $f(x) \in F[x]$은 기약인수 $p(x)$를 가지므로 $E = F[x]/\langle p(x) \rangle$로 하면,

$$u = x + \langle p(x) \rangle \in E$$

이므로 u은 $p(x)$의 근이므로 $f(x)$의 근도 된다. ∎

F 위의 유리함수들의 체

체 F 위의 다항식환 $F[x]$는 정역이다. 이 때 x은 부정원소로서 F 위에서 초월적이다. 정역 $F[x]$의 분수체는 $F(x)$로 표현하며

$$F(x) = \left\{ \frac{f(x)}{g(x)} \mid f(x),\ g(x)\,(\neq 0) \in F[x] \right\}$$

이다. $F(x)$는 $F[x]$를 포함하는 가장 작은 체이며, F의 단순확대체이다.

확인문제

1. 옳지 않은 것을 모두 찾아라.

(1) $\alpha = 1 + i$은 $F = \mathbb{R}$에서 대수적이며 $\deg(\mathrm{irr}(\alpha,\ F)) = 2$이다.

(2) $\alpha = \pi^2$은 $F = \mathbb{Q}$에서 초월적이다.

(3) $\alpha = \pi^2$은 $F = \mathbb{Q}(\pi^3)$에서 대수적이며 $\deg(\mathrm{irr}(\alpha,\ F)) = 3$이다.

(4) $\alpha = \sqrt{\pi} + 1$은 $F = \mathbb{Q}(\pi^2)$에서 대수적이며 $\deg(\mathrm{irr}(\alpha,\ F)) = 4$이다.

(5) $\alpha = 2 + \sqrt[3]{\pi}$은 $F = \mathbb{Q}(\pi)$에서 초월적이다.

2. $F < K$, $u \in K$는 F 위에서 대수적인 원소로서 차수 n인 최소기약다항식 $p(x)$를 갖는다고 할 때, 옳지 않은 것을 모두 찾아라.

(1) $F(u) \cong F[x]/\langle p(x) \rangle$이다.

(2) $\{1,\ u,\ u^2,\ \cdots,\ u^{n-1}\}$는 벡터공간 $F(u)$의 $F-$기저이다.

(3) $F(u)$의 임의의 원소 β는 $\beta = \sum_{i=0}^{n} c_i u^i\ (c_i \in F)$로 표시된다.

(4) $[\,F(u) : F\,] = n$이다.

(5) $F[x]/\langle p(x) \rangle$는 $p(x)$의 근을 포함한다.

3. $F < K$, $u \in K$이고 $\phi_u : F[x] \rightarrow K$가 매입함수일 때, 옳지 않은 것을 모두 찾아라.

(1) u가 F 위에서 대수적이든지 초월적이든지, $F(u)$는 항상 F의 확대체이다.

(2) u가 F 위에서 대수적이면, $\mathrm{Im}\phi_u = F(u)$이다.

(3) u가 F 위에서 초월적이면, $\mathrm{Im}\phi_u = F[x]$이다.

(4) u가 F 위에서 초월적이면, $\mathrm{Ker}\phi_u = \{0\}$이다.

(5) u가 F 위에서 초월적이면, $F(u)$는 $F[x]$의 분수체와 일치한다.

4. 옳지 않은 것을 모두 찾아라.

(1) $\mathbb{C}$는 $\mathbb{R}$의 단순확대체이다.

(2) $\mathbb{C}$는 $\mathbb{Q}$의 대수적 확대체이다.

(3) $\mathbb{R}$은 $\mathbb{Q}$의 초월적 확대체이다.

해답

1. (5). 풀이: (1) $\alpha^2-2\alpha+1=-1$이므로, $1+i$는 x^2-2x+2의 근이 되므로 대수적이고 차수는 2이다. (2) π 뿐만 아니라 π^2도 초월적이다.

(3) $\alpha=\pi^2$, $\alpha^3=\pi^6\in F$이므로, π^2는 $x^3-\pi^6$의 근으로서, 대수적이고 차수는 3이다.

(4) $(\alpha-1)^2=\pi$, $(\alpha-1)^4=\pi^2\in F$이므로, $\sqrt{\pi}+1$는 대수적이고 차수는 4이다.

(5) $(\alpha-2)^3=\pi$. 따라서 α는 $(x-2)^3-\pi\in\mathbb{Q}(\alpha)[x]$의 근으로서 대수적이다.

2. (3) 풀이: (3) $\beta=\sum_{i=0}^{n-1}c_iu^i$로 표시된다.

3. (3) 풀이: (1) $F(u)$는 항상 F의 단순확대체이다.

(3) $\mathrm{Im}\phi_u$는 $F[x]$와 일치하는 것이 아니라, $\mathrm{Im}\phi_u\cong F[x]$ 동형이다.

4. 풀이: (1) $\mathbb{C}=\mathbb{R}(i)$는 $\mathbb{R}$의 대수적 단순확대체이다.

(3) $\mathbb{R}$에 π가 속해있으므로 $\mathbb{Q}$에서 초월적 확대체이다.

연습문제

1. 체가 되는 것을 모두 찾아라.

(1) $F=\mathbb{Z}_3$이고 $p(x)=x^3+x+1$일 때 $F[x]/\langle p(x)\rangle$

(2) $F=\mathbb{Z}_5$이고 $p(x)=x^3+x^2-1$일 때 $F[x]/\langle p(x)\rangle$

(3) $\mathbb{Z}_3[x]/\langle x^3+2x^2+x+1\rangle$

2. 체가 되는 것을 모두 찾아라.

(1) $\mathbb{Q}[x]/\langle x^2-2\rangle$

(2) $a\in F$ 일 때, $F[x]/\langle x-a\rangle$

(3) $\mathbb{Z}_2[x]/\langle x^3+x+1\rangle$

3. $F<K$, $u\in K$는 F 위에서 대수적인 원소로서 차수 n인 최소기약다항식 $p(x)$를 갖는다고 할 때, 옳지 않은 것을 모두 찾아라.

(1) $p(x)$는 $F[x]$ 안에 존재하며, 항상 모닉다항식으로 만들 수 있다.

(2) 만약 u가 다항식 $g(x)\in F[x]$의 근이면 $p(x)\mid g(x)$이다.

(3) $F[x]/\langle p(x)\rangle < K$ 이다.

(4) 매입함수 $\phi_u : F[x]\to K$ 에 대해, $\mathrm{Ker}\phi_u=\{0\}$ 이다.

(5) 매입함수 $\phi_u : F[x]\to K$ 에 대해, $\mathrm{Im}\phi_u\cong F[x]/\langle p(x)\rangle$ 이다.

해답

1. (3) 풀이: $\langle p(x)\rangle$가 극대아이디얼, 즉 $p(x)$가 기약다항식일 때 $F[x]/\langle p(x)\rangle$는 체가 된다. 또한 $\mathrm{dcg}(p(x))$가 2 또는 3이면, 기약다항식일 소건은 $p(x)$의 근이 존재하지 않는 경우와 같다.

(1) $F=\mathbb{Z}_3$에서 $p(x)=x^3+x+1$는 $x=1$이 근이므로 가약이다.

(2) $F=\mathbb{Z}_5$에서 $p(x)=x^3+x^2-1$는 $x=3$이 근이므로 가약이다.

(3) x^3+2x^2+x+1는 근을 갖지 않으므로 ($p(0)=1$, $p(1)=2$, $p(2)=1$) 기약이다.

2. (1), (3) 풀이:

(1) x^2-2의 근은 $\pm\sqrt{2}$로서 $\mathbb{Q}$에 속하지 않으므로 기약이다.

(2) $a\in F$이므로 $x-a$는 가약이다.

(3) x^3+x+1은 $\mathbb{Z}_2$에서 기약이다.

3. (4) 풀이:

(1) $p(x)=\mathrm{irr}(u, F)\in F[x]$이며, 최고차항의 계수를 항상 1로 만들 수 있다.

(2), (3), (5) 크로네커 정리 참조.

(4)에서 $\langle p(x)\rangle=\mathrm{Ker}\phi_u$가 된다.

5 유한확대체

체 $F < E$이면 E를 F-벡터공간으로 생각할 수 있다. 이때 F위에서 E의 차원을 E의 **차수**(degree)라 부르고, 기호 $\dim_F E = [E : F]$로 나타낸다.

정의 차수가 유한 n차인 확대체를 **유한확대체**(finite extension field)라고 한다.

예제 3.5.1 복소수체 $\mathbb{C}$는 실수체 $\mathbb{R}$에서 유한확대체이며, 차수 $[\mathbb{C} : \mathbb{R}] = 2$이다.

풀이 임의의 복소수 $a + bi$가 실수 1과 i의 일차결합으로 표시되기 때문이다. 다시 말해서 복소수는 $\{1, i\}$을 기저집합으로 하고 스칼라 $a, b \in R$의 일차결합으로 표현되는데, 기저집합에 원소가 2개이므로

$$\dim_{\mathbb{R}} \mathbb{C} = [\mathbb{C} : \mathbb{R}] = 2$$

이다.

예제 3.5.2 $\mathbb{R}$은 $\mathbb{Q}$의 확대체이지만 유한확대체는 아니다. 실제로 $[\mathbb{R} : \mathbb{Q}] = \infty$이다.

정리 3.5.1 다음은 서로 동치이다.

(1) $F < E$는 유한확대체이다.

(2) $[E : F] = n < \infty$

(3) E는 F-기저 $\{v_1, v_2, \cdots, v_n\}$를 갖는 n차원 벡터공간이다.

(4) 임의의 $u \in E$는 $u = c_1 v_1 + c_2 v_2 + \cdots + c_n v_n (c_i \in F)$의 유일한 형태로 표현된다.

위 정리는 벡터공간의 성질로부터 쉽게 알 수 있다.

정리 3.5.2 E가 F의 유한확대체이면 E가 F의 대수적 확대체이다.

증명 E가 F의 대수적 확대체임을 보이려면, E에 속하는 모든 원소가 F위에서 대수적 원소임을 보이면 된다. 다시 말하면, 임의의 원소 $u \in E$에 대해 u를 근으로 갖

는 다항식 $f(x) \in F[x]$가 존재함을 보여야 한다. 가정에서 E가 F의 유한확대체이므로, 차원 $[E:F]=n<\infty$ 라고 하자. 임의의 원소 $u \in E$ 에 대해 u의 거듭제곱들로 이루어진 집합 S

$$S=\{1,\ u,\ u^2,\ \cdots,\ u^n\}$$

를 생각해보자.

(i) 만일 S에 속한 어떤 두 원소 u^i와 u^j가 같다면

$$u^i = u^j \text{ 로부터 } u^i - u^j = 0$$

이다. 그러므로 함수

$$f(x) = x^i - x^j \in F[x]$$

라고 하면, $f(u) = u^i - u^j = 0$ 이므로 u는 F 위에서 대수적 원소가 되어 증명이 끝난다.

(ii) 만일 S에 속하는 모든 원소가 서로 다르다고 가정하자. 그러면 차원 $[E:F] = n$이므로, S에 속한 $n+1$개의 원소는 일차독립이 될 수 없다. 즉 일차종속이다. 따라서

$$c_0 1 + c_1 u + c_2 u^2 + \cdots + c_n u^n = 0$$

로 만드는 $c_i \in F$가 존재하며 이 때 어떤 $c_i \neq 0$이다. 그러므로 함수

$$f(x) = c_0 + c_1 x + c_2 x^2 + \cdots + c_n x^n \in F[x]$$

라고 하면, $f(u) = c_0 + c_1 u + c_2 u^2 + \cdots + c_n u^n = 0$ 이므로 u는 F 위에서 대수적 원소가 되어 증명이 끝난다.

(다음과 같이 증명할 수도 있다.)
유한확대체이므로 $[E:F]=n$라고 하면, F위에서 E의 기저 $\{v_1,\ v_2,\ \cdots,\ v_n \mid v_i \in F\}$이 존재한다. E가 F위에서 대수적 확대체임을 보이려면 E에 속하는 임의의 원소 u가 F위에서 대수적임을 보이면 된다.

E의 임의의 원소 $u \neq 0$을 선택하고 $n+1$개의 원소

$$\{1,\ u,\ u^2,\ \cdots,\ u^n\}$$

로 구성된 집합을 생각하자. E가 n차원 $F-$벡터공간이므로, 벡터공간의 차수 성질에 의하면 $n+1$개 이상의 원소들은 항상 일차종속이다. 따라서 $1,\ u,\ u^2,$

$\cdots$, u^n은 일차종속이다. 그러므로 모두가 0은 아닌 F의 원소 a_0, a_1, a_2, $\cdots$, a_n들이 존재하여

$$a_0 + a_1 u + a_2 u^2 + \cdots + a_n u^n = 0$$

이다.

$$f(x) = a_0 + a_1 x + a_1 x^2 + \cdots + a_n x^n \in F[x]$$

라고 하자. 어떤 $a_i \neq 0$이므로 $f(x) \neq 0$이다. 그런데 $f(u) = 0$이다. ▮

정리 3.5.3 체 $F < E < K$이며, $[K : E] = n$, $[E : F] = m$인 유한확대체라고 하자. 그러면

$$[K : F] = [K : E]\,[E : F] = nm$$

도 유한확대체이다.

증명 증명의 기본 아이디어는 벡터공간에서 $U < V < W$일 때,

$$\dim_U W = (\dim_V W)(\dim_U V)$$

를 보이는 방법과 동일하다.

$[K : E] = n$이므로 E 위에서 K의 기저를 $\{v_1, \cdots, v_n\}$라 하자. 마찬가지로 $[K : E] = n$이므로 F 위에서 E의 기저를 $\{u_1, \cdots, u_m\}$라고 하자. 이제 집합

$$B = \{u_i v_j \mid 1 \leq i \leq m,\ 1 \leq j \leq n\}$$

를 생각하여, B가 F 위에서 K의 기저집합임을 보이자. 그러면 $[K : F] = nm$이 된다.

(1) B의 원소들은 일차독립이다.: 만일

$$c_{11}u_1v_1 + c_{12}u_1v_2 + \cdots + c_{1n}u_1v_n + c_{21}u_2v_1 + c_{22}u_2v_2 + \cdots + c_{2n}u_2v_n + \cdots + c_{mn}u_mv_n = 0$$

인 $c_{ij} \in F$이라고 가정하자. v_i를 기준으로 묶으면

$$(c_{11}u_1 + c_{21}u_2 + \cdots + c_{m1}u_m)v_1 + (c_{12}u_1 + \cdots + c_{m2}u_m)v_2 + \cdots + (c_{1n}u_1 + \cdots + c_{mn}u_m)v_n = 0 \qquad \text{(i)}$$

이다. 그런데 모든

$$(c_{11}u_1 + c_{21}u_2 + \cdots + c_{m1}u_m),\ (c_{12}u_1 + \cdots + c_{m2}u_m),\ \cdots,\ (c_{1n}u_1 + \cdots + c_{mn}u_m)$$

는 E의 원소이며, $\{v_1, \cdots, v_n\}$는 E 위에서 K의 기저이므로 식 (i)로부터

$$(c_{11}u_1 + c_{21}u_2 + \cdots + c_{m1}u_m) = 0,$$
$$(c_{12}u_1 + \cdots + c_{m2}u_m) = 0,$$
$$\cdots$$
$$(c_{1n}u_1 + \cdots + c_{mn}u_m) = 0 \qquad \text{(ii)}$$

이다. 또한 모든 c_{ij}는 F의 원소이며 $\{u_1, \cdots, u_m\}$는 F 위에서 E의 기저이므로 식 (ii)로부터 $c_{ij} = 0$ (모든 $1 \le i \le m, 1 \le j \le n$)이다. 따라서 B의 원소들은 일차독립이다.

(2) B는 F 위에서 K를 생성한다. :
K에 속하는 임의의 원소 w라고 하자. E 위에서 K의 기저를 $\{v_1, \cdots, v_n\}$ 사용하여

$$w = b_1v_1 + \cdots + b_nv_n$$

이 되는 $b_j \in E$들이 존재한다. 그러면 각각의 $b_j (1 \le j \le n)$는 F 위에서 E의 기저를 $\{u_1, \cdots, u_m\}$의 일차결합인

$$b_j = a_{1j}u_1 + a_{2j}u_2 + \cdots + a_{mj}u_m$$

이 되는 $a_{ij} \in F$가 존재한다. 따라서

$$\begin{aligned} w &= b_1v_1 + \cdots + b_nv_n \\ &= (a_{11}u_1 + a_{21}u_2 + \cdots + a_{m1}u_m)v_1 + \cdots + (a_{1n}u_1 + a_{2n}u_2 + \cdots + a_{mn}u_m)v_n \\ &= a_{11}u_1v_1 + a_{21}u_2v_1 + \cdots + a_{m1}u_mv_1 + \cdots + a_{1n}u_1v_n + a_{2n}u_2v_n + \cdots + a_{mn}u_mv_n \\ &= \sum_{1 \le i \le m, 1 \le j \le n} a_{ij}(u_iv_j) \end{aligned}$$

이 되어, K에 속하는 임의의 원소 w는 B의 원소들의 일차결합으로 표현된다. ▮

정리 3.5.4 $[E:F]$가 소수인 유한확대체이면 E와 F 사이에는 순 중간체 (intermediate)가 없다.

증명 만일 $F < K < E$인 중간체 K가 존재한다고 가정하자. 그러면 $[K:F]$는 $[E:F]$를 나눈다. 그런데 $[E:F]$가 소수이므로

$$[K:F]=1 \text{ 이거나 } [K:F]=[E:F]$$

이다. 즉, $K=F$ 이거나 $K=E$ 이므로 E 와 F 사이에는 순 중간체가 없다. ▮

정리 3.5.5 체 $F<E$ 이며 $u\in E$ 가 F 에서 대수적 원소라고 하자. 만일 $a\in F(u)$ 이면

$$[F(a):F] \mid [F(u):F]$$

이다.

증명 $u\in E$ 가 F 에서 대수적 원소이므로 u 를 근으로 갖는 다항식 $\mathrm{irr}(u,F)$ 의 차수는 차원 $[F(u):F]$ 과 같다. 따라서 $F(u)$ 는 F 위에서 유한확대체이다.
그런데 $a\in F(u)$ 이므로

$$F<F(a)<F(u)$$

이다. 따라서 $[F(a):F] \mid [F(u):F]$ 이다. ▮

정리 3.5.6 다음은 서로 동치이다.
$[E:F]=1 \Leftrightarrow \{1\}$ 은 E 의 F–기저이다. $\Leftrightarrow E=F$ 이다.

증명

차수 n 인 기약다항식 $p(x)\in F[x]$ 가 있을 때, $p(x)$ 의 근 u 를 포함하는 F 의 확대체 $F(u)$ 를 항상 만들 수 있다.

정리 3.5.7 만일 $[F(u):F]=n$ 이며 F 의 위수가 q 이면, $F(u)$ 의 위수는 q^n 이다.

증명 정리 3.2.5에 의해 F 위에서 $F(u)$ 의 기저가 $\{1,\ u,\ u^2,\ \cdots,\ u^{n-1}\}$ 이므로, $F(u)$ 의 원소는

$$a_0+a_1u+a_2u^2+\cdots+a_{n-1}u^{n-1}\ (a_i\in F)$$

로 표현된다. 그런데 $|F|=q$ 이므로 각각 $a_i(0\le i\le n-1)$ 의 가능성은 q 개씩 있어서,

$$a_0+a_1u+a_2u^2+\cdots+a_{n-1}u^{n-1}$$

형태로 생기는 가능성은 q^n 이다. 따라서 $F(u)$ 의 위수는 q^n 이다. ▮

정리 3.5.8 체 $F < E$ 이며 $u \in E$ 라고 하자. $F(u)$의 F이 유한확대체일 필요충분 조건은 u가 F에서 대수적 원소이다.

증명 만일 $F(u)$가 F의 유한확대체이면 $F(u)$는 F 위에서 대수적 확대체이므로 u가 F에서 대수적 원소이다.

반대로 u가 F에서 대수적 원소라고 가정하자. 그러면 u를 근으로 갖는 최소다항식 $\mathrm{irr}(u, F)$의 차수는 $[F(u) : F]$와 같으므로, $F(u)$는 F의 유한확대체이다. ∎

반복확대체

확대체 $F < E$라고 하자. E의 여러 개의 원소들 $u_1, u_2, \cdots, u_n$를 F에 첨가한 체 $F(u_1, u_2, \cdots, u_n)$를 F 위에서의 **반복확대체**(iterated extension field)라고 부른다. 이 때,

$$F < F(u_1) < F(u_1, u_2) < \cdots < F(u_1, u_2, \cdots, u_n)$$

가 된다.

정리 3.5.9 체 $F < E$이며 $u_1, u_2, \cdots, u_n \in E$라고 하자. 그러면 다음이 성립한다.
(1) $F(u_1, u_2, \cdots, u_n)$가 F의 유한확대체이면 모든 $u_1, u_2, \cdots, u_n$가 F 위에서 대수적 원소이다.
(2) 모든 $u_1, u_2, \cdots, u_n$가 F 위에서 대수적 원소이면 $F(u_1, u_2, \cdots, u_n)$가 F의 유한확대체이다.

증명 (1) $F(u_1, u_2, \cdots, u_n)$가 F의 유한확대체라고 하자. 그러면 정리 3.5.2에 의해 $F(u_1, u_2, \cdots, u_n)$는 F의 대수적 확대체이다. 그러므로 모든 원소 $u_1, u_2, \cdots, u_n$는 F 위에서 대수적 원소이다.

(2) $u_1, u_2, \cdots, u_n$는 F 위에서 대수적 원소라고 가정하자.

$$F < F(u_1) < F(u_1, u_2) < \cdots < F(u_1, u_2, \cdots, u_{n-1}) < F(u_1, u_2, \cdots, u_n)$$

인데, 이것을 간단히 $F < F_1 < F_2 < \cdots < F_{n-1} < F_n$으로 표시하자. 그러면

$$F_n = F(u_1, u_2, \cdots, u_n) = F_{n-1}(u_n)$$

이다. 그런데 u_n이 F 위에서 대수적 원소이므로 F_{n-1} 위에서도 대수적 원소가

되어, 정리 3.5.5에 의해 F_n은 F_{n-1} 위에서 유한확대체이다. 마찬가지로 F_{n-1}은 F_{n-2} 위에서 유한확대체이며, 모든 F_i는 F_{i-1} 위에서 유한확대체이다. 그런데

$$[F_n : F] = [F_n : F_{n-1}] \cdots [F_1 : F]$$

이므로 $F(u_1, u_2, \cdots, u_n) = F_n$가 F의 유한확대체이다. ▮

정리 3.5.10 $F < E$, $E < K$가 각각 대수적 확대체이면 $F < K$는 대수적 확대체이다.

증명 $F < K$는 대수적 확대체임을 보이기위해, 임의의 원소 $u \in K$가 F 위에서 대수적원소임을 보이면 된다.

가정에서 $E < K$는 대수적 확대체이므로 u를 근으로 하는 0이 아닌 다항식

$$f(x) = a_0 + a_1x + \cdots + a_mx^m \in E[x]$$

가 존재한다. 여기서 모든 계수들 $a_i \in E$이다. F에 모든 a_i를 첨가한 체

$$F(a_0, a_1, \cdots, a_m) = L$$

이라고 하자. $a_i \in E$이며 E는 F 위에서 대수적 확대체이므로 모든 a_i는 F 위에서 대수적 원소이다. 그러면 정리 3.5.8에 의해 L은 F의 유한확대체이다.

또한 $a_i \in L$이므로 $f(x) \in L[x]$이다. 그런데 $f(u) = 0$이므로 u는 L 위에서 대수적이다. 따라서 $[L(u) : L]$은 유한이다.

$$[L(u) : F] = [L(u) : L][L : F]$$

로부터 $L(u)$는 F의 유한확대체가 되어, 대수적 확대체이다. 따라서 u는 F 위에서 대수적원소이다. ▮

정리 3.5.11 체 $F < E$이며 0이 아닌 u, $v \in E$는 F 위에서 대수적 원소라고 하자. 그러면 u, v의 사칙 연산에 의한 모든 원소들도 F 위에서 대수적이다.

증명 두 수 u와 v는 F 위에서 대수적 원소이므로

$$f(u) = 0 \text{ 이며 } g(v) = 0$$

인 적당한 다항식 $f(x)$와 $g(x) \in F[x]$가 존재한다. $u+v$을 근으로 가지는 다항식을 두 다항식 $f(x)$와 $g(x)$로부터 구체적으로 만들기는 쉽지 않으므로, 유한확대체이면 대수적 확대체라는 성질(정리 3.5.2)을 이용하여 증명한다.

단순확대체 $F(u)$과 $F(v)$을 생각하자. 다항식 $f(x)$의 차수를 m라 하고 다항

식 $g(x)$의 차수를 n이라고 하면,

$$1,\ u,\ \cdots,\ u^{m-1}$$

이 F 위에서 $F(u)$를 생성하고,

$$1,\ v,\ \cdots,\ v^{n-1}$$

은 F 위에서 $F(v)$을 생성한다. 따라서 $[\,F(u):F\,] \le m$이고 $[\,F(v):F\,] \le n$이다.

다음으로 v를 근으로 가지면서 $F(u)$의 원소를 계수로 가지는 다항식을 생각하면, F의 원소를 계수로 가지는 다항식 $g(x)$보다 차수가 더 크지 않으면서 $h(v)=0$이 되는 다항식 $h(x) \in F(u)[x]$가 존재한다. 그러므로

$$\begin{aligned}[\,F(u,\ v):F\,] &= [\,F(u,\ v):F(u)\,]\,[\,F(u):F\,]\\ &= [\,F(u)(v):F(u)\,]\,[\,F(u):F\,]\\ &\le \deg g(x) \deg f(x) = mn\end{aligned}$$

이 되어 $F(u,\ v)$은 F의 유한확대체임을 알 수 있다.

유한확대체는 대수적 확대체이므로, $F(u,\ v)$의 두 원소를 사칙 계산한 결과인 $u+v$, $u-v$, uv, u/v은 모두 대수적이다. ▮

예제 3.5.3 $\mathbb{Q}(\sqrt{3},\ i)$와 $\mathbb{Q}$의 관계를 설명하여라.

풀이

예제 3.5.4 $\sqrt{5} \notin \mathbb{Q}(\sqrt{3})$을 보여라.

몇 가지 방법으로 풀 수 있다.

(1) $\sqrt{5} \in \mathbb{Q}(\sqrt{3})$라고 가정하자. 그러면 $\sqrt{5}+\sqrt{3} \in \mathbb{Q}(\sqrt{3})$이다. 그런데

풀이

(2) $\sqrt{5} \in \mathbb{Q}(\sqrt{3})$라고 가정하자. $\sqrt{5}$는 $\mathrm{irr}(\sqrt{3}, \mathbb{Q})$의 근이다. 그런데

풀이

(3) $\sqrt{5} \in \mathbb{Q}(\sqrt{3})$라고 가정하자. $\mathbb{Q}(\sqrt{3})$는 $\mathbb{Q}$-기저 $\{1, \sqrt{3}\}$를 갖는다. 그런데

풀이

예제 3.5.5 $\mathbb{Q}(\sqrt{3}, \sqrt{5})$와 $\mathbb{Q}$의 관계를 설명하여라.

풀이

예제 3.5.6 $\mathbb{Q}(\sqrt{3}, \sqrt{2}) = \mathbb{Q}(\sqrt{3}+\sqrt{2})$를 보여라.

풀이 포함관계 $\supseteq$와 $\subseteq$를 각각 보이자.

($\supseteq$) $\sqrt{3}+\sqrt{2}$는 $\sqrt{3}$과 $\sqrt{2}$의 일차결합이므로 $\mathbb{Q}(\sqrt{3}+\sqrt{2})$에 포함된다. 따라서

$$\mathbb{Q}(\sqrt{3}, \sqrt{2}) \supseteq \mathbb{Q}(\sqrt{3}+\sqrt{2})$$

이다.

($\subseteq$) $\sqrt{3}$와 $\sqrt{2}$가 $\mathbb{Q}(\sqrt{3}+\sqrt{2})$이 원소임을 보인다. $c=\sqrt{3}+\sqrt{2}$라 하면, $c^2 = 5+2\sqrt{3}\sqrt{2}$이며, $(c^2-5)/2 = \sqrt{2}\sqrt{3}$이다. 그러므로

$$\sqrt{2}\sqrt{3}(\sqrt{3}+\sqrt{2}) = 3\sqrt{2}+2\sqrt{3}$$

이 되어 $\sqrt{2}\sqrt{3} \in \mathbb{Q}(\sqrt{3}+\sqrt{2})$이다. 또한

$$3\sqrt{2}+2\sqrt{3}-2c = \sqrt{2} \in \mathbb{Q}(\sqrt{3}+\sqrt{2})$$

이므로 $\sqrt{2}$는 $\mathbb{Q}(\sqrt{3}+\sqrt{2})$에 포함된다. 따라서

$$\sqrt{3} = \sqrt{2}\sqrt{3} \cdot \sqrt{2}^{-1} \in \mathbb{Q}(\sqrt{3}+\sqrt{2})$$

이다. 그러므로 $\mathbb{Q}(\sqrt{3}, \sqrt{2}) \subseteq \mathbb{Q}(\sqrt{3}+\sqrt{2})$이 된다.

정리 3.5.12 F는 표수 0인 체라고 하자. 만일 a, b가 F위에서 대수적 원소이면 $F(c) = F(a,\ b)$를 만족하는 원소 $c \in F(a,\ b)$가 존재한다.

증명 귀납법으로 증명하자. 만약 $[K : F] = 1$이면, $K = F = F(1)$이다 (여기서 $c = 1$). $[K : F] > 1$라고 하고, $[K : F]$보다 차수가 작은 확대체에서 정리가 성립한다고 가정하자. 이제 $a \in K - F$라고 하자.

만약 $[K : F(a)] = [K : F]$이면, $a = c$로 택함으로서 정리가 성립된다.

만약 $[K : F(a)] < [K : F]$이면, 귀납법 가정에 의해, 적당한 $b \in K$가 존재하여

$$K = F(a)(b) = F(a, b)$$

이다. 그런데 $F(a,\ b) = F(c)$ (적당한 $c \in K$)이므로, $K = F(c)$이다. ▮

예제 3.5.7 $\mathbb{Q}(\sqrt{2}, \sqrt[3]{2} : \mathbb{Q}) = \mathbb{Q}(u)$인 u를 구하라.

풀이

예제 3.5.8 $\mathbb{Q}(\sqrt{2}) = \{a + b\sqrt{2} \mid a,\ b \in \mathbb{Q}\}$은 차수 $[\mathbb{Q}(\sqrt{2}) : \mathbb{Q}]$이 2인 $\mathbb{Q}$의 유한확대체이다.

예제 3.5.9 $[\mathbb{Q}(\sqrt{2},\ \sqrt{3}) : \mathbb{Q}] = 4$이다. 왜냐하면 $[\mathbb{Q}(\sqrt{2},\ \sqrt{3}) : \mathbb{Q}(\sqrt{2})][\mathbb{Q}(\sqrt{2}) : \mathbb{Q}] = 2 \times 2 = 4$이다.

예제 3.5.10 $[\mathbb{Q}(\sqrt{2}) : \mathbb{Q}] = 2$이며 $\{1,\ \sqrt{2}\}$는 $\mathbb{Q}$ 위에서 $\mathbb{Q}(\sqrt{2})$의 기저이다.

확인문제

1. 옳지 않은 것을 모두 찾아라.

(1) K가 F의 대수적 확대체이면 K는 F의 유한확대체이다.

(2) K가 F위에서 적어도 하나의 초월적 원소를 포함하면 K는 F의 무한확대체 $[K:F]=\infty$ 이다.

(3) $u\in K$가 F 위에서 대수적원소이면 $F(u)$는 F의 대수적 확대체이다.

(4) $K=F(u_1, \cdots, u_n)$에서 모든 u_i가 F위에서 유한차원 대수적이면, K는 F위에서 유한차원 대수적 확대체이다.

2. 옳지 않은 것을 모두 찾아라.

(1) $[\mathbb{Q}(\sqrt{3}, i):\mathbb{Q}]=4$

(2) $[\mathbb{Q}(\sqrt{2}, \sqrt{5}, \sqrt{10}):\mathbb{Q}]=4$

(3) $\mathbb{Q}(\sqrt{2}+\sqrt{3})=\mathbb{Q}(\sqrt{2}, \sqrt{3})$

(4) $\mathbb{Q}(\sqrt{2}+\sqrt{4})=\mathbb{Q}(\sqrt{2})$

(5) $[\mathbb{Q}(\sqrt{n_1}, \cdots, \sqrt{n_t}):\mathbb{Q}]=2^t$

해답

1. (1) 풀이: (1) 무한차원 대수적 확대체가 존재한다. (예: $\mathbb{Q}(\sqrt{2}, \sqrt[3]{2}, \sqrt[4]{2}, \cdots)$는 $\mathbb{Q}$의 무한 대수적 확대체이다.)

(2) K가 F위에서 초월적 원소를 하나라도 포함하면, K는 F의 초월적 확대체이다. 그런데 모든 초월적 확대체는 무한차원이다.

(3) $F<F(u)$이며 $[F(u):F]<\infty$ 이므로 대수적 확대체이다.

(4) $F\le F(u_1)\le F(u_1, u_2)\le\cdots\le F(u_1, \cdots, u_n)$으로서 각각의 단계의 차원이 유한이므로, 전체의 차원도 유한이다.

2. (5) 풀이: (1) $[\mathbb{Q}(\sqrt{3}, i):\mathbb{Q}]=[\mathbb{Q}(\sqrt{3}, i):\mathbb{Q}(i)]\cdot[\mathbb{Q}(i):\mathbb{Q}]=4$.

(2) $\sqrt{10}=\sqrt{2}\sqrt{5}$ 이므로 $\mathbb{Q}(\sqrt{2}, \sqrt{5}, \sqrt{10})=\mathbb{Q}(\sqrt{2}, \sqrt{5})$이다.

(4) $\sqrt{4}\in\mathbb{Q}$ 이므로 $\mathbb{Q}(\sqrt{2}+\sqrt{4})=\mathbb{Q}(\sqrt{2})$이다.

(5) 실제로 $[\mathbb{Q}(\sqrt{n_1}, \cdots, \sqrt{n_t}):\mathbb{Q}]\le 2^t$ 이다.

연습문제

1. K가 F의 유한확대체이면 K는 F의 대수적 확대체임을 증명하여라.

2. 각 확대체의 차수를 구하여라.

(1) $[\mathbb{Q}(\sqrt{5}+\sqrt{7}):\mathbb{Q}]$

(2) $[\mathbb{Q}(\sqrt{5}\sqrt{7}):\mathbb{Q}]$

(3) $[\mathbb{Q}(\sqrt{5},\ \sqrt{7}):\mathbb{Q}]$

(4) $[\mathbb{Q}(\sqrt{5})(\sqrt{7}):\mathbb{Q}]$

(5) $[\mathbb{Q}(\sqrt{5})(\sqrt{7}+\sqrt{3}):\mathbb{Q}]$

(6) $[\mathbb{Q}(\sqrt{5})(\sqrt{7}+\sqrt{3}):\mathbb{Q}(\sqrt{3})]$

(7) $[\mathbb{Q}(2^{1/6}):\mathbb{Q}]$

해답

1. K에 속하는 임의의 원소 u를 생각하사. $[K:F]=n$이면 $\{1,\ u,\ u^2,\ u^3,\ \cdots, u^n\}$는 $n+1$개의 원소를 가진 일차종속인 집합이 되어, 동시에 0이 아닌 $c_i \in F$가 존재하여 $\sum_{i=0}^{n} c_i u^i = 0$이다. 따라서 u는 n차 다항식 $f(x)=\sum_{i=1}^{n} c_i x^i$의 근이며, K는 F의 대수적 확대체이다

2. 4, 2, 4, 4, 8, 4, 6

(1), (3), (4)에서 $\mathbb{Q}(\sqrt{5}+\sqrt{7})=\mathbb{Q}(\sqrt{5},\ \sqrt{7})=\mathbb{Q}(\sqrt{5})(\sqrt{7})$이므로,
$[\mathbb{Q}(\sqrt{5}+\sqrt{7}):\mathbb{Q}]=[\mathbb{Q}(\sqrt{5},\ \sqrt{7}):\mathbb{Q}]=[\mathbb{Q}(\sqrt{5})(\sqrt{7}):\mathbb{Q}]=4$이다.

(2) $[\mathbb{Q}(\sqrt{5}\sqrt{7}):\mathbb{Q}]=[\mathbb{Q}(\sqrt{35}):\mathbb{Q}]=2$이다.

(5), (6) $\mathbb{Q}<\mathbb{Q}(\sqrt{3})<\mathbb{Q}(\sqrt{7}+\sqrt{3})<\mathbb{Q}(\sqrt{5})(\sqrt{7}+\sqrt{3})$에서
$\mathbb{Q}(\sqrt{3}+\sqrt{7})=\mathbb{Q}(\sqrt{3})(\sqrt{7})$이므로

$$\mathbb{Q}(\sqrt{3})<\mathbb{Q}(\sqrt{7})(\sqrt{3})<\mathbb{Q}(\sqrt{5})(\sqrt{7}+\sqrt{3})$$

이며, 각각 차원은 2이다.

6 유한체

유한개의 원소를 갖는 군을 유한군(finite group)이라 부르는 것처럼, 유한개의 원소로 이루어진 체를 **유한체**(finite field)라고 한다. 유한체는 프랑스의 수학자 갈루아(E. Galois)의 이름을 따서 갈루아체(Galois field)라고 부르기도 한다.

유한체는 표수(characteristic)과 관계가 있는데, Ⅱ-12장에서 배운 표수의 정의를 다시 기억하자.

환 $1 \in R$일 때, 1을 거듭 덧셈연산을 하여 0이 되는 최소 횟수를 환 R의 **표수**(characteristic)라 부르고, 기호 $\mathrm{char}R$로 나타낸다. 만약 1을 아무리 거듭 더해도 0이 되지 않을 때, R의 표수는 0이라고 정의한다. 표수에 관해 다음의 성질이 있다.(정리 2.12.7, 2.12.9 참조)

정리 3.6.1 (1) 정역 R의 표수는 0 또는 소수이다. 마찬가지로 체의 표수는 0 또는 소수이다.
(2) 임의의 체는 $\mathbb{Z}_p(p:$ 소수$)$ 또는 유리수 $\mathbb{Q}$를 포함한다.

여기서 $\mathbb{Z}_p$와 $\mathbb{Q}$는 **소체**(prime field)이다. 만일 p가 합성수이면 $\mathbb{Z}_p$에는 곱셈에 대한 역원이 없는 원소를 포함하게 된다. 실제로 p와 서로소가 아닌 원소는 곱셈의 역원을 갖지 않는다. 예를 들어서 $\mathbb{Z}_6$에서 $\overline{2}$, $\overline{3}$, $\overline{4}$는 곱셈의 역원이 없다.

정의 유한체에 속한 원소의 개수를 체의 **위수**(order)라고 부른다.

예제 3.6.1 $\mathbb{Z}_p$는 유한체임을 보여라.

풀이 소수 p에 대한 집합 $\mathbb{Z}_p = \{\overline{0}, \overline{1}, \cdots, \overline{p-1}\}$이다. 이것은 덧셈과 곱셈연산에 대하여 체의 모든 성질을 만족한다. 실제로 p가 소수이므로 $\mathbb{Z}_p$의 $\overline{0}$이 아닌 임의의 원소 $\overline{a}$를 생각하면, $\gcd(a, p) = 1$이다. 그러면

$$1 = ax + py$$

인 정수 x, y가 존재하므로,

$$\overline{1} = \overline{ax+py} = \overline{a}\,\overline{x} + \overline{p}\,\overline{y} = \overline{a}\,\overline{x}$$

이다. 따라서 $\overline{a}$의 역원 $\overline{x} \in \mathbb{Z}_p$가 존재하므로 $\mathbb{Z}_p$는 나눗셈환이다. 또한 $\mathbb{Z}_p$에서 곱셈 연산이 교환법칙을 만족하므로 $\mathbb{Z}_p$는 체이다. 유한개의 원소를 갖고 있으므로, 유한체가 분명하다.

기호 $\mathbb{Z}_p$는 유한체의 대표적인 예이다. 기호 $\mathbb{Z}_p$ 대신 $\mathbb{Z}/\langle p \rangle$, $\mathbb{Z}/p\mathbb{Z}$, F_p 또는 $GF(p)$ 등으로 나타내기도 하는데, 마지막의 GF는 Galois field의 약자이다.

정리 3.6.2 F는 유한체라고 하자. 그러면 다음이 성립한다.
(1) 유한체 F의 표수는 소수이다.
(2) 유한체 F는 소수 p의 거듭제곱의 형태인 p^n개의 원소를 갖는다. 또한 $\text{char}(F) = p$이며 $n = [F : \mathbb{Z}_p]$이다.

증명 (1) 정리 3.6.1에 의해 체 F의 표수는 소수 p이거나 0이다. 전자의 경우는 $\mathbb{Z}_p \subseteq F$이며 후자의 경우는 $\mathbb{Q} \subseteq F$이다. 그런데 F가 유한체이면, $\mathbb{Q} \subseteq F$는 이미 무한히 많은 원소를 갖게 되어 모순이므로 $\mathbb{Z}_p \subseteq F$, 즉 $\text{char}F = p$(소수)이다.

(2) $\mathbb{Z}_p \subseteq F$로부터 F는 $\mathbb{Z}_p$위에서 유한 벡터공간으로 생각할 수 있다. $\mathbb{Z}_p$위에서 F−벡터공간의 기저를 $\{u_1, u_2, \cdots, u_n\}$라고하자. 그러면 F의 임의의 원소 $v \in F$는

$$v = a_1u_1 + a_2u_2 + \cdots + a_nu_n \ (a_i \in \mathbb{Z}_p)$$

로 표현된다. 이러한 표현의 가능성은 각각의 a_i를 선택하는 가능성만큼 존재하므로, v는 모두 p^n개 만큼 생긴다. 따라서 F는 p^n개의 원소를 갖는다. 또한

$$n = \dim_{\mathbb{Z}_p} F = [F : \mathbb{Z}_p]$$

이다. ∎

유한체 구성하기

유한군의 경우에 위수를 알면 군의 구조를 어느 정도 알 수 있는데, 특별히 위수가 작은 경우에는 연산표를 통해 군을 구성할 수 있다. 이와 마찬가지로 위수가 작은 유한체도 다음과 같이 구성할 수 있다.

1. $|F|=2$인 체

체는 반드시 덧셈의 항등원 0과 곱셈의 항등원 1을 포함하며, $0 \neq 1$이다. $(F, +)$는 군이며, 위수 2인 군은 순환군이다. 따라서 $F=\{0, 1\}$이다. 실제로 $1+1=0$이어야 하므로, $F=\mathbb{Z}_2$와 동형인 체이다.

2. $|F|=3$인 체

$F=\{0, 1, x\}$로서 $0 \neq 1 \neq x$라고 하자. 또한 F는 덧셈연산에서 위수 3인 순환군이므로, 실제로 $F=\{0, 1, x\} \cong \mathbb{Z}_3=\{0, 1, 2\}$으로 생각할 수 있다. 곱셈연산에 대하여 $2 \cdot 2$는 0, 1, 2 중의 하나이다. 그런데 $2 \cdot 2 \neq 0$이며 $2 \cdot 2 \neq 2$이므로 $2 \cdot 2=1$이어야 한다. 이는 2의 곱셈의 역원이 자기 자신이라는 의미를 갖는다.

예제 3.6.2

$\mathbb{Z}_2[x]=\{0, 1, x, x+1, x^2, x^2+1, x^2+x+1, x^3, x^3+1, x^3+x+1, \cdots\}$을 보자. 계수는 유한체 $\mathbb{Z}_2$의 원소이므로 $2x=4x=6x=\cdots=0$, $3x=5x=7x=\cdots=x$이다. 또한, 덧셈은 $x+(x+1)=2x+1=1$처럼 다항식을 더하거나 곱한 다음 계수를 2로 나눈 나머지로 생각한다. 이 때 $\mathbb{Z}_2[x]$은 더하기와 곱하기에 대하여 환이 된다. 환에 있는 2차 다항식 중 기약다항식은 x^2+x+1 한 개뿐이다.
$x^2+1=(x+1)(x+1)$으로 기약다항식이 아니다.

$\mathbb{Z}_2[x]$의 원소들을 기약다항식 x^2+x+1으로 나눈 나머지(즉, 잉여류)만 모은 것이

$$\mathbb{Z}_2[x]/\langle x^2+x+1\rangle$$

이다. 이 집합의 원소는 $\{0, 1, x, x+1\}$인 4개이다. 원소의 덧셈과 곱셈 연산을 한 결과도 x^2+x+1으로 나눈 나머지만 생각한다. 예를 들어 $x(x+1)=x^2+x$을

x^2+x+1으로 나눈 나머지는 1이다.

$\mathbb{Z}_p[x]$의 원소를 한 개의 n차 기약다항식으로 나눈 나머지만 생각하고 위와 같이 더하기와 곱하기를 정의하면 원소의 개수가 p^n개인 유한체를 얻을 수 있다.

3. $|F|=4$인 체

$1+1+1+1=(1+1)^2=0$이므로, 표수는 4의 약수인 2이다. 따라서 F_4의 소체는 $\mathbb{Z}_2=\{0,\ 1\}$이다. 여기에 새로운 원소 u를 추가하면, $u+1$도 F_4의 원소이므로, $F_4=\{0,\ 1,\ u,\ u+1\}$이 된다. 표수가 2이므로 $u+u=0$이다.

덧셈 항등원 0을 제외한 1, u, $u+1$이 곱셈연산에 대하여 군이 되려면 u^2의 형태를 먼저 확인해야 한다.

만일 $u^2=1$이면, $u^2-1=(u-1)^2=0$이 되어 $u=1$이 되므로 불가능하다.

만일 $u^2=u$이면 $0=u^2-u=u(u+1)$이 되어 $u=0$ 또는 $u+1=0$라는 모순을 만든다. 그러므로 $u^2=u+1$이 되어야 한다. 즉, u는 기약다항식 x^2-x-1의 근이라 할 수 있다. 이때, $u(u+1)=1$이므로 u와 $u+1$은 서로 곱셈연산의 역원이며, $(u+1)^2=u$이다.

확인문제

1. 옳지 않은 것을 모두 찾아라.

(1) 원소 6개를 포함하는 체는 존재하지 않는다.

(2) 임의의 소수 p와 임의 정수 n에 대해, 위수가 p^n인 체는 항상 존재한다.

(3) 동일한 위수 p^n을 갖는 두 개 이상의 체는 항상 동형이다.

(4) 표수 0인 체는 $\mathbb{Q}$의 확대체이다.

(5) 무한개 원소를 가진 환의 표수는 0이다.

2. 유한체에 대한 설명으로 옳지 않은 것을 모두 찾아라.

(1) 유한체의 표수는 소수이다.

(2) 유한체의 위수는 소수의 거듭제곱 형태로 표현된다.

(3) 위수가 10인 유한체는 존재하지 않는다.

(4) $F < K$, K는 유한체, F의 위수가 q, 그리고 $[K : F] = n$이면 K의 위수는 n^q이다.

(5) 표수가 p인 가환환 R에서 임의의 a, $b \in R$에 대해 $(a-b)^{p^n} = a^{p^n} - b^{p^n} (n \geq 1)$이다.

3. 옳지 않은 것을 모두 찾아라.

(1) E가 유한체 F의 n차원 확대체이면, $E = F(\beta)$를 만족하는 $\beta \in E$가 존재한다.

(2) $\mathbb{C}$는 $\mathbb{R}$의 대수적 확대체이다.

(3) $\mathbb{Q}$는 $\mathbb{Z}_2$의 확대체이다.

(4) 유한체의 원소들은 덧셈연산 아래 순환군이 아니다.

4. u, $v \in K$는 F위에서 대수적 원소들로서, 각각 차수 m과 n인 최소다항식 $p(x)$와 $q(x)$를 갖는다. 옳은 것을 모두 찾아라.

(1) $[F(u, v) : F] = mn$이다.

(2) $\gcd(m, n) = 1$이면 $[F(u, v) : F] = mn$이다.

(3) $g(x) \mid f(x)$이면 $[F(u, v) : F] = mn$이다.

(4) $\langle g(x) \rangle \subseteq \langle f(x) \rangle$이면 $[F(u, v) : F] = mn$이다.

(5) $[\mathbb{Q}(\sqrt{2}, \sqrt{3}, \sqrt{4}, \cdots) : \mathbb{Q}] = \infty$인 대수적 유한확대체이다.

해답

1. (5) 풀이: (1) 유한체 F의 원소개수는 p^n 형태로 표시된다. 이 때 p는 F의 소체(prime field)의 표수이며, n는 소체 위에서의 F의 차원이다. 6은 p^n의 형태가 아니다.
(2) 임의의 소수 p에 대해 $\mathbb{Z}_p$를 소체 하는 n차원 확대체는 위수가 p^n이다.
(3) 동일한 위수 p^n을 갖는 두 개의 체는 $\mathbb{Z}_p$위에서 차원이 n으로서 서로 동형이다.
(4) 모든 체의 소체는 표수가 p인지 0인지에 따라 $\mathbb{Z}_p$ 또는 $\mathbb{Q}$가 된다.
(5) $\mathbb{Z}_7[x]$는 무한개의 원소를 포함하고 있지만, 표수 7이다.
2. (4) 풀이: (1) (2) (3) 유한체는 원소의 개수가 p^n의 형태로서, 표수가 p이다.
(4) 실제로 K는 위수가 q^n이다. (5) 표수가 p이므로 $p \cdot a = 0$이다. 따라서
$$(a-b)^{p^n} = a^{p^n} - b^{p^n}$$
이다.
3. (3) 풀이: (1) E^*는 순환군으로서 β에 의해 생성된다. 그러면 $E = F(\beta)$이다.
(2) $\mathbb{C} = \mathbb{R}[x]/\langle x^2+1 \rangle$의 형태로서 대수적 확대체이다.
(3) $\mathbb{Z}_2$의 모든 확대체는 표수가 2이지만, $\mathbb{Q}$의 표수는 0이다.
(4) 위수 p^n인 체를 생각해보자. 이 체의 표수 p이므로, 어떤 원소도 덧셈군의 생성원이 될 수 없다. 그것들은 위수 $p < p^2$의 부분군이다.
4. (2). 일반적으로 $[F(u,\ v):F] \le mn$이며, $\gcd(m,\ n) = 1$일 때 $[F(u,\ v):F] = mn$이다.

연습문제

1. 세 개의 환 $2\mathbb{Z}_8$, $\mathbb{Z}_7[x]$, $\mathbb{Q}$의 표수를 써라.

2. $\mathbb{Z}_3[x]/\langle x^2+2x+2\rangle$에서 $(x+1)^{-1}$의 1차 항 계수 a와 상수항 b를 찾아라.

3. $\alpha=\dfrac{3+2\sqrt{6}}{1-\sqrt{6}}$ 일 때, $[\mathbb{Q}(\alpha):\mathbb{Q}]$를 구하여라.

해답

1. 4, 7, 0 풀이: $2\mathbb{Z}_8=\{2,\ 4,\ 6,\ 0\}$로서 모든 원소에 4를 곱하면 0이 되므로, 표수는 4이다. $\mathbb{Z}_7[x]$의 모든 다항식은 계수에 7을 곱하면 0이 되므로 표수는 7이다. 또한 $\mathbb{Q}$의 모든 원소에 곱해져서 0으로 만들 수 있는 수가 없으므로 표수는 ∞이다.

2. 2, 2. 풀이: $(ax+b)(x+1)\equiv 1 \bmod (x^2+2x+2)$라 하면

$$ax^2+(a+b)x+b\equiv 1\ (\bmod\ x^2+2x+2)$$

이므로,

$$ax^2+(a+b)x+b=t(x^2+2x+2)+1$$

(적당한 $t=0,\ 1,\ 2$)이다. 따라서 $a=t$, $a+b=2t$, $b=2t+1$, 즉 $t=2$, $a=2$, $b=2$이다.

3. $\alpha=\dfrac{3+2\sqrt{6}}{1-\sqrt{6}}=\dfrac{(3+2\sqrt{6})(1+\sqrt{6})}{-5}=-3-\sqrt{6}$. 따라서 $(\alpha+3)^2=6$는 $\mathbb{Q}$ 위에서 α의 기약 최소다항식이 되며 $[\mathbb{Q}(\alpha):\mathbb{Q}]=2$이다.

종합문제

대수적 원소 $\alpha := \sqrt{3} - i \in \mathbb{C}$에 대해 물음에 답하여라.

1. $\mathrm{irr}(\alpha, \mathbb{Q}) = ax^4 + bx^3 + cx^2 + dx + e$에서 b, c, d, e의 값을 찾아라.

2. $\mathbb{Q}$ 위에서 $\mathbb{Q}(\alpha)$의 기저집합을 찾아라.

3. $\beta \in \mathbb{Q}(\alpha) - \mathbb{Q}$라고 할 때, $\deg(\beta, \mathbb{Q})$의 값으로서 가능한 값들을 모두 찾아라.

해답

1. $0, -4, 0, 16$ 풀이: $\alpha + i = \sqrt{3}$ 이므로
   $\alpha^2 + 2i\alpha - 1 = 3$, $2i\alpha = 4 - \alpha^2$, $-4\alpha^2 = \alpha^4 - 8\alpha^2 + 16$, $\alpha^4 - 4\alpha^2 + 16 = 0$.
   따라서 $\mathrm{irr}(\alpha, \mathbb{Q}) = x^4 - 4x^2 + 16$ 이고, $\deg(\alpha, \mathbb{Q}) = 4$ 이다.
2. $\mathbb{Q}(\alpha) = \mathbb{Q}(\sqrt{3} - i) = \mathbb{Q}(\sqrt{3}, i) = \mathbb{Q}(\sqrt{3})(i)$ 이므로, $\{1, \alpha, \alpha^2, \alpha^3\}$, $\{\alpha, \alpha^2, \alpha^3, \alpha^4\}$와 $\{1, i, \sqrt{3}, \sqrt{3}i\}$가 기저이다.
3. $2, 4$ 풀이: $\deg(\beta, \mathbb{Q}) = [\mathbb{Q}(\beta) : \mathbb{Q}]$ 이다. 그런데
   $$4 = [\mathbb{Q}(\alpha) : \mathbb{Q}] = [\mathbb{Q}(\alpha) : \mathbb{Q}(\beta)][\mathbb{Q}(\beta) : \mathbb{Q}]$$
   따라서 $\deg(\beta, \mathbb{Q}) = 1$, 2 또는 4 이다. 그런데 $\beta \notin \mathbb{Q}$ 이므로 $\deg(\beta, \mathbb{Q}) = 2$ 또는 4 이다.

7 체의 동형사상

체는 특별한 환이므로, 체의 준동형사상 (또는 동형사상)의 정의는 환 준동형사상 (또는 환 동형사상)의 정의와 같다.

정리 3.7.1 E와 K는 F의 확대체이고 $u \in E$, $v \in K$라고하자. 만일 F 위에서 u의 최소다항식과 v의 최소다항식이 서로 같으면, $F(u)$와 $F(v)$는 동형, 즉 $F(u) \cong F(v)$이다.

증명 u의 최소다항식과 v의 최소다항식이 같으므로

$$\mathrm{irr}(u,\ F) = \mathrm{irr}(v,\ F) = \ p(x)$$

라고 하자. 그러면 정리 3.2.5에 의해

$$F(u) = F[x]/\langle p(x)\rangle \text{ 이며 또한 } F(v) = F[x]/\langle p(x)\rangle$$

이다. 따라서 $F(u) \cong F(v)$이다. ▮

정의 체 $F < E$이며 $u,\ v \in E$라고 하자. 만일 $\mathrm{irr}(u,\ F) = \mathrm{irr}(v,\ F)$ 일 때, u와 v는 F 위에서 **켤레원소**(conjugate)라고 부른다. 다시 말해서 u, v가 F 위에서 켤레원소인 것은 u, v가 F 위에서 동일한 최소 다항식의 근이 되는 것이다.

정리 3.7.2 체 $F < E$과 $F < K$이며 $u \in E$, $v \in K$라고하자. u, v가 F 위에서 켤레이면 $F(u) \cong F(v)$이다.

증명 u, v가 F 위에서 켤레이면 u의 최소다항식 $p(x)$과 v의 최소다항식 $q(x)$이 같다. 그런데 $F(u) \cong F[x]/\langle p(x)\rangle$ 이며 $F(v) \cong F[x]/\langle q(x)\rangle$ 이므로, $F(u) \cong F(v)$이다. ▮

실제로, 함수

$$\psi : F(u) \to F(v),\ \ \sum_{i=0}^{n} c_i u^i \mapsto \sum_{i=0}^{n} \psi(c_i) v^i \ \ (\text{여기서 } c_i \in F)$$

는 동형사상이 된다.

정리 3.7.3 K와 L은 F의 유한차원 확대체이며, $f: K \to L$는 $f(c)=c$ (임의의 $c \in F$)인 체 동형사상이라고 하자. 그러면 $[K:F]=[L:F]$이다.

정리 3.7.4 체 $F<K$, $E<L$이며 $h: F \to E$는 동형사상이라고 하자. $u \in K$는 F위에서 대수적이고 u의 최소다항식은 $p(x) \in F[x]$이라고 하자. $v \in L$는 E위에서 대수적이고 v의 최소다항식이 $h(p(x)) \in E[x]$라고 하자. 그러면 동형사상

$$\overline{h}: F(u) \to E(v)$$

가 존재하여

$$\overline{h}(u)=v, \ \overline{h}\mid_F = h$$

이다.

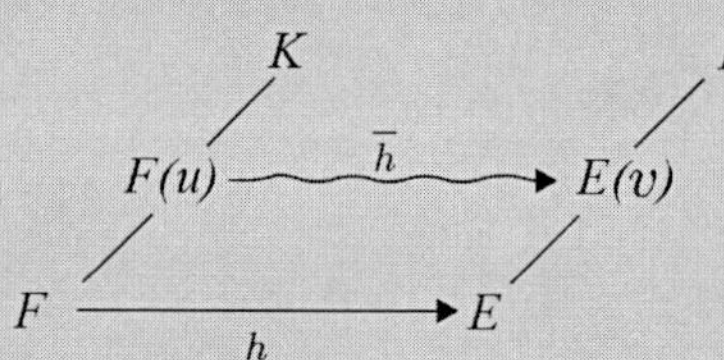

$F(u)=F[x]/<p(x)>$ $\qquad$ $L(v)=L[x]/<h(p(x)>$

증명 동형사상 $h: F \to E$을 확장하면 $F[x] \to E[x]$인 동형사상이 되므로, 동일한 기호 h

$$h: F[x] \to E[x]$$

라고 하자. $p(x) \in F[x]$일 때 $h(p(x)) \in E[x]$이므로, $E[x]$에서 자신의 상환 $E[x]/\langle h(p(x)) \rangle$으로 대응하는 전형적 전사함수

$$\pi: E[x] \to E[x]/\langle h(p(x)) \rangle$$

를 생각할 수 있다. 또한 $h(p(x))$는 v의 최소다항식이므로 정리 3.2.5에 의해 $E[x]/\langle h(p(x)) \rangle \cong E(v)$이므로 함수

$$\theta: E[x]/\langle h(p(x)) \rangle \to E(v)$$

로 표시하자. 그러면 세 개의 함수 θ, π, h의 합성함수는 $F[x]$의 임의의 원소 $f(x)$를 다음과 같이 대응한다.

$$\begin{array}{llllll} \theta \circ \pi \circ h: & F[x] & \to E[x] & \to E[x]/\langle h(p(x)) \rangle & \cong E(v) \\ & f(x) & \mapsto h(f(x)) & \mapsto h(f(x)) + \langle h(p(x)) \rangle & \end{array}$$

를 생각할 수 있다.

(1) $\mathrm{Ker}(\theta \circ \pi \circ h) = \langle p(x) \rangle$를 보이자.

핵(Kernel)의 정의에 의해

$$\mathrm{Ker}(\theta \circ \pi \circ h) = \{f(x) \in F[x] \mid (\theta \circ \pi \circ h)(f(x)) = 0 \in E(v)\}$$

이다. 그런데

$$\begin{aligned} 0 &= (\theta \circ \pi \circ h)(f(x)) \\ &= (\theta \circ \pi)(h(f(x)) = \theta((h(f(x)) + \langle h(p(x)) \rangle) \end{aligned}$$

이므로

$$h(f(x)) + \langle h(p(x)) \rangle \in \mathrm{Ker}\theta$$

이다. θ는 동형사상 (즉 θ: 1−1)이므로 $\mathrm{Ker}\theta = 0$ 이어서

$$h(f(x)) + \langle h(p(x)) \rangle = 0$$

즉, $h(f(x)) \in \langle h(p(x)) \rangle$ 이다. 따라서

$$h(f(x)) = h(p(x)) \cdot k(x) \quad (\text{적당한 } k(x) \in E[x])$$

가 된다. 그런데 h가 동형사상 (즉, h: 전사함수)이므로, 적당한 $q(x) \in F[x]$ 가 존재하여

$$h(q(x)) = k(x)$$

가 된다. 따라서

$$\begin{aligned} h(f(x)) &= h(p(x)) \cdot k(x) \\ &= h(p(x)) \cdot h(q(x)) = h(p(x)q(x)) \end{aligned}$$

이다. 다시 한번 h가 동형사상 (즉, h: 단사함수) 이므로 $h(f(x)) = h(p(x)q(x))$ 로부터

$$f(x) = p(x)q(x),$$

즉 $f(x) \in \langle p(x) \rangle$가 된다. 그러므로

$$\begin{aligned} \mathrm{Ker}(\theta \circ \pi \circ h) &= \{f(x) \in F[x] \mid \theta \circ \pi \circ h(f(x)) = 0 \in E(\beta)\} \\ &= \{f(x) \in F[x] \mid f(x) \in \langle p(x) \rangle\} = \langle p(x) \rangle \end{aligned}$$

이다. ▮

자기동형사상

자기동형사상(automorphism)이란 정의역과 공역이 동일한 동형사상(isomorphism)을 말한다. 군 G에서 $G \to G$인 (군) 자기동형사상이나 환 R에서 $R \to R$인 (환) 자기동형사상을 말할 수 있다. 그러한 자기동형사상들의 집합은 합성함수 연산에 의해 군이 된다. 마찬가지로 F가 체일 때 $F \to F$인 모든 자기동형사상들의 집합은 군이 되는데 이것은 갈루아 이론(Galois theory)에서 확대체 이론을 군(group)의 이론과 연결하는 핵심 내용이 된다.

정의 F가 체일 때, $\sigma : F \to F$는 전단사함수이며 임의의 $a,\ b \in F$에 대해

$$\sigma(a+b) = \sigma(a) + \sigma(b) \text{ 이며 } \sigma(ab) = \sigma(a)\sigma(b)$$

를 만족할 때, σ는 F의 **자기동형사상**이라고 부른다.

정리 3.7.5 F의 자기동형사상들의 집합은 합성함수 연산아래서 군이 된다.

증명

이 때, 군을 **자기동형군**(automorphism group)이라고 부르며 기호 $\mathrm{Aut}(F)$로 표시한다.

정리 3.7.6 체 F의 자기동형사상은 0과 1을 고정한다. 따라서 1로 생성되는 F의 가장 작은 부분체의 모든 원소를 고정한다.

정리 3.7.7 $1 \in F$로 생성되는 F의 가장 작은 부분체 $\langle 1 \rangle$은 체 F의 소체이다.

그러므로

$$\langle 1 \rangle \cong \mathbb{Q} \ \Leftrightarrow \ \mathrm{char}(F) = 0$$

이거나 또는

$$\langle 1 \rangle \cong \mathbb{Z}/p\mathbb{Z} \ \Leftrightarrow \ \mathrm{char}(F) = p$$

이다.

정리 3.7.8 체 F의 임의의 자기동형사상 $\sigma : F \to F$에 의해 고정되는 F의 원소들은 F의 부분체를 이룬다. 다시 말해서 $\{u \in F \mid \sigma(u) = u\}$는 F의 부분체이다.

정리 3.7.9 체 $F < E$일 때, F의 원소들을 고정시키는 E의 자기동형사상들의 집합을 $\mathrm{Aut}(E/F)$라고 하자. 그러면 $\mathrm{Aut}(E/F)$는 $\mathrm{Aut}(E)$의 부분군이다.

증명 $\mathrm{Aut}(E/F) = \{\sigma \in \mathrm{Aut}(E) \mid \sigma(u) = u,\ \forall u \in F\}$ ▮

체의 자기동형사상의 연구에서는 $\mathrm{Aut}(E)$보다는 $\mathrm{Aut}(E/F)$이 더 많이 다루어지며 갈루아 이론의 핵심 역할을 한다. $\mathrm{Aut}(E/F)$을 $\mathrm{Gal}(E/F)$라고 쓰며 **갈루아 군**이라고도 부른다. 켤레동형사상 정리는 군 $\mathrm{Aut}(E/F)$을 이해하는데 중요한 역할을 한다.

정의 $F < E$가 대수적 확대체일 때, 두 원소 $u, v \in E$가 F 위에서 기약다항식 $f(x) \in F[x]$의 근이면, u와 v는 F 위에서 **켤레원소**(conjugate)라고 부른다. 그러므로 하나의 다항식의 여러 근들은 켤레원소가 된다.

예제 3.7.1 $2-3i \in \mathbb{C}$는 $2+3i$와 $\mathbb{R}$ 위에서 켤레원소임을 보여라. $2-3i$와 $2+3i$은 $\mathbb{Q}$ 위에서도 켤레인가?

풀이 $\mathbb{R}$은 $\mathbb{C}$의 부분체이다. 다항식 $f(x) = x^2 - 4x + 13 \in \mathbb{R}[x]$를 생각해 보면, $f(x)$는 $\mathbb{R}$ 위에서 기약다항식인데, 복소수 $2-3i$와 $2+3i$은 $f(x)$의 근이다.
또한 $f(x)$는 $\mathbb{Q}$ 위에서도 기약다항식이므로 $2-3i$와 $2+3i$은 $\mathbb{Q}$ 위에서도 켤레이다.

체 $F < E$이고 $u, v \in E$는 F 위에서 대수적 원소일 때, 함수

$$\psi_{u,v} : F(u) \to F(v)$$

$$\psi_{u,v}(c_0 + c_1 u + \cdots + c_{n-1}u^{n-1}) = c_0 + c_1 v + \cdots + c_{n-1}v^{n-1} \quad (c_i \in F)$$

라고 정의하자.

정리 3.7.10 $\psi_{u,v}$이 동형사상일 필요충분조건은 u와 v가 F 위에서 켤레원소이다.

갈루아 이론에 대한 내용은 참고문헌(「즐거운 현대대수」, 김주필·최은미, 교우사)에서 배우자.

확인문제

1. 군, 환, 체, 벡터공간에 대한 설명 중 옳은 것을 모두 찾아라.

(1) 위수가 9인 모든 군은 동형이다.

(2) 위수가 9인 모든 환은 동형이다.

(3) 위수가 9인 모든 체는 동형이다.

2. F_4는 원소 4개를 갖는 유한 체일 때, 다음 중 옳은 것을 찾아라.

(1) $\sigma : F_4 \to F_4$, $\sigma(x) = x^3$은 F_4의 자기동형사상이다.

(2) $\sigma : F_4 \to F_4$, $\sigma(x) = x^2$은 F_4의 자기동형사상이다.

해답

1. (3) 풀이: (1), (2) 위수 9인 군(또는 환)은 $\mathbb{Z}_9$와 $\mathbb{Z}_3 \times \mathbb{Z}_3$처럼 비동형인 군(또는 환)이 있다.

(3) 그러나 위수 9인 체는 $\mathbb{Z}_3$위에서 2차원 확대체로서 모두 동형이다.

2. (2) 풀이: (1) F_4^*는 위수 3인 군이므로, 0이 아닌 모든 원소 $a \in F_4$는 $a^3 = 1$을 만족한다. 그러므로 σ는 1−1 함수가 아니며, 자기동형사상이 아니다.

(2) $\sigma : F_4 \to F_4$, $\sigma(x) = x^2$이면 $(x+y)^2 = x^2 + 2xy + y^2 = x^2 + y^2$ (왜냐하면 $\mathrm{char}(F_4) = 2$이므로)이므로 자기동형사상이다.

연습문제

1. $\sigma : F_4 \to F_4$, $\sigma(x) = x$은 F_4의 자기동형사상임을 증명하여라.

2. $\sigma : F_4 \to F_4$인 자기동형사상을 모두 찾아라.

3. E와 F가 체이면 0이 아닌 준동형사상 $f : F \to E$는 단사함수임을 보여라.

해답

1. 자기동형사상은 반드시 0과 1을 그대로 보존해야한다. 그러므로 나머지 원소 2개를 서로 맞바꾸거나 $(x \leftrightarrow x^2)$ 또는 그대로 두거나 $(x \leftrightarrow x,\ x^2 \leftrightarrow x^2)$가 된다.
2. σ, Id의 단 2개의 자기동형사상이 있다.
3. $f : F \to E$이고 $f \neq 0$이라하자. 만약 $c \in F$에 대해 $f(c) = 0$이면, 모든 $a \in F$에 대해

$$f(a) = f(ac^{-1}c) = f(ac^{-1})f(c) = f(ac^{-1})0 = 0$$

으로서 모순이다. 따라서 모든 $c \in F$에서 만약 $f(c) = 0$이면 $c = 0$이다. 이제 $a, b \in F$에서 $f(a) = f(b)$라고 하자. 그러면

$$f(a-b) = f(a) - f(b) = 0$$

이므로 $a - b = 0$, 즉 $a = b$ 이다.

(다른 증명법.) $f \neq 0$이므로 $\mathrm{Ker}f \neq F$이다. 그런데 $\mathrm{Ker}f$는 F의 아이디얼이며, 체 F의 아이디얼은 $\{0\}$이거나 F 자기 자신이므로 $\mathrm{Ker}f = \{0\}$으로서 f는 단사함수이다.

찾 아 보 기

저자소개

최 은 미

한남대학교 수학과 교수

쉽게 배우는 **현대대수학**

초판발행 2018년 3월 2일
초판2쇄발행 2023년 4월 20일

지은이 최은미
펴낸이 오판근
펴낸곳 (주) 교우
주 소 서울시 동대문구 약령시로 8 교우빌딩 2층 (주)교우
전 화 02-925-2861 / **팩 스** 02-925-2860, **편집부** 02-925-2825
홈페이지&북스토어 www.kyowoo.co.kr / **이메일** kyowoo@kyowoo.co.kr

등 록 1994년 3월 24일 제1994-000013호
ISBN 979-11-251-0238-0 (93410)